U0224634

普通高等教育“十三五”规划教材

水力学及河流动力学实验

主　编　张志昌
副主编　魏炳乾　李国栋

中国水利水电出版社
www.waterpub.com.cn

内 容 提 要

全书共有72个实验（包括演示实验）。除水流现象演示实验外，每个实验均包括有实验目的和要求、实验原理、实验设备和仪器、实验方法和步骤、数据处理和成果分析、实验中应注意的问题、思考题等内容。

本书适合作为高等院校的水利、水电、土木、环境、水文地质、给水排水、热能动力、海港、机械、化工等专业的教材，也可供高等职业大学、成人教育学院和中等专科学校教师、学生及有关工程技术人员参考。

图书在版编目（CIP）数据

水力学及河流动力学实验 / 张志昌主编. -- 北京 :
中国水利水电出版社, 2016.6
普通高等教育“十三五”规划教材
ISBN 978-7-5170-4414-7

Ⅰ. ①水… Ⅱ. ①张… Ⅲ. ①水力实验－高等学校－教材②河流－流体动力学－实验－高等学校－教材 Ⅳ. ①TV131②TV143-33

中国版本图书馆CIP数据核字(2016)第130921号

书 名	普通高等教育“十三五”规划教材 **水力学及河流动力学实验**
作 者	主编 张志昌 副主编 魏炳乾 李国栋
出版发行	中国水利水电出版社 （北京市海淀区玉渊潭南路1号D座 100038） 网址：www.waterpub.com.cn E-mail：sales@waterpub.com.cn 电话：(010) 68367658（发行部）
经 售	北京科水图书销售中心（零售） 电话：(010) 88383994、63202643、68545874 全国各地新华书店和相关出版物销售网点
排 版	中国水利水电出版社微机排版中心
印 刷	三河市鑫金马印装有限公司
规 格	184mm×260mm 16开本 16.5印张 392千字
版 次	2016年6月第1版 2016年6月第1次印刷
印 数	0001—2000册
定 价	**36.00**元

凡购买我社图书，如有缺页、倒页、脱页的，本社发行部负责调换

版权所有·侵权必究

前言

水力学及河流动力学实验是水力学和河流动力学课程的重要实践教学环节。通过实验可以使学生观察实际水流现象和泥沙运动规律，增强感性认识；验证水力学和河流动力学的基本理论，帮助学生深化课堂教学内容，巩固理论知识和提高分析问题的能力；掌握水力要素测量和仪器使用的基本方法，了解现代测量技术的发展和应用，掌握一定的实验技能；培养学生分析实验数据、整理实验成果和编写实验报告的能力；了解水力学学科的发展前沿，培养学生开拓、创新精神和严谨踏实的科学作风，为进一步从事科学研究以及开拓新技术领域奠定坚实的基础。

本书是在作者多年实验教学和科学研究的基础上编写的。全书共39章。第1章、第3章～第12章为基本水力学实验，包括静水压强实验、能量方程实验、动量方程实验、毕托管测流速实验、文丘里流量计流量系数实验、孔板流量计流量系数实验、雷诺实验、沿程阻力系数实验、局部阻力系数实验、孔口和管嘴流量系数实验和虹吸原理实验；第2章为水流现象演示实验，可以演示30余种水流现象；第13章为有压管道水击及调压室水位波动实验；第14章、第15章为边界层实验和紊动射流实验；第16章～第20章为明渠水流实验，包括复式断面明渠均匀流实验、明渠水面曲线演示实验、明槽水跃实验、量水堰和量水槽流量系数实验、闸孔出流实验；第21章～第27章为渗流方面的实验，分别为达西渗透定律实验、渗流的电模拟实验、地下河槽渐变渗流浸润曲线实验、潜水完整井渗透系数和浸润曲线实验、承压完整井渗透系数和浸润曲线实验、集水廊道渗透系数和浸润曲线实验以及均值土坝渗透系数和浸润曲线实验；第28章～第31章为设计性实验，它们是管道不同组合形式的管道水流实验、底流消力池实验、挑流消能实验和戽流消能实验；第32章～第35章为河流动力学实验，分别为起动流速实验、沙波运动实验、弯道环流实验和悬移质含沙量沿垂线分布实验；第36章和第37章分别为水流脉动压强实验、水流掺气浓度实验；第38章为实验误差分析；第39章为水流参数的测量；附录是水力学常用数据表。

本书由张志昌任主编，魏炳乾、李国栋任副主编。其中张志昌编写第1章～第13章、第17章～第22章、第28章～第31章；魏炳乾编写第16章、第23章～第24章、第32～第35章、第39章；李国栋编写第14章～第15章、第25章～第27章、第36章～第38章。

书中采用的实验教学仪器大多是张志昌在多年从事实验教学的基础上研制的。大部分仪器实现了自循环、小型化、多功能，还有一部分仪器实现了测量的自动化，使水力学实验体现了现代测量技术的发展与应用。

本书主要是为本科生的水力学及河流动力学课程编写的实验，也适应于工程流体力学实验。既可配合水力学（工程流体力学）课程进度来安排实验环节，也可用于独立开设的水力学（工程流体力学）实验课。

本书的出版得到了陕西省国家重点学科建设专项基金的资助。

由于编者水平有限，书中缺点和错误在所难免，恳切欢迎读者批评指正。

编 者

2015年12月

目 录

第1章　静水压强实验

1.1　实验目的和要求

（1）掌握用测压管测量静水压强的方法，通过对水静力学现象的实验分析，加深理解水静力学方程的物理意义和几何意义，提高解决实际问题的能力。

（2）观察在重力作用下液体中任意点的位置水头 z、压强水头 p/γ 和测压管水头 $z+p/\gamma$，验证不可压缩流体静力学的基本方程。

（3）测量当 $p_0=p_a$、$p_0>p_a$ 和 $p_0<p_a$ 时静水中某一点的压强，分析各测压管水头的变化规律，加深对绝对压强、相对压强、表面压强、真空压强和真空度的理解。

（4）学习测量液体比重的方法。

1.2　实验原理

在重力作用下，处于静止状态下不可压缩的均质液体，其基本方程为

$$z_1+\frac{p_1}{\gamma}=z_2+\frac{p_2}{\gamma}=\cdots=C \tag{1.1}$$

式中：z 为单位重量液体相对于基准面的位置高度或称位置水头；p/γ 为单位重量液体的压能或称压强水头；p 为静止液体中任意点的压强；γ 为液体的重度；$z+p/\gamma$ 为测压管水头。

式（1.1）的物理意义是：静止液体中任一点的单位位能和单位压能之和为一常数，而 $z+p/\gamma$ 表示单位重量液体具有的总势能对应的水头，因此也可以说，在静止液体内部各点的单位重量液体的势能均相等。几何意义是：静止液体中任一点的位置高度和该点压强的液柱高度之和为一常数。

静水压强方程也可以写成

$$p=p_0+\gamma h \tag{1.2}$$

式中：p_0 为作用在液体表面的压强；h 为由液面到液体中任一点的深度。

式（1.2）说明，在静止液体中，任一点的静水压强 p，等于表面压强 p_0 加上该点在液面下的深度 h 与液体容重 γ 的乘积之和。表面压强遵守巴斯加原理，等值地传递到液体内部所有各点上，所以当表面压强 p_0 一定时，由式（1.2）可知，静止液体中某一点的静水压强 p 与该点在液面下的深度 h 成正比。

如果作用在液面上的是大气压强 p_a，则式（1.2）可写为

$$p=p_a+\gamma h \tag{1.3}$$

式（1.3）说明当作用在液面上的压强为大气压强时，其静水压强等于大气压强 p_a 与液体重度 γ 和水深 h 乘积之和。这样所表示的一点压强叫做绝对压强（当液面上压强不等于大气压强时以 p_0 表示）。绝对压强是以没有气体存在的绝对真空为零来计算的压强；如果以当地大气压强为零来计算的压强称为相对压强，可以表示为

$$p=\gamma h \tag{1.4}$$

相对压强也叫表压强，所以表压强是以大气压强为基准算起的压强，它表示一点的静水压强超过大气压强的数值。

如果某点的绝对压强小于大气压强，我们就说"这点具有真空"。其真空压强 p_v 的大小以标准大气压强和绝对压强之差来量度，即

$$p_v=\text{大气压强}-\text{绝对压强} \tag{1.5}$$

当某点发生真空时，其相对压强必然为负，故把真空又称为负压，真空度也就等于相对压强的绝对值。

1.3　实验仪器

静水压强实验仪由盛水密闭圆筒容器、连通管、测压管、U 形管、气门、调压筒和底座组成，如图 1.1 所示。U 形管中可以装入不同种类的液体，以测定不同种类液体的比重。

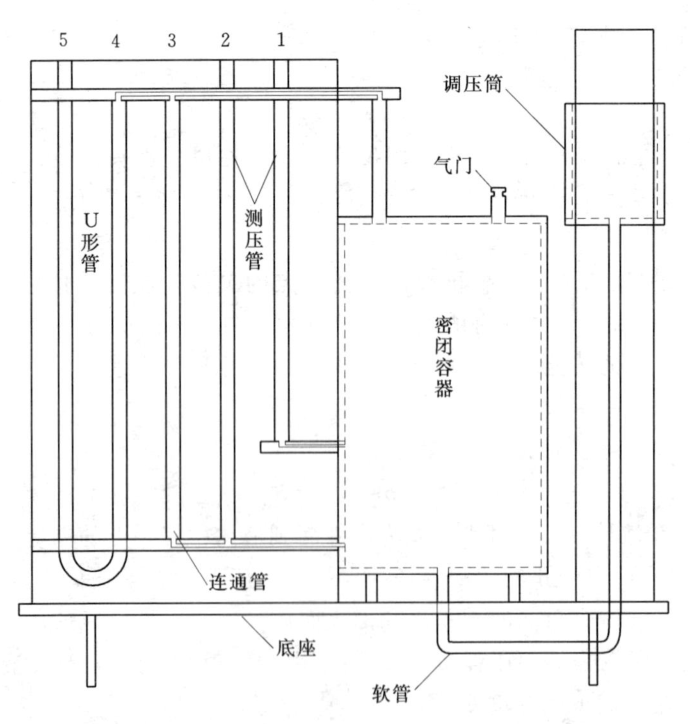

图 1.1　静水压强实验仪

1.4　实验方法和步骤

（1）在容器中装入实验液体，可以是水或其他液体。在U形管中装入需要量测重度的液体，可以是油或者是其他液体。

（2）了解仪器组成及其用法，包括加压方法、减压方法。检查仪器是否密封，检查的方法是在调压筒中盛一定深度的水，关闭气门，将调压筒上升，使调压筒中的液面高于密闭圆筒容器，看调压筒中的水面是否下降，若下降，表明漏气，应查明原因加以处理。

（3）记录仪器编号及各测压管编号，选定基准面，记录基准面到各测压点的高度。

（4）打开密闭圆筒容器上的气门，使箱内液面压强 $p_0=p_a$，记录1、2、3、4、5点测压管水面高度。

（5）关闭气门，升高调压筒，使箱内液面压强 $p_0>p_a$，待水面稳定后，观测1、2、3、4、5点测压管水面高度。

（6）降低调压筒，使箱内液面压强 $p_0<p_a$，待水面稳定后，观测1、2、3、4、5点测压管水面高度。

（7）实验完后将仪器恢复原状。

1.5　数据处理和成果分析

实验设备名称：　　　　　　　　　　　　　　仪器编号：

同组学生姓名：

已知数据　$z_1=$　　　cm；$z_2=z_3=$　　　cm

（1）实验数据记录及计算成果。

实验记录及计算成果见表1.1。

表1.1　　　　实验数据记录及计算成果

液面压强	$\frac{p_1}{\gamma}$ /cm	$\frac{p_2}{\gamma}$ /cm	$\frac{p_3}{\gamma}$ /cm	$\frac{p_4}{\gamma}$ /cm	$\frac{p_5}{\gamma}$ /cm	Δh_1 /cm	Δh_2 /cm	$\frac{p_0}{\gamma}$ /cm	$z_1+\frac{p_1}{\gamma}$ /cm	$z_2+\frac{p_2}{\gamma}$ /cm	$\gamma_{油}$ /(kN/m^3)
$p_0=p_a$											
$p_0>p_a$											
$p_0<p_a$											

实验日期：　　　　　　　　学生签名：　　　　　　　　指导教师签名：

注　$\Delta h_1=(p_2-p_3)/\gamma$；$\Delta h_2=(p_5-p_4)/\gamma$。

（2）由表中计算的 z_1+p_1/γ 和 z_2+p_2/γ，验证静水压强方程。

（3）由表中的 p_0/γ 计算圆筒容器内液体的表面压强，即 $p_0=\gamma\times(p_0/\gamma)$。

（4）计算当 $p_0>p_a$ 时1号和2号测点的绝对压强和 $p_0<p_a$ 时容器内的真空度。

（5）计算U形管中油的重度$\gamma_{油}$。

设在$p_0>p_a$时，2号测压管和3号测压管的水面差为Δh_1，U形测压管的水面差为Δh_2，则

$$p_0=\gamma\Delta h_1=\gamma_{油}\ \Delta h_2 \tag{1.6}$$

由式（1.6）可得

$$\gamma_{油}=\gamma(\Delta h_1/\Delta h_2) \tag{1.7}$$

1.6　实验中应注意的问题

容器的密闭性能要保持良好状态，实验时仪器底座要水平。

思　考　题

（1）表面压强p_0的改变，对1、2两点的压强水头有什么影响，对真空度有什么影响？

（2）相对压强与绝对压强、相对压强与真空度有什么关系？

（3）U形管中的压差Δh与液面压强p_0的变化有什么关系？

（4）如果在U形管中装上与密闭容器相同的液体，则当调压筒升高或降低时，U形管中Δh_2的变化与Δh_1的变化是否相同？

第2章 水流现象演示实验

2.1 仪器简介和工作原理

壁挂式自循环流动演示仪由挂孔、彩色有机玻璃面罩、流动显示面、加水孔孔盖、掺气量调节阀、蓄水箱、可控硅无极调速旋钮、水泵、日光灯和回水道组成，如图2.1所示。

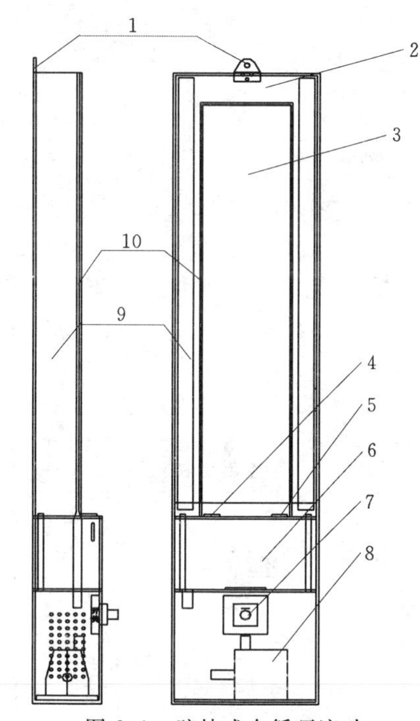

图2.1 壁挂式自循环流动演示仪结构示意图

1—挂孔；2—彩色有机玻璃罩；3—流动显示面；4—加水孔孔盖；5—掺气量调节阀；6—蓄水箱；7—可控硅无极调速旋钮；8—水泵；9—日光灯；10—回水道

该仪器以气泡为示踪介质，狭缝流道中设有特定的边界流场，用以显示不同边界条件下的内流、外流、射流元件等多种流动图谱。由图2.1可以看出，当工作液体（水）由水泵驱动到流动显示面，通过两边的回水流道流入蓄水箱时，水流中掺入了空气。空气的多少可以由掺气量调节阀调节。掺气后的水流再经水泵驱动到流动显示面时，形成了无数的小气泡随水流流动，在仪器内的日光灯照射和显示面底板的衬托下，小气泡发出明亮的折射光，清楚地显示出各种不同流场水流流动的图像。由于流动显示面设计成多种不同的形状边界，流动图像可以形象地显示出不同边界包括分离、尾流、漩涡等多种流动形态及其水流内部质点运动的特性。整套装置由7个独立的仪器组成，配以不同的流动显示面（图2.2），分别称为SL-1型、SL-2型、…、SL-7型流动显示仪，它们可以单独使用，也可以同时使用。

2.2 安装使用说明

流动显示仪安装使用说明和注意事项如下。

1. 安装高度

挂孔应离地235cm左右，挂孔之间间隔约为37cm。

2. 壁挂要求

仪器距离墙壁 1～2cm，仪器之间分开 10cm，以便通风散热。

3. 仪器检查

（1）通电检查。未加水前插上 220V 电源，顺时针打开无极调速开关旋钮，水泵启动，日光灯亮；继而顺时针转动旋钮，则水泵减速，但日光灯不影响。最后逆时针转动旋钮复原至关机前临界位置，水泵转速最快。

（2）加水检查。拨开孔盖，用漏斗或虹吸法向水箱内加水。水可以是蒸馏水或冷开水，可使水质长期不变。其水量以水位升至窗口（左侧面）中间处为宜。并检查有无漏水，若有漏水，应关机补漏后再重新启动。

4. 使用方法

（1）起动。打开旋钮，关闭掺气阀，在最大流速下使显示面两侧回水流道充满水。

（2）掺气量调节。旋转掺气调节阀可改变掺气量，注意有滞后性。调节阀应缓慢调节，使之达到最佳显示效果。掺气量不宜太大，否则会阻断水流或产生震动。

5. 注意事项

（1）该水泵不能在低速下长时间工作，更不允许在通电情况下（日光灯亮）长时间处于停转状态，只有日光灯熄灭才是真正关机。

（2）更换日光灯时，需先关闭电源，然后将后罩侧面螺丝旋下，取下后罩进行更换。

（3）操作中还应注意，开机后需停 1～2 分钟，待流道气体排净后再实验。否则仪器将不再正常工作。

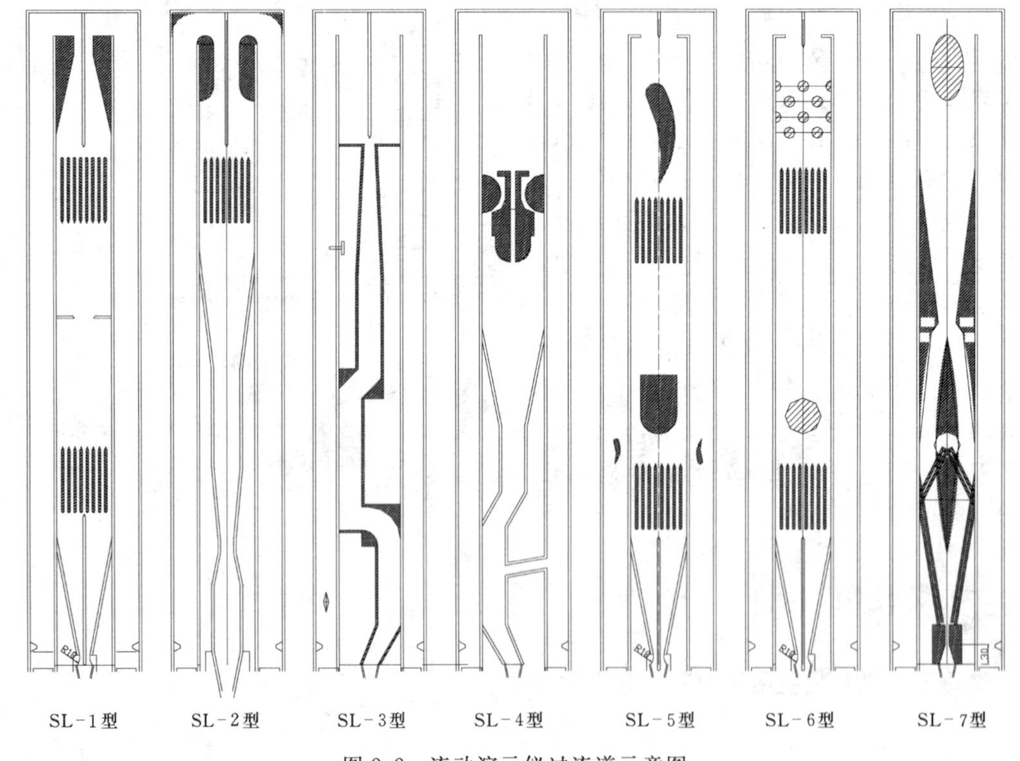

SL－1型　SL－2型　SL－3型　SL－4型　SL－5型　SL－6型　SL－7型

图 2.2　流动演示仪过流道示意图

2.3 实验指导

各实验仪演示内容及实验指导提要如下。

1. SL－1型流动显示仪

用以显示逐渐扩散、逐渐收缩、水流通过孔板时的流态、壁面冲击、直角弯道、整流栅的不同放置等平面上的流动现象，模拟串联管道纵剖面流谱。

在逐渐扩散段可以看到由边界层分离而形成的漩涡，在靠近上游喉颈处，流速越大，漩涡尺度越小，紊动强度越高；而在逐渐收缩段，水流无分离，流线均匀收缩，无漩涡，由此可知，逐渐扩散段局部水头损失大于逐渐收缩段。所以在工程设计中，一般取逐渐收缩的喇叭形取水口，这是因为喇叭形取水口更符合流线形的要求，水头损失小。

在孔板前，流线逐渐收缩，汇集于孔板的过流孔口处，孔板后的水流并不是马上扩散，而是继续收缩至一最小断面，称为收缩断面。在收缩断面以前，只在拐角处和收缩断面后的出口附近有小漩涡出现。在收缩断面后，水流才开始扩散。扩散后的水流犹如突然扩大一样，在主流区周围形成强烈的漩涡回流区。由此可知，孔板流量计有较大的水头损失。

对比整流栅的不同放置可以看出，不管整流栅怎样放置，在整流栅的前部漩涡较小，在整流栅的后部漩涡较大，说明整流栅的后部水头损失大于前部。

通过流量调节可以看出，漩涡的大小和紊动强度与流速有关。当流量减小时，渐扩段流速减小，其紊动强度也减小，这时看到在整个渐扩段有明显的单个大尺度漩涡；反之当流量增大时，单个大尺度漩涡随之破碎，并形成无数个小尺度的漩涡，流速越高，漩涡尺度越小，紊动强度越大。在孔板后的突扩段，也可看到漩涡尺度随流速变化的情况。据此清楚地表明：漩涡尺度随紊动强度增大而变小，水质点间的内摩擦加强，水头损失增大。

2. SL－2型流动显示仪

显示文丘里流量计、圆弧进口管嘴流量计以及壁面冲击、圆弧形弯道等串联流道纵剖面上的流动图像。

由显示可见，文丘里流量计过流顺畅，流线顺直，无边界层分离和漩涡产生。圆弧进口管嘴流量计入流顺畅，管嘴过流段上无边界层分离和漩涡产生。

将文丘里流量计、圆弧进口管嘴流量计和SL－1型流动显示仪上的孔板流量计相对比，可以了解三种流量计的结构、优缺点及其用途。文丘里流量计由于水头损失小而广泛地应用于工业管道上测量流量。圆弧形管嘴出流的流量系数（约为0.98）大于直角形管嘴出流的流量系数（约为0.82），说明圆弧形管嘴进口流线顺畅，水头损失小。孔板流量计结构简单，测量精度高，但缺点是水头损失很大，优点是可利用孔板消能，例如黄河小浪底水电站，在有压隧洞中设置了五道孔板式消能工，其消能机理就是利用了孔板水头损失大的原理，使泄洪的余能在隧洞中消耗，从而解决了泄洪洞口缺乏消能条件的工程问题。

3. SL－3型流动显示仪

显示30°弯头、直角圆弧弯头、直角弯道、45°弯头、闸阀、蝶阀以及非自由射流等流段纵剖面上的流动图像。

由显示可见，在每一转弯的后面，都因为边界条件的改变而产生边界层的分离，从而产生了漩涡。转弯角度不同，漩涡大小、形状各异，水头损失也不一样。在直角弯道和水流冲击的壁面段，有多处漩涡出现。在圆弧转弯段，由于受离心力的影响，凹面离心力较大，流线较顺畅，漩涡较小，凸面流线脱离边壁形成回流，漩涡较大。该流动还显示了局部水头损失叠加影响的图谱。

闸阀半开时，尾部漩涡区较大，水头损失也较大。蝶阀全开时，过流顺畅，阻力小，半开时，在蝶阀的尾部产生尾涡区，水流剧烈的紊动，表明蝶阀半开时阻力大且易引起振动。蝶阀通常作检修用，故只允许全开或全关。

在非自由射流段，射流离开喷口后，不断卷吸周围的液体，形成射流的紊动扩散。和自由射流不同的是，非自由射流离开喷口后在出口形成两个较大的漩涡，产生强烈的紊动，使射流向外扩散。在漩涡的两侧由于边壁的影响，可以看到射流的“附壁效应”现象。此“附壁效应”对壁面的稳定性有着重要的作用。若把喷口后的中间导流杆当作天然河道里的一侧河岸，则由水流的附壁效应可以看出，主流沿河岸高速流动，该河岸受到水流的严重冲刷；而在主流的外侧，水流产生高速回旋，使另一侧河岸也受到局部淘刷；在喷口附近的回流死角处，因为流速小，紊动强度小，则可能出现泥沙的淤积。

另外从弯道水流观察分析可知，在急变流段测压管水头不按静水压强的规律分布，其原因：①离心惯性力的作用，②流速分布不均匀（外侧大，内侧小并产生回流）。

4. SL－4型流动显示仪

显示转弯、分流、合流、45°弯头、YF溢流阀等流段纵剖面上的流动图谱。其中YF溢流阀固定，为全开状态。

由显示可见，在转弯、分流、合流等过流段上，有不同形态的漩涡出现。合流漩涡较为典型，明显干扰主流，使主流受阻。

YF溢流阀是压力控制元件，广泛用于液压传动系统。其主要作用是防止液压系统过载，保护泵和油路系统的安全，以及保持油路系统的压力恒定。

YF溢流阀的流动介质通常是油，本装置的流动介质是水。该装置能十分清晰地显示阀门前后的流动形态：高速流体经过阀口出口后，在阀芯的大反弧段发生边界层的分离，出现一圈漩涡带；在射流与阀芯的出口处也产生较大的漩涡环带。在阀后，尾迹区大而复杂，并有随机的卡门涡街（后面有详细叙述）产生。经阀芯流出的流体也在尾部区产生不规则的左右扰动，调节过流量，漩涡的形态仍然不变。

该阀门在工作中，由于漩涡带的存在，必然会产生较激烈的振动，尤其是阀芯反弧段上的漩涡带，影响更大。由于高速紊动流体的随机脉动，必然要引起漩涡区压力的脉动，这一脉动压力直接作用在阀芯上，引起阀芯的振动，而阀芯的振动又作用于流体的脉动和漩涡区的压力脉动，因而引起阀芯的更激烈的振动。显然这是一个很重要的振源，而且这一漩涡带还可能引起阀芯的空蚀破坏。

5. SL－5型流动显示仪

显示明渠逐渐扩散、桥墩型钝体绕流、机翼体绕流、直角弯道和正、反机翼体绕流等流段上的流动图谱。

桥墩形柱体绕流。该绕流体为圆头方尾的钝形体，水流脱离桥墩后，在桥墩的后部形成尾流漩涡区，在尾流区两侧产生旋向相反且不断交替的漩涡，即卡门涡街。与 SL-6 型圆柱绕流体不同的是，圆柱绕流体的涡街频率 f 在雷诺数 Re 不变时它也不变；而非圆柱绕流体则不同，涡街的频率具有明显的随机性，即使 Re 不变频率 f 也随机变化。

绕流体后的卡门涡街会引起绕流体的振动，绕流体的振动问题有可能引起建筑物的破坏，该问题是工程上极为关心的问题。解决绕流体振动问题的主要措施有：改变水流的速度；或者改变绕流体的自振频率；或者改变绕流体的结构形式，以破坏涡街的固定频率，避免共振。

机翼绕流。当水流通过机翼时，在机翼的凸面，流线较顺畅；在机翼的凹面，主流与壁面之间形成一回流区。在机翼的尾部发生边界层的分离，形成尾流区。对比正放、反放机翼绕流体的流动可见，当绕流体倒置时，在其尾部同样会出现卡门涡街。

6. SL-6 型流动显示仪

显示明渠逐渐扩散、单圆柱绕流、多圆柱绕流及直角弯道等流段的流动图像。圆柱绕流是该型演示仪的特征流谱。

在该流动装置上可以清楚地显示流体在驻点的停滞现象、边界层分离状况、卡门涡街的产生与发展过程以及多圆柱绕流时的流体混合、扩散、组合漩涡等流谱。

(1) 驻点。观察流经圆柱前端驻点处的小气泡，可以看出，流动在驻点上明显停滞，可见驻点处的流速等于零，在此处，动能完全转换为压能。

(2) 边界层分离。水流在驻点受阻后，被迫向两边流动，此时水流的流速逐渐增大，压强逐渐减小，当水流流经圆柱的轴线时，流速达到最大，压强达到最小；当水流继续向下游流动时，在靠近圆柱体尾部的边界上，水流开始与圆柱体分离，称为边界层的分离。边界层分离后，在分离区的下游形成回流区，称为尾涡区。尾涡区的长度和紊动强度与来流的雷诺数有关，雷诺数越大，紊动越强烈。

边界层分离常伴随着漩涡的产生，引起较大的能量损失，增加液流的阻力。边界层分离后还会产生局部低压，以至于有可能出现空化和空蚀破坏现象。因此边界层分离是一个很重要的现象。

(3) 卡门涡街。边界层分离以后，如果雷诺数增加到某一数值，就不断交替的在两侧产生漩涡并流向下游，形成尾流中的两条涡列，一列中某一漩涡的中心恰好对着另外一列中两个漩涡之间的中点，尾流中这样的两列漩涡称作“涡街”，也叫冯卡门（Von karman）“涡街”。漩涡的能量由于流体的黏性而逐渐消耗掉，因此在柱体后面一个相当长距离以后，漩涡就逐渐衰减而终于消失了。

对卡门涡街的研究，在工程中有着重要的意义。卡门涡街可以使柱体产生一定频率的横向振动。若该频率接近柱体的自振频率，就可能产生共振。例如在大风中电线发出的响声就是由于振动频率接近电线的自振频率，产生共振现象而发出的。潜艇在行进中，潜望镜会发生振动；高层建筑（高烟囱等）、悬索桥等在大风中会发生振动，其原因就是卡门涡街造成的。为此在设计中应该考虑这种现象的破坏性，采取措施加以消除或减小。

卡门涡街的频率与管流的过流量有关。可以利用卡门涡街频率与流量之间的关系，制成涡街流量计。其方法是在管路中安装一漩涡发生器和检测元件，通过检测漩涡的信号频率，根据频率和流量的关系就可测出管道的流量。

(4) 多圆柱绕流。被广泛用于热工传热系统的“冷凝器”及其他工业管道的热交换器等。流体流经圆柱时，边界层内的流体和柱体发生热交换，柱体后的漩涡则起混掺作用，然后流经下一柱体时，再交换再混掺，换热效果较佳。另外，对于高层建筑群，也有类似的流动图像，即当高层建筑群承受大风袭击时，建筑物周围也出现复杂的风向和组合气旋，这应引起建筑师的注意。

7. SL-7型流动显示仪

这是一只“双稳放大射流阀”的流谱。经喷嘴喷射出的射流（大信号）可附于两侧壁的任一侧面，即产生射流贴附现象。若先附于左壁，射流经左通道后，向右出口输出；旋转仪器表面控制圆盘，当左气道与圆盘气孔相通时（通大气），射流获得左侧的控制流（小信号），射流便切换至右壁，流体从左出口输出。这时再转动圆盘，切断气流，射流稳定于原通道不变。如果要使射流再切换回来，只要转动控制圆盘，使右气道与圆盘气孔相通即可。若圆盘两个气孔与两个气道都相通时，则射流在左右两侧形成对称射流。因此，该装置既是一个射流阀，又是一个双稳射流控制元件。只要给一个小信号（气流），便能输出一个大信号（射流）。

根据射流附壁现象可以制作各种射流元件。并可把它们组成自动控制系统或自动监测系统。

第3章 能量方程实验

3.1 实验目的和要求

（1）观察水在管道内做恒定流动时，位置水头 z、压强水头 p/γ 和流速水头 $v^2/(2g)$ 的沿程变化规律。

（2）绘出各断面的测压管水头和总水头及理想液体的总水头线，比较分析，加深对能量转换、能量守恒定律的理解。

（3）建立沿程水头损失和局部水头损失的概念。

3.2 实验原理

水流运动也遵守能量守恒及其转化规律。如图3.1所示，运动着的水流具有三种形式的能量，即位能、压能和动能。水流在运动过程中，这三种形式的机械能可以互相转化，但是总的机械能是守恒的。

实际液体恒定总流的能量方程为

$$z_1+\frac{p_1}{\gamma}+\frac{\alpha_1 v_1^2}{2g}=z_2+\frac{p_2}{\gamma}+\frac{\alpha_2 v_2^2}{2g}+h_{w1-2} \tag{3.1}$$

式中：z 为位置水头；p/γ 为压强水头；$v^2/(2g)$ 为流速水头；h_{w1-2} 为两个断面之间的水头损失。

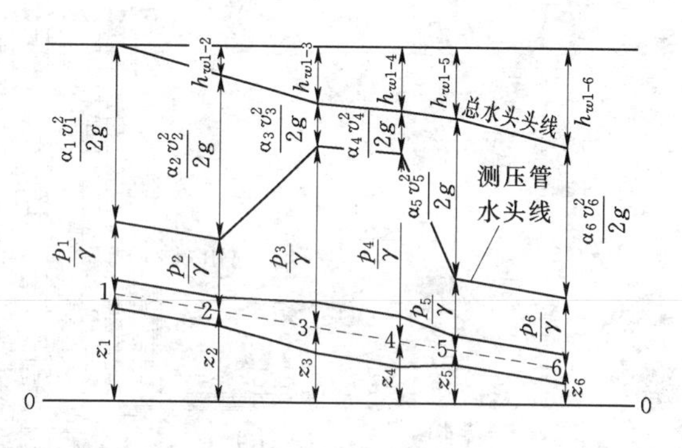

图3.1 能量守恒与转换

由式（3.1）可以看出，能量方程表达了液流中机械能和其他形式的能量（主要是代表能量损失的热能）保持恒定的关系，总机械能在互相转化过程中，有一部分由于克服液流阻力转化为水头损失。机械能中势能和动能可以互相转化，互相消长，表现为动能增，势能减。如机械能中的动能不变，则位能和压能可以互相转化，互相消长，表现为位能减，压能增，或位能增，压能减。因此，能量方程的物理意义是总流各过水断面上单位重量液体所具有的势能平均值与动能平均值之和，即总机械能之平均值沿流程减小，部分机械能转化为热能而损失；同时，亦表示了各项能量之间可以相互转化的关系。其几何意义是：总流各过水断面上平均总水头沿流程下降，所下降的高度即为平均水头损失，同时，亦表示了各项水头之间可以互相转化的关系，平均总水头线沿流程下降，平均测压管水头线沿流程可以上升，也可以下降。

3.3 实验设备和仪器

实验设备由实验台、供水箱、水泵、开关、实验管道（实验管道有小管、大管、渐变管、文丘里管）、进水阀门、出水阀门、测压排、接水盒和回水管组成。其布置如图3.2所示。

实验仪器由测压管、止水夹、钢尺、秒表和量筒组成。

3.4 实验方法和步骤

（1）记录测量管道各变化部位的有关参数，如管径、管长。

（2）打开水泵和实验管道两端的阀门，使水流充满整个管道。

（3）关闭出水阀门，打开测压排上最后一根测压管上的止水夹，将实验管道和各测压管内的空气排出，并检验空气是否排完，检验的方法是出水阀门关闭时各测压管水头为一水平线。

（4）空气排完后，关闭止水夹，打开管道出水阀门调节流量，使测压管水头线在适当位置，待水流稳定后，观测各测压管水头线和总水头线，用体积法或重量法测出流量。

（5）改变流量，重复一次实验。

（6）实验完后将仪器恢复原状。

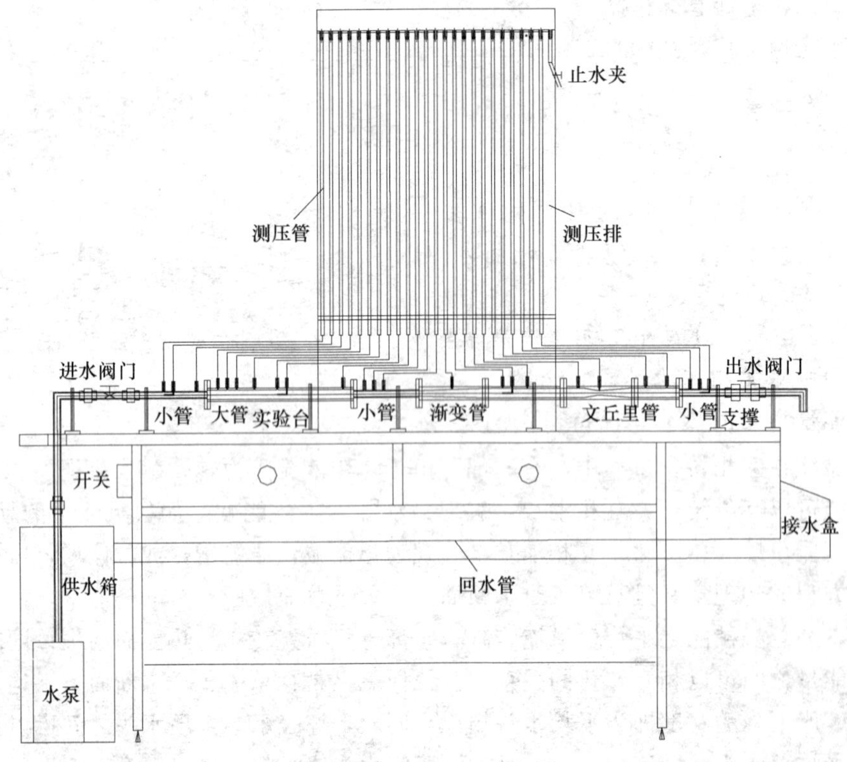

图3.2 能量方程实验装置

3.5　数据处理和成果分析

实验设备名称：　　　　　　　　　　　　　　　　　仪器编号：

同组学生姓名：

1. 实验数据记录及计算成果

实验数据记录及计算成果见表 3.1。

表 3.1　　　　　　　　　　实验数据记录及计算成果

测管编号	流量 Q /(cm³/s)	管径 d /cm	面积 A /cm²	$z+p/\gamma$ /cm	流速 v /(cm/s)	$v^2/(2g)$ /cm	总水头 H /cm	水头损失 h_w /cm

实验日期：　　　　　　　　　　学生签名：　　　　　　　　　　指导教师签名：

2. 成果分析

（1）根据实测的各点测压管水头和总水头，点绘测压管水头和总水头的沿程变化线。

（2）根据实测流量和各测量断面的管径，计算出各测量断面的流速水头和总水头，并同实测的总水头进行比较。

（3）在同一张图上点绘出液体的总水头线，求出各管段的水头损失。

3.6　实验中应注意的问题

测量数据前一定要将管道和测压管内的气体排出。

思考题

（1）能量方程的适应条件是什么？测压管测量的是绝对压强还是相对压强？

（2）测压管水头线沿流程可以升高也可以降低，总水头线沿流程也可以升高吗？

（3）试述能量方程的物理意义和几何意义。

第4章 动量方程实验

4.1 实验目的和要求

(1) 了解活塞式和杠杆式动量方程实验仪的构造、原理及使用方法。

(2) 测定射流的动量修正系数。

4.2 实验原理

恒定总流的动量方程为

$$\vec{F}=\rho Q(\beta_2\vec{v}_2-\beta_1\vec{v}_1) \tag{4.1}$$

图 4.1 是水流冲击带活塞和翼片的抗冲平板的情况。忽略摩擦阻力的水平分力，则 x 方向的动量方程可写成

$$F_x=-p_cA=-\frac{\pi}{4}D^2\gamma h_c=\rho Q(0-\beta_1 v_{1x}) \tag{4.2}$$

整理式 (4.2) 得

$$\beta_1\rho Q v_{1x}-\frac{\pi}{4}D^2\gamma h_c=0$$

$$\beta_1=\frac{\pi D^2\gamma h_c}{4\rho Q v_{1x}}=\frac{F_x}{\rho Q v_{1x}} \tag{4.3}$$

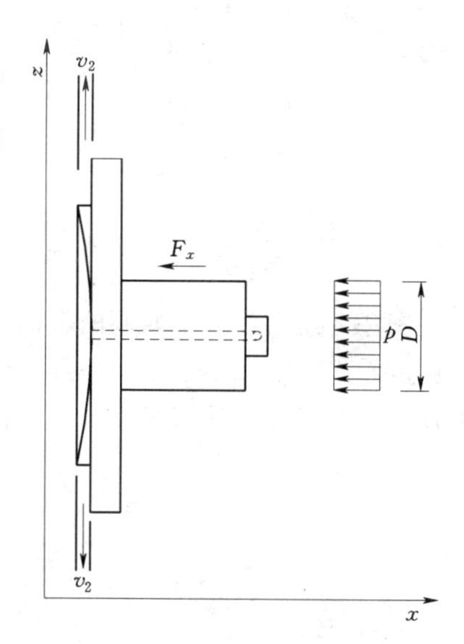

图 4.1 水流冲击带活塞和翼片的抗冲平板的情况

式中：F_x 为作用在该脱离体上所有外力在 x 方向的投影之合力；h_c 为作用在活塞形心处的水深；D 为活塞的直径；Q 为射流流量；v_{1x} 为 x 方向的射流速度；β_1 为动量修正系数，表示单位时间内通过断面的实际动量与单位时间内相应断面平均流速通过的动量的比值。

实验中，只要测量出流量 Q 和活塞形心处的水深 h_c，由给定的管嘴直径和活塞直径代入式 (4.3)，即可求出射流的动量修正系数 β_1 值。

4.3 实验装置和测量仪器

实验装置有两种形式。第一种为活塞式动量方程实验装置，如图 4.2 所示。该实验

装置由供水箱、水泵、开关、稳水箱、管嘴、带活塞和翼片的抗冲平板、溢流调节板和调节杆、退水道、接水盒和回水管等组成。测量仪器有两种，一种是传统的测量方法，仪器为量筒、测压管、有机玻璃标尺和秒表；测量测压管水头的有机玻璃标尺的零点已固定在活塞的圆心处，因此，只要测出液面标尺读数，即为作用在活塞形心处的水深；另一种为自动测量方法，仪器由导水抽屉、盛水容器、限位开关、差压传感器（固定在活塞形心处）、称重传感器、排水泵及差压流量测量仪组成。差压流量测量仪可显示重量、时间、差压。

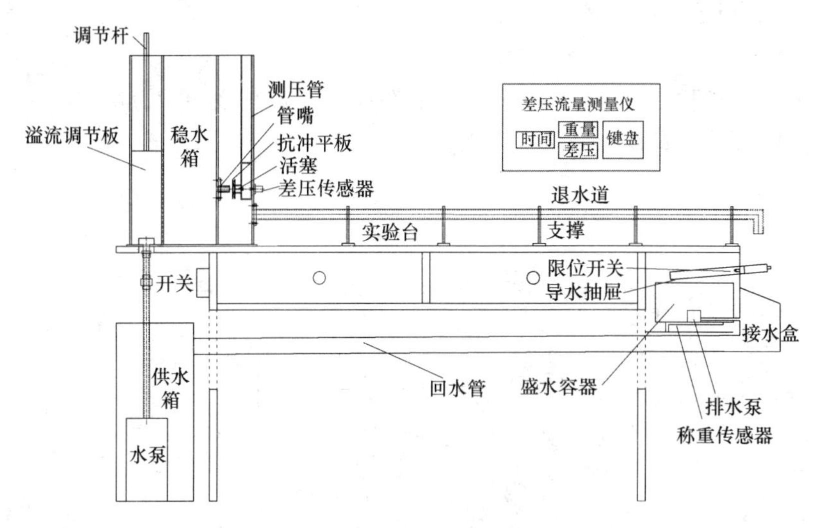

图 4.2　活塞式动量方程实验装置

图 4.3 是浙江大学研制的带活塞和翼片的抗冲平板的活塞退出活塞套的示意图。由图中可以看出，活塞中心设有一细导水管，进口段位于平板中心，出口方向与轴向垂直。在平板上设有翼片，活塞套上设有窄槽。当水流从管嘴射出时，在射流冲击力的作用下，水流经导水管向测压管内加水。为了自动调节测压管内的水位，以使活塞的平板受力平衡并减小摩擦阻力对活塞的影响，本实验装置应用了自动控制的反馈原理和动摩擦减阻技术。当射流冲击力大于测压管内水柱对活塞的压力时，活塞内移，窄槽关小，水流外溢减小，使测压管内水位升高，水压力增大；反之，活塞外移，窄槽开大，水流外溢增多，测管内水位降低，水压力减小。在恒定射流冲击下，经短时间的自动调整，即可达到射流冲击力和水压力的平衡状态。这时活塞处在半进半出、窄槽部分开启的位置上，由导水管流进测压管的水量和由窄槽外溢的水量相等。由于平板上设有翼片，在水流冲击下，平板带动活塞旋转，因而克服了活塞在沿轴向滑移时的静摩擦力。

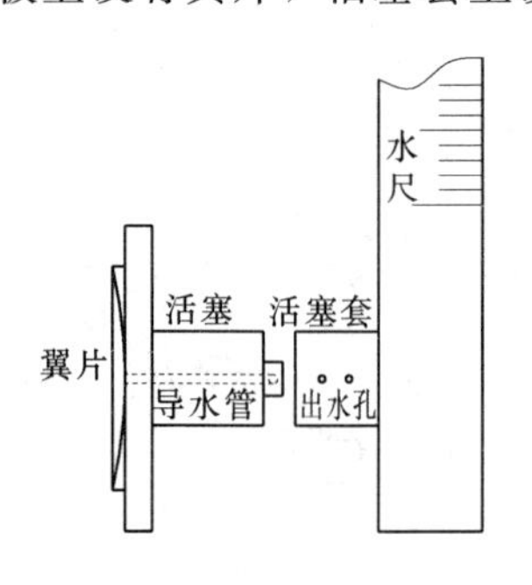

图 4.3　活塞退出活塞套的示意图

第二种为杠杆式动量方程实验装置，如图 4.4 所示。可以看出，该实验装置由供水箱、水泵、开关、稳水箱、溢流调节板、调节杆、管嘴、集水箱、退水道、接水盒和回水管组成。测量系统由冲击平板或凹面板和杠杆组成，杠杆上面设支点和两个砝码。

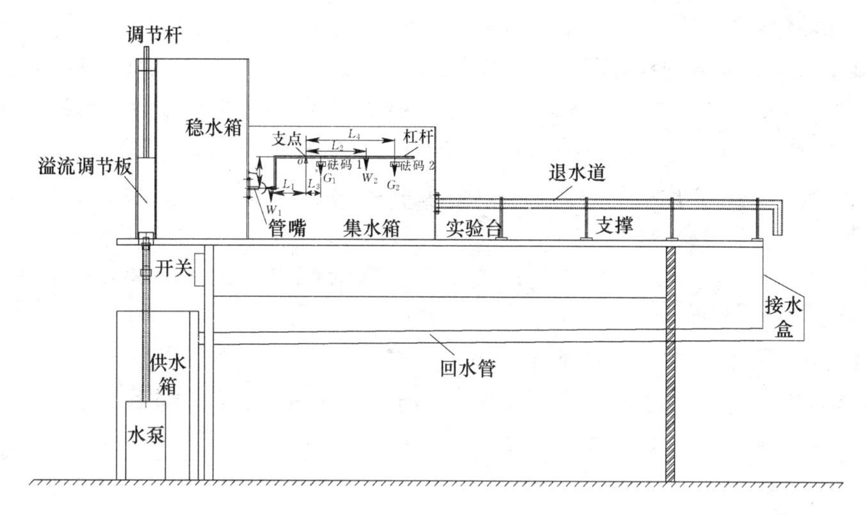

图 4.4　杠杆式动量方程实验装置

设支点 o 左侧杠杆自重为 W_1，力中心距支点的距离为 L_1，支点右侧的自重为 W_2，力中心距支点的距离为 L_2，砝码 1 的重量为 G_1，距支点的距离为 L_3，由平衡条件可得

$$W_1L_1=W_2L_2+G_1L_3 \tag{4.4}$$

当水流冲击板面时，设水流冲击力为 R，这时杠杆的平衡被打破，必须用砝码 2 来平衡。设砝码 2 的重量为 G_2，距支点的距离为 L_4，由力的平衡原理得

$$RL+W_1L_1=W_2L_2+G_2L_4 \tag{4.5}$$

将式（4.4）与式（4.5）相减得　$$RL=G_2L_4-G_1L_3 \tag{4.6}$$

$$R=\frac{G_2L_4-G_1L_3}{L}=\frac{g}{L}(m_2L_4-m_1L_3) \tag{4.7}$$

如果 $m_2=m_1=m$，则　$$R=\frac{mg}{L}(L_4-L_3) \tag{4.8}$$

对于平板　$$R_{计}=\rho Qv \tag{4.9}$$

对于凹面板　$$R_{计}=\rho Qv(1-\cos\alpha) \tag{4.10}$$

式中：Q 为喷嘴的出流量；v 为喷嘴出口流速；ρ 为液体的密度；α 为射流沿曲面板的转折角。

4.4　实验方法和步骤

4.4.1　活塞式动量方程实验仪器的实验方法和步骤

（1）熟悉实验装置各部分名称，结构特征，作用性能，记录有关常数。

（2）开启水泵，移动稳水箱中的调节杆使溢流调节板高度为合适位置。

（3）调整测压管位置。待稳水箱溢流后，松开测压管固定螺丝，调整方位，要求测压管垂直，螺丝对准十字中心，使活塞转动松快，然后旋转螺丝固定好。

(4) 测量活塞形心处的水头 h_c 和流量。

1) 用传统方法测量的步骤如下。

a. 测读活塞形心处的作用水头 h_c。活塞形心处的零点已固定在与活塞圆心相连的标尺上，当测压管内液面稳定后，记下测压管内液面的标尺读数即为 h_c 值。

b. 测量流量。在退水道的出口处测量射流的流量。测量流量时可用量筒和秒表记录体积和时间，用体积除以时间即为流量。

c. 用调节杆调节溢流调节板的高度，改变管嘴的作用水头，待水头稳定后，按第 a 和第 b 步重复 N 次实验。

2) 用电测方法测量的步骤如下。

a. 检查差压、重量、时间传感器和排水泵与差压流量测量仪的连线。

b. 打开差压流量测量仪电源，将仪器预热 15min。

c. 将导水抽屉拉出开始测量，这时测量仪显示差压、重量和时间的瞬时变化值。

d. 将导水抽屉推进，本次测量结束，测量仪上显示本次测量的水的净重、测量时间和活塞形心以上的作用水头 h_c 值。将本次测量结果记录在相应的表格中。

e. 打开排水泵，将盛水容器中的水排出。待容器中的水排完或排放停止后即可开始第二次测量。

f. 用调节杆调节溢流调节板的高度，改变管嘴的作用水头，待水头稳定后，按第 c、d、e 步重复 N 次实验。

(5) 实验完后将仪器恢复原状。

4.4.2　杠杆式动量方程实验仪器的实验方法和步骤

(1) 记录有关常数。如喷嘴的直径、当喷嘴不过流时喷嘴中心距支点的距离为 L、砝码 1 距支点的距离为 L_3。砝码 1 和砝码 2 的质量为 m_1 和 m_2。

(2) 打开水泵，移动稳水箱中的调节杆使溢流调节板高度为合适位置，给水箱充满水，并保持溢流状态，同时保持出水喷嘴为满管出流。

(3) 当水流冲击板面中心时，杠杆倾斜，加砝码 2 来平衡水流对板面的冲击力，当杠杆平衡时，记录砝码 2 距支点的距离为 L_4，用量杯和秒表测量流量。

(4) 用调节杆调节溢流调节板的高度，改变管嘴的作用水头，待水头稳定后，重复第 (3) 步 N 次实验。

(5) 实验完后将仪器恢复原状。

4.5　数据处理和成果分析

4.5.1　活塞式实验仪器数据处理与成果分析

实验设备名称：　　　　　　　　　　　　　　　　仪器编号：

同组学生姓名：

已知数据：管嘴内径 $d=$ 　　cm；管嘴面积 $a=$ 　　cm^2；

　　　　　活塞直径 $D=$ 　　cm；活塞面积 $A=$ 　　cm^2。

1. 实验数据记录及计算成果

实验数据记录及计算成果见表4.1。

表4.1　活塞式实验仪器数据记录及计算成果

测次	体积 V/cm^3	时间 t/s	流量 $Q=V/t$ /（cm^3/s）	活塞作用水头 h_c/cm	射流流速 $v=Q/a$ /（cm/s）	动量力 $F_x=\gamma h_c A$ /达因	动量修正系数 $\beta_1=F_x/(\rho Q v)$

实验日期：　　　　　学生签名：　　　　　指导教师签名：

注　动量力单位用达因，在计算时，取 $\gamma=9800N/m^3=9.8\times10^{-3}N/cm^3=980$ 达因/cm^3，$\rho=\gamma/g=1$ 达因·s^2/cm^4。

2. 成果分析

（1）动量修正系数对于紊流来说，在一般的渐变流动中 $\beta=1.02\sim1.05$，在层流中，$\beta=1.33$。实验是否在这个范围内，如不符合，试分析原因。

（2）水流冲击带有翼片的抗冲平板时，带翼片的平板在射流作用下获得力矩，这对分析射流冲击无翼片的平板沿 x 方向的动量方程有无影响？为什么？

4.5.2 杠杆式实验仪器数据处理与成果分析

实验设备名称：　　　　　　　　　　仪器编号：

同组学生姓名：

已知数据：管嘴内径 $d=$　　cm；管嘴面积 $a=$　　cm^2；

射流板角度 $\alpha=$　　°；

$L=$　　cm；　$L_3=$　　cm；

$m_1=$　　kg；　$m_2=$　　kg

1. 实验数据记录及计算成果

实验数据记录及计算成果见表4.2。

2. 成果分析

（1）用公式（4.7）计算实测的作用力 R。用公式（4.9）或公式（4.10）计算作用力。

（2）将计算结果与实测结果进行比较，说明实验的正确性。

表 4.2　　杠杆式实验仪器数据记录及计算成果

测次	体积 V /cm^3	时间 t /s	流量 $Q=V/t$ /(cm^3/s)	射流流速 $v=Q/a$ /(cm/s)	砝码 2 距支点距离 L_4 /cm	作用力 R /N	计算作用力 $R_{计}$ /N

实验日期：　　　　　　学生签名：　　　　　　指导教师签名：

4.6　实验中应注意的问题

（1）当水流冲击活塞时，如果活塞不转动，用小棍将活塞拨动一下，即可转动。

（2）实验时稳水箱中的水一定要溢流，以保证恒定流。

（3）砝码要每套专用，不可互相代替。

思　考　题

（1）为什么可以用测压管内液面的标尺读数代表活塞形心处的作用水头？

（2）同样水流条件下，水流冲击平面板与半球形板那种受到的冲力大？为什么？

（3）试述动量方程应用的条件。

第5章 毕托管测流速实验

5.1 实验目的和要求

（1）了解毕托管的构造和测流原理。

（2）掌握毕托管测流的方法。

（3）测量明渠或溢流堰顶的流速分布。

5.2 毕托管测流速的原理

毕托管是亨利·毕托在1732年提出来的。其构造如图5.1所示。由图中可以看出，毕托管是根细弯管，其前端和侧面均开有小孔，当需要测量水中某点流速时，将弯管前端（动压管）置于该点并正对水流方向，侧面小孔（静压管）垂直于水流方向。前端小孔和侧面小孔分别由两个不同的通道接入两根测压管，测量时只需要测出两根测压管的水面差，即可求出所测测点的流速。设A、B两点的距离很近，流速都等于u，现将毕托管前端置于B点，B点的流速为零，该点的动能全部转化成势能，使得管内水面升高Δh。对A、B两点写能量方程为

$$\frac{p_A}{\gamma}+\frac{u^2}{2g}=\frac{p_B}{\gamma} \tag{5.1}$$

由图中可以看出 $$\frac{u^2}{2g}=\frac{p_B}{\gamma}-\frac{p_A}{\gamma}=\Delta h \tag{5.2}$$

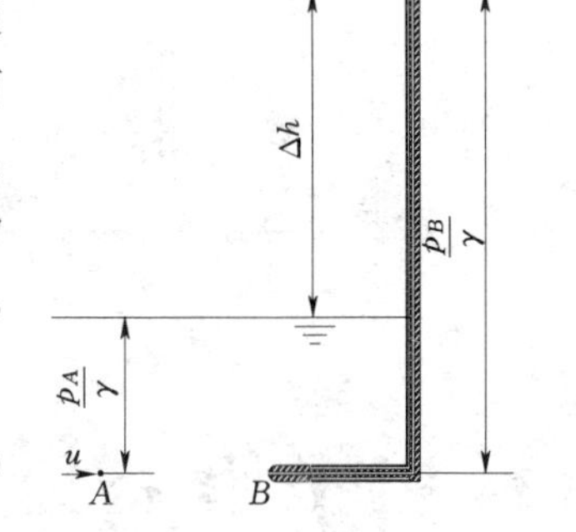

图5.1 毕托管测流速示意图

由式（5.2）解出 $$u=\sqrt{2g\Delta h} \tag{5.3}$$

为了提高测量精度，可以用倾斜比压计测量差压，则式（5.3）可以写成

$$u=\sqrt{2g\Delta L\sin\alpha} \tag{5.4}$$

式中：ΔL为倾斜比压计上两根测压管水面的读数差值；α为比压计斜面与水平面的夹角。

5.3 实验设备和仪器

实验设备和仪器如图5.2所示。实验设备由供水箱、水泵、开关、压力管道、上水阀门、消能罩、稳水道1、稳水道2、实验水槽、实用堰、下游水位调节闸门、稳水栅、量水堰和回水系统组成。实验仪器为毕托管、测架、比压计、止水夹和吸耳球。

5.4　实验方法和步骤

（1）将毕托管置于溢流实用堰顶，打开水泵，待水流稳定后利用抽气法或虹吸法将毕托管和比压计中的空气排出，并检验空气是否排完，检验的方法为当毕托管置于静水中时比压计的两根测压管水面应齐平。

（2）将毕托管置于溢流实用堰顶或明渠所测量的断面上，并正对来流方向，记录测架上的测杆读数和比压计的两根测压管读数 L_1 和 L_2，求出 $\Delta L = L_1 - L_2$。

（3）提高毕托管至另一高度，重复第（2）步，记录各次的测杆读数和水面差读数，直至毕托管接近水面。

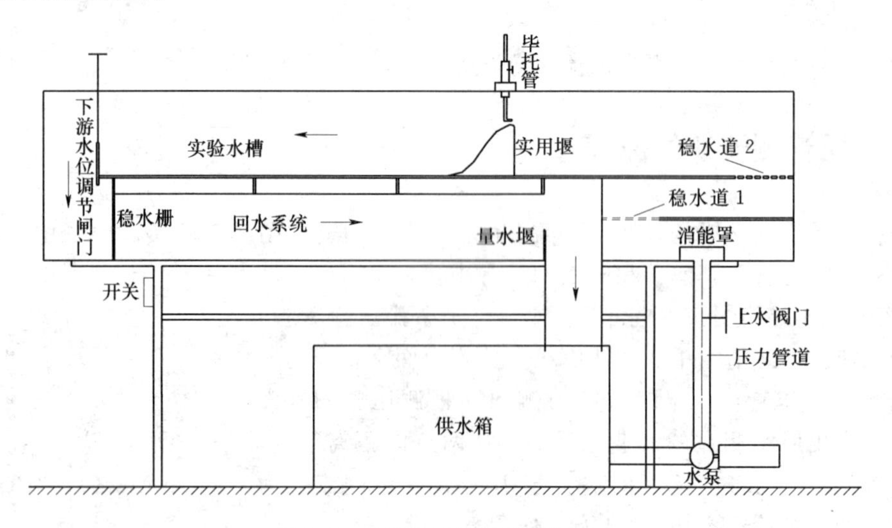

图 5.2　明渠流速测量实验装置

5.5　数据处理和成果分析

实验设备名称：　　　　　　　　　　　　　　　仪器编号：

同组学生姓名：

已知数据：毕托管直径 $d=$　　cm；斜比压计倾角 $\alpha=$　°

1. 实验数据及计算成果

实验数据及计算成果见表 5.1。

2. 成果分析

（1）毕托管外径 $d=0.8$cm，第一个测点距溢流实用堰顶或渠底的距离为 0.4cm，以后各测点距渠底的距离为每次测杆读数减去第一次测杆读数再加上 0.4cm。

（2）以流速为横坐标，毕托管距溢流实用堰顶或渠底的高度为纵坐标，点绘所测垂线的流速与水深的关系。

（3）分析溢流实用堰顶的流速分布，解释溢流实用堰顶垂线流速分布与明渠流速分布有何不同。

表 5.1　　实验数据及计算结果

测次	测杆读数 /cm	测点距堰顶的距离 h /cm	斜比压计读数			$\Delta L\sin\alpha$ /cm	$u=\sqrt{2g\Delta L\sin\alpha}$ /(cm/s)
			L_1 /cm	L_2 /cm	ΔL /cm		

实验日期：　　　　学生签名：　　　　指导教师签名：

5.6　实验中应注意的问题

（1）毕托管排气后，移动毕托管时不能将毕托管头部露出水面，否则应重新排气。

（2）毕托管头部应对准来流方向，否则测量的可能不是来流的流速，而是流速的一个分量。

思　考　题

（1）毕托管测流速的原理是什么？毕托管测出的流速是点流速还是平均流速？

（2）如果要用毕托管测量明渠的流量，试解释怎样测量？

（3）除了毕托管测流速以外，还可以用什么方法或仪器测量明渠流速？

（4）用毕托管如何测量管流的流速？

第6章　文丘里流量计流量系数实验

6.1　实验目的和要求

（1）了解文丘里流量计的构造、原理及使用方法。

（2）掌握文丘里流量计流量系数的测量方法。

（3）点绘流量系数与实测流量以及流量与压差的关系，计算出流量系数的平均值。

6.2　文丘里流量计的构造和测流原理

6.2.1　文丘里流量计的构造

文丘里流量计是一种管道流量测量的仪器，它由收缩段、喉道段和扩散段三部分组成。文丘里管本身又分为圆锥形和喷嘴型两种，而每一种又分为长管型和短管型，这里仅介绍圆锥形文丘里流量计。

圆锥形文丘里流量计由入口圆锥管段、收缩段、喉管段及出口圆锥管段组成，见图6.1。其节流孔径比（喉道直径与管道直径之比）$\beta=d/D=0.3\sim0.75$。入口圆锥管段$\alpha_1=21°\pm1°$，出口圆锥管段$\alpha_2=7°\sim15°$。喉道长度与喉道直径相同。在喉道部和上游收缩段前$D/2$的圆管段设测压孔，以便测出这两个断面的压差。与同一孔径的孔板、喷嘴流量计相比，文丘里流量计水头损失较小，因此，被广泛地应用在工业管道上测量流量。

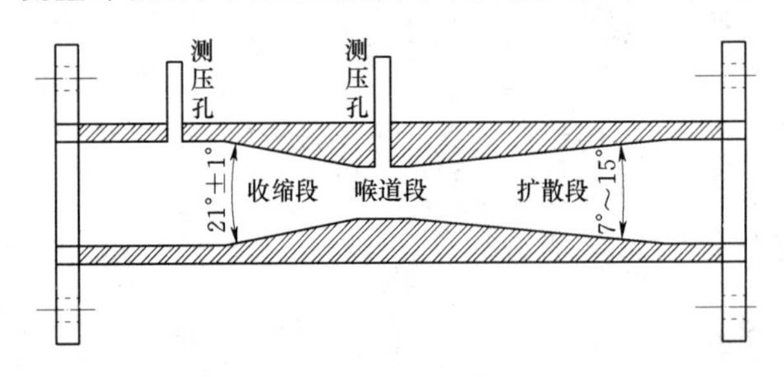

图6.1　文丘里流量计构造图

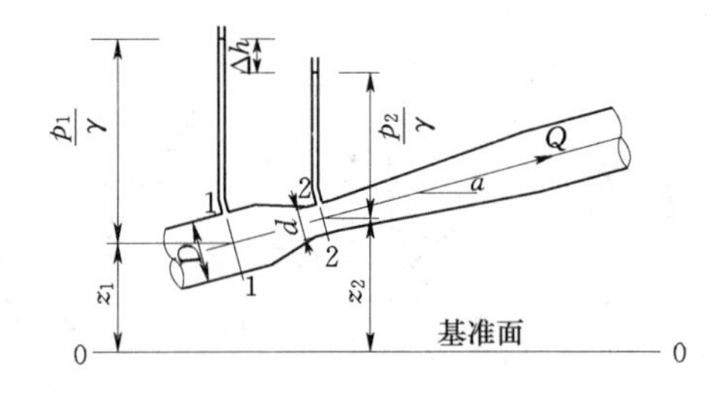

图6.2　文丘里流量计理论分析简图

6.2.2　文丘里流量计的测流原理

当流体通过文丘里流量计时，由于圆管段和喉道段的断面面积不同而产生压差，通过的流量不同，其压差的大小也不同，所以可根据压差的大小来测定流量。图6.2是文丘里流量计理论分析简图。以0—0为基准面，暂不考虑能量损失，取断面1—1和断面2—2写能量方程为

$$z_1+\frac{p_1}{\gamma}+\frac{\alpha_1 v_1^2}{2g}=z_2+\frac{p_2}{\gamma}+\frac{\alpha_2 v_2^2}{2g} \tag{6.1}$$

由式（6.1）得
$$\frac{\alpha_2 v_2^2}{2g}-\frac{\alpha_1 v_1^2}{2g}=\left(z_1+\frac{p_1}{\gamma}\right)-\left(z_2+\frac{p_2}{\gamma}\right)=\Delta h \tag{6.2}$$

式中：z_1、z_2、p_1/γ、p_2/γ、$\alpha_1 v_1^2/2g$、$\alpha_2 v_2^2/2g$ 分别为断面 1—1 和断面 2—2 的位置水头、压强水头和流速水头；Δh 为断面 1—1 和断面 2—2 的测压管水头差。

由连续方程可得
$$v_1=A_2 v_2/A_1=(d/D)^2 v_2 \tag{6.3}$$

式中：A_1、A_2 分别为管道和文丘里流量计喉道断面的面积；d、D 分别为文丘里流量计喉道和管道断面的直径。将式（6.3）代入式（6.2）得

$$v_2=\sqrt{\frac{2g\Delta h}{1-(d/D)^4}} \tag{6.4}$$

通过文丘里流量计的流量为
$$Q=A_2 v_2=\frac{\pi d^2}{4}\sqrt{\frac{2g\Delta h}{1-(d/D)^4}} \tag{6.5}$$

式（6.5）即为文丘里流里计不考虑水头损失时的流量公式。令

$$K=\frac{\pi d^2}{4}\sqrt{\frac{2g}{1-(d/D)^4}} \tag{6.6}$$

则
$$Q_{理}=K\sqrt{\Delta h} \tag{6.7}$$

对于水银差压计，式（6.7）可写成

$$Q_{理}=K\sqrt{12.6\Delta h} \tag{6.8}$$

对于实际液体，考虑到水头损失，则实际通过文丘里流量计的流量为

$$Q_{实}=\mu K\sqrt{\Delta h} \tag{6.9}$$

对于水银差压计，有

$$Q_{实}=\mu K\sqrt{12.6\Delta h} \tag{6.10}$$

式中：μ 为文丘里流量计的流量系数。由式（6.7）和式（6.9）可以看出

$$\mu=Q_{实}/Q_{理} \tag{6.11}$$

实验表明，μ 是雷诺数 $Re=v_0 D/\nu$ 的函数，在雷诺数 $Re<2\times10^5$ 以前，流量系数随雷诺数的增大而增大。在 $Re>2\times10^5$ 以后，流量系数基本为一常数，一般认为，流量系数为 0.92～0.98。

6.3 实验设备和仪器

实验设备为自循环实验系统，包括水泵、供水箱、开关、稳水箱、溢流孔、实验管道、测压排、文丘里管、调节阀、接水盒和回水管。

测量仪器为两种：一种是传统的量测方法，仪器为量筒、测压管、钢尺、秒表、温度计；另一种为自动量测方法，仪器由导水抽屉、盛水容器、限位开关、差压传感器、称重传感器、排水泵及差压流量测量仪组成。差压流量测量仪可显示重量、时间、差压。实验的设备和仪器如图 6.3 所示。

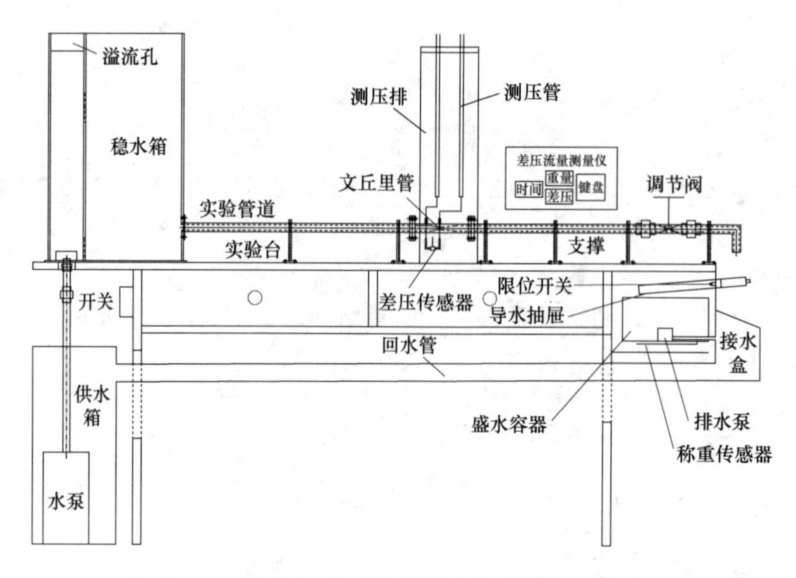

图 6.3　文丘里流量计实验装置

6.4　实验方法和步骤

（1）记录有关常数 d 和 D，并计算出常数 K 值。

（2）打开水泵，使水流充满稳水箱，并保持溢流状态。然后打开实验管道上的调节阀门，使水流通过文丘里管。

（3）关闭调节阀门，用洗耳球将测压管中的空气排出。并检验空气是否排完，检验的方法是管道不过流时两根测压管的水面应齐平。

（4）测量流量和压差

1）用传统方法测量的步骤如下。

a. 打开调节阀门，观察测压管的压差值在适当位置。

b. 流量测量。待水流稳定后用量筒和秒表测量流量。

c. 压差测量。用钢尺测量测压排上两根测压管读数 h_1 和 h_2，则两根测压管的高度差即为压差 $\Delta h=h_1-h_2$。

d. 改变调节阀开度调节流量，待水流稳定后按照第 b 和第 c 步重复测量 N 次。

2）用电测方法测量的步骤如下。

a. 检查差压、重量、时间传感器和排水泵与差压流量测量仪的连线。

b. 打开差压流量测量仪电源，将仪器预热 15min。

c. 待水流稳定后，将导水抽屉拉出开始测量，这时测量仪显示重量、时间和差压的瞬时变化值。

d. 将导水抽屉推进，本次测量结束，测量仪上显示本次测量的水的净重、测量时间和差压 Δh 值。将本次测量结果记录在相应的表格中。

e. 打开排水泵，将盛水容器中的水排出。待容器中的水排完或排放停止后即可开始第二次测量。

f. 调节出水阀门，待水流稳定后，重复第 c 步至第 e 步重复测量 N 次。

（5）用温度计测量水温。

（6）实验结束后将仪器恢复原状。

6.5 数据处理和成果分析

实验设备名称：　　　　　　　　　　　　　　　　仪器编号：

同组学生姓名：

已知数据：喉道直径 $d=$　　cm；管道直径 $D=$　　cm；系数 $K=$　　$cm^{5/2}/s$；

水温 $t=$　　℃；黏滞系数 $\nu=$　　cm^2/s

1. 实验数据及计算成果

实验数据及计算成果见表 6.1。

表 6.1　　　　实验数据及计算成果

测次	h_1 /cm	h_2 /cm	差压 Δh /cm	体积 /cm^3	时间 /s	$Q_{实}$ /(cm^3/s)	$Q_{理}=K\sqrt{\Delta h}$ /(cm^3/s)	$\mu=\frac{Q_{实}}{Q_{理}}$	Re

实验日期：　　　　　　　　学生签名：　　　　　　　　指导教师签名：

2. 成果分析

（1）将实测压差值代入式（6.7）即得理想流量。

（2）用实测的水的净质量除以测量时间即为实测流量。

（3）流量系数用式（6.11）计算。

（4）绘制 $\mu - Q_{实}$ 和 $Q_{实} - \Delta h$ 的关系曲线。

6.6　实验中应注意的问题

（1）测压管中的空气必须排完，否则测量压差的数据不正确。

（2）每次改变流量应待水流稳定后方能测读数据，否则影响测量精度。

（3）每次实验前要检查称重容器中的水是否排出或排放是否停止，如水未排出或排放未停止，要等待排放停止后再进行下一次测量。

思　考　题

（1）如果文丘里管没有水平放置，对测量结果有无影响。

（2）如何确定文丘里管的水头损失？

（3）通过实验说明文丘里管流量计的流量系数随流量有什么变化规律。

第 7 章　孔板流量计流量系数实验

7.1　实验目的和要求

（1）了解孔板流量计的构造、测流原理和使用方法。

（2）掌握孔板流量计流量系数的测定方法。

（3）了解孔板流量计取压孔的设置方法。

7.2　孔板流量计的构造、实验原理和取压位置

7.2.1　孔板流量计的构造和水流流态

孔板流量计与文丘里流量计一样，也是一种管道流量测量仪器。它由上下游管道、孔板三部分组成。孔板是一块中间有圆孔的薄板，圆孔的直径比管径小，如图 7.1 所示。孔板流量计的水流流态见图 7.2，由图中可以看出，在孔板截面前液体已开始收缩，流经孔板后液体并不立即扩散而是继续收缩，直至收缩到最小，该断面称为收缩断面 $c—c$，然后水流才开始扩散，最后扩散到整个管道截面。由于液流在孔板前后变化较大，因而在孔板前后产生涡流区并形成较大的压差。

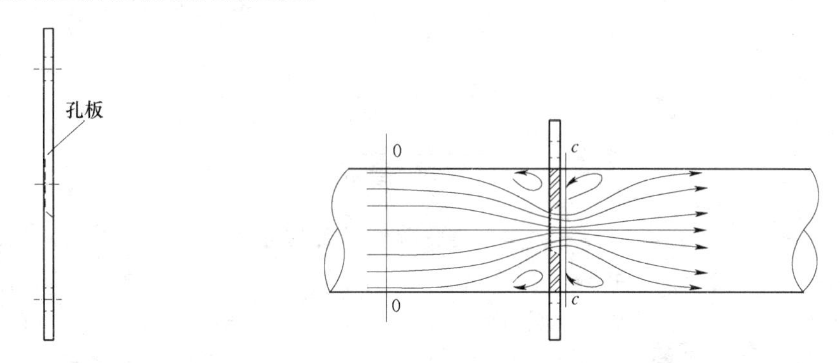

图 7.1　孔板流量计的构造　　　　图 7.2　孔板流量计的水流流态

7.2.2　孔板流量计的测流原理

孔板流量计的测流原理同文丘里流量计一样。如图 7.2 所示，设管道的直径为 D，面积为 A_0，水流流速为 v_0，孔口的直径为 d，面积为 A，流速为 v，孔口后收缩断面的直径为 d_c，面积为 A_c，此处的流速为 v_c。取孔板前液体尚未受到孔板影响的断面 0—0 和孔板后水流的收缩断面 $c—c$ 列能量方程，暂不考虑水头损失，则

$$z_0+\frac{p_0}{\gamma}+\frac{\alpha_0 v_0^2}{2g}=z_c+\frac{p_c}{\gamma}+\frac{\alpha_c v_c^2}{2g} \tag{7.1}$$

断面 0—0 与断面 c—c 的测压管水头差为$(z_0+p_0/\gamma)-(z_c+p_c/\gamma)=\Delta h$，由连续方程，$A_0v_0=A_cv_c=Q$，$v_0=(A_c/A_0)v_c$，$v_c=Q/A_c$，代入式（7.1）得

$$Q=\frac{A_c}{\sqrt{1-A_c^2/A_0^2}}\sqrt{2g\Delta h} \tag{7.2}$$

引进面积比例系数 $m=A/A_0$，$\varepsilon=A_c/A$，ε 称为收缩系数，代入式（7.2）得

$$Q=\frac{\varepsilon A}{\sqrt{1-\varepsilon^2m^2}}\sqrt{2g\Delta h} \tag{7.3}$$

孔板孔口的面积 $A=\pi d^2/4$，代入式（7.3）得

$$Q=\frac{\pi}{4}\frac{\varepsilon d^2}{\sqrt{1-\varepsilon^2m^2}}\sqrt{2g\Delta h} \tag{7.4}$$

式（7.4）即为不考虑水头损失时孔板流量计流量的计算公式。

当水流通过孔板时，在断面 0—0 以后液体收缩和膨胀，管道断面上各点的静水压强是不同的，每个断面边缘部分的压强要比中央部分的压强高，这是因为在孔板前液体受孔板的阻挡，动能变为压能；在孔板后，靠近管道边缘处涡流的流向与主流的方向相反，且流速较小，压强也比中心处高。另外，在实际测流时，收缩断面的位置随流量的不同而有所变化，且事先不知道收缩断面的位置。所以，利用孔板流量计测流时，一般是根据不同的取压方式得出不同的流量系数。由于取压方式的不同，其测压管水头差也不同；同时，考虑到水头损失，实际过流量比理论流量小，所以需要对式（7.4）进行修正，引进取压系数 ψ 和水头损失系数 φ，并设实际通过的流量为 $Q_{实}$，则式（7.4）变为

$$Q_{实}=\frac{\pi d^2}{4}\frac{\varepsilon\varphi}{\sqrt{1-\varepsilon^2m^2}}\sqrt{2g\psi\Delta h}=\mu\frac{\pi}{4}d^2\sqrt{2g\Delta h} \tag{7.5}$$

由式（7.5）可得

$$\mu=\frac{\varepsilon\varphi}{\sqrt{1-\varepsilon^2m^2}}\sqrt{\psi} \tag{7.6}$$

式中：μ 为流量系数，它是实际流量与理论流量的比值，即 $\mu=Q_{实}/Q$。实验表明，μ 是雷诺数 $Re=v_0D/\nu$ 的函数，并与孔板的面积比 m 有关。对于标准孔板，其流量系数与雷诺数以及面积比的关系见图 7.3，由图中可以看出，在雷诺数 $Re<2\times10^5$ 以前，流量系数随雷诺数的增大而减小，在 $Re>2\times10^5$ 以后，对于同一面积比，流量系数为一常数。由图中还可以看出，流量系数随着面积比的增大而增大。

7.2.3　孔板流量计的取压位置和管道条件

由上面的论述可以看出，孔板流量计的水流流态远较文丘里流量计复杂。从道理上讲，孔板流量计的取压位置上游在水流未扰动断面，下游在孔板后的收缩断面。然而，由于上、下游水流均有收缩，且上游刚开始收缩的断面和孔板后的收缩断面的位置不知道，因此，取压孔的位置难以确定。为了实际使用孔板流量计，人们对孔板流量计的取压位置进行了大量的实验研究，目前，国际国内通常采用的取压方式有理论取压法、角接取压

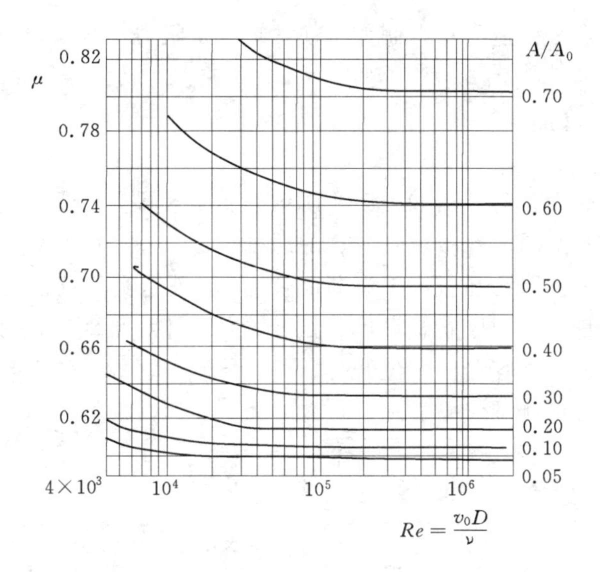

图 7.3 孔板流量系数与雷诺数和面积比的关系

法、$D-D/2$ 取压法（也称径距取压法）和法兰取压法。

(1) 理论取压法。理论取压法上游取压管中心位于距孔板前端 $1D\pm0.1D$ 处，下游取压管中心位置因直径比 $\beta=d/D$ 值而异，基本位于收缩断面处，所以又称缩流取压法。在推导孔板流量计的理论公式时，用的就是这两个截面上的压力差，所以称为理论取压法。理论取压法的优点是所取得的压差大，缺点是随着直径比 β 和流量 Q 的变化，孔板后收缩断面的位置也要变化，给下游取压孔的设置带来困难。

(2) 角接取压法。角接取压法上下游的取压管中心位于孔板前后端面处，其优点是易于采用环式取压，使压力平衡，从而提高差压的量测精度；当实际雷诺数大于界限雷诺数时，流量系数只与直径比有关；沿程压力损失变化对差压测量的影响小。缺点是对取压点的安装要求严格，如果安装不准确，对差压测量精度影响较大；它取到的差压值比理论取压法的压差小，取压管中的堵塞物不易排除。

(3) $D-D/2$ 取压法。该取压法又称径距取压法。上游取压管中心位于距孔板前端 $1D\pm0.1D$ 处，下游取压管中心位置对于 $\beta>0.6$，位于距孔板前端 $D/2\pm0.01D$ 处，对于 $\beta<0.6$，位于距孔板前端 $D/2\pm0.02D$ 处。和理论取压法相比，$D-D/2$ 取压法下游取压点是固定的，是一种比较好的取压方式。当直径比 $\beta<0.735$ 时，下游取压点近似位于收缩断面处，当 $\beta>0.735$ 时，两者将出现差异。$D-D/2$ 取压法测得的差压值比理论取压法的压差稍小。

(4) 法兰取压法。法兰取压法不论管道直径和直径比 β 的大小，上下游取压点中心均位于距离孔板上下游断面 2.54cm 处，它在制造和使用上要比理论取压法来得方便，而且通用性较大。但缺点是流量系数除与直径比 β 和雷诺数 Re 有关外，还跟直径 D 有关。

孔板流量计的管道条件为上游直管段长度 $L_1\geqslant10D$，下游直管段 $L_2\geqslant4D$。除此之外，如果孔板流量计所在的管道上装有其他局部阻力件，这些局部阻力件距孔板流量计的距离也有一定的要求。

孔板流量计的优点是构造简单，制作方便，缺点是阻力及水头损失较大。

7.3　实验设备和仪器

孔板流量计的实验设备与仪器如图 7.4 所示。实验装置为供水箱、水泵、开关、压力管道、进水阀门、出水阀门、孔板流量计、测压排、接水盒、回水管。孔板流量计的取压位置采用法兰取压法，即取在孔板上下游断面 2.54cm 处。实验仪器为两种，一种是传统的量测方法，仪器为量筒、测压管、钢尺、秒表、温度计和止水夹；另一种为自动量测方法，仪器由导水抽屉、盛水容器、限位开关、差压传感器、称重传感器、排水泵及差压流量测量仪组成。差压流量测量仪可显示重量、时间、差压。

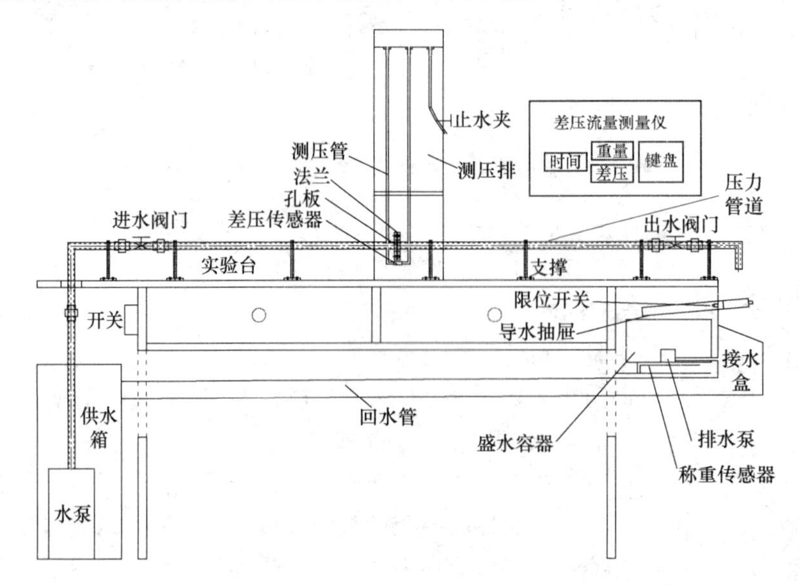

图 7.4　孔板流量计实验装置与仪器

7.4　实验方法和步骤

（1）记录管道直径 D 和孔板流量计的直径 d。

（2）打开水泵，打开实验管道上进水和出水阀门，使水流通过孔板流量计。

（3）关闭出水阀门，打开测压排上的止水夹，将测压管中的空气排出。并检验空气是否排完，检验的方法是管道不过流时两根测压管的水面应齐平。

（4）测量流量和压差。

1）用传统方法测量的步骤如下。

a. 打开出水调节阀门，观察测压管的压差值在适当位置。

b. 流量测量。待水流稳定后用量筒和秒表测量流量。

c. 压差测量。用钢尺测量测压排上两根测压管读数 h_1 和 h_2，则两根测压管的高度差即为压差 $\Delta h = h_1 - h_2$。

d. 用管道尾部的出水阀门调节流量，待水流稳定后按照第 b 和第 c 步重复测量 N 次。

2）用电测方法测量的步骤如下。

a. 检查差压、重量、时间传感器和排水泵与差压流量测量仪的连线。

b. 打开差压流量测量仪电源，将仪器预热 15min。

c. 待水流稳定后，将导水抽屉拉出开始测量，这时测量仪显示重量、时门和差压的瞬时变化值。

d. 将导水抽屉推进，本次测量结束，测量仪上显示本次测量的水的净重、测量时间和差压 Δh 值。将本次测量结果记录在相应的表格中。

e. 打开排水泵，将盛水容器中的水排出。待容器中的水排完或排放停止后即可开始第二次测量。

f. 调节出水阀门，待水流稳定后，重复第 c 步至第 e 步重复测量 N 次。

（5）用温度计测量水温。

（6）实验结束后将仪器恢复原状。

7.5　数据处理和成果分析

实验设备名称：　　　　　　　　　　　　　　　　仪器编号：

同组学生姓名：

已知数据：孔板直径 $d=$　　cm；管道直径 $D=$　　cm；

　　　　　水温 $t=$　　℃；黏滞系数 $\nu=$　　cm^2/s

1. 实验数据及计算成果

实验数据及计算成果见表 7.1。

表 7.1　　　　　　　　　实验数据及计算成果

测次	h_1 /cm	h_2 /cm	差压 Δh /cm	体积 /cm^3	时间 /s	$Q_{实}$ /(cm^3/s)	$Q_{理}=A\sqrt{2g\Delta h}$ /(cm^3/s)	$\mu=Q_{实}/Q_{理}$	Re

实验日期：　　　　　　　　　　　　学生签名：　　　　　　　　　　　指导教师签名：

2. 成果分析

（1）将实测差压 Δh 和实测流量以及孔板的孔口直径代入式（7.5）反求流量系数 μ。

（2）由实测水温计算黏滞系数 ν。

（3）由已知管径 D 和实测流量计算管道的流速，然后计算雷诺数。

（4）点绘流量系数与雷诺数的关系。

7.6　实验中应注意的问题

（1）每次改变流量应等水流稳定后方可测读数据，否则将影响测量精度。

（2）每次测量前要检查盛水容器中的水是否排出或排放是否停止，如水未排出或排放未停止，要等待排放停止后再进行下一次实验。

思　考　题

（1）影响孔板流量计流量系数大小的因素有哪些？哪个因素最敏感？

（2）孔板流量计的取压方法不同，其测量结果的流量系数是否一样，为什么？

（3）孔板流量计与文丘里流量计相比，哪个流量系数大，为什么？

第8章　雷　诺　实　验

8.1　实验目的和要求

（1）观察水流的层流和紊流的运动现象。

（2）学习测量圆管中雷诺数的方法。

（3）点绘沿程水头损失 h_f 与雷诺数 Re 的关系，求出下临界雷诺数。

（4）通过实验分析层流和紊流两种流动形态下沿程水头损失随流速或雷诺数的变化规律。

8.2　实验原理

实际流体中存在着两种不同的流动形态，即层流和紊流。1885年，雷诺（Reynolds）曾用实验揭示了实际液体运动中层流和紊流的不同本质。层流的特点是当流速较小时流体的质点互不混掺成线状运动，没有脉动现象。紊流的特点是液体中的质点互相混掺，其运动轨迹曲折混乱，运动要素发生脉动现象。介于之间的是层流向紊流的过渡流动状态，称为层流向紊流的过渡。

雷诺实验还证实了层流与紊流的沿程水头损失规律也不同。层流时沿程水头损失与流速的一次方成比例，紊流时沿程水头损失与流速的 n 次方成比例，如图8.1所示。用公式表示

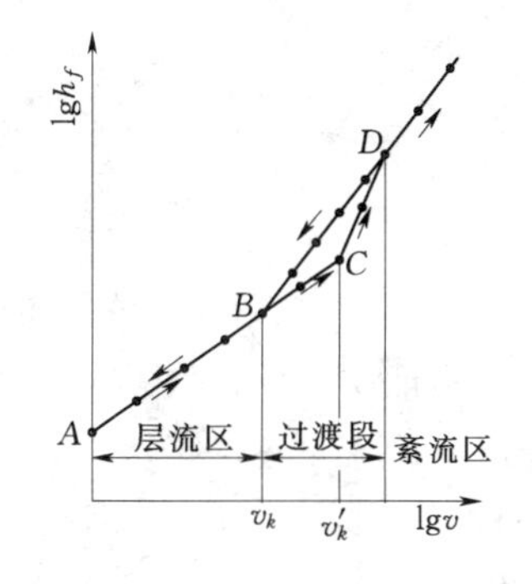

图8.1　水头损失与流速的关系

$$h_f = kv^n \tag{8.1}$$

式中：h_f 为沿程水头损失；v 为流速；n 为指数；k 为比例系数。层流时 $n=1.0$，紊流时 $n=1.75\sim2.0$。由此可见，要确定水头损失必须先确定流动形态。

如图8.2所示，若在管道的两个断面1—1和断面2—2上各安装一根测压管，可测量出断面1—1至断面2—2间的水头损失。由能量方程得

$$z_1 + \frac{p_1}{\gamma} + \frac{\alpha_1 v_1^2}{2g} = z_2 + \frac{p_2}{\gamma} + \frac{\alpha_2 v_2^2}{2g} + h_f \tag{8.2}$$

式中，$v_1 = v_2$，取 $\alpha_1 = \alpha_2$，则

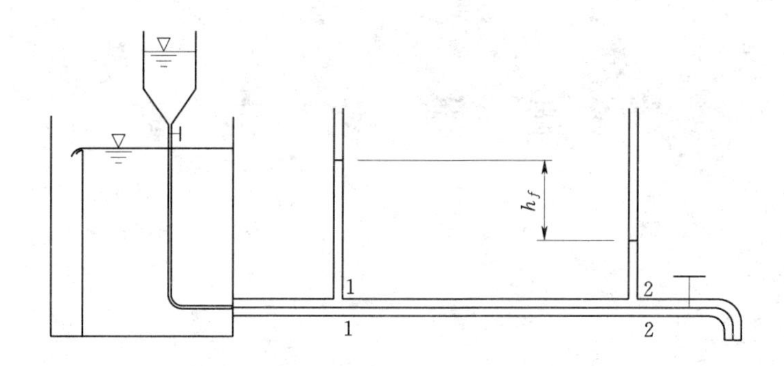

图 8.2　水头损失的测量示意图

$$h_f=\left(z_1+\frac{p_1}{\gamma}\right)-\left(z_2+\frac{p_2}{\gamma}\right) \tag{8.3}$$

由式（8.3）可以看出，断面 1—1 和断面 2—2 两根测压管的水头差即为沿程水头损失。

流动形态的判别标准是雷诺数，对于圆管流动，雷诺数用下式计算

$$Re=\frac{vd}{\nu} \tag{8.4}$$

式中：Re 为雷诺数；v 为圆管断面水流的平均流速；ν 为水流的运动黏滞系数，计算式为

$$\nu=\frac{0.01775}{1+0.0337t+0.000221t^2} \tag{8.5}$$

式中：t 为以摄氏度表示的水温。

实验证明，雷诺实验的方法不同，所得的临界雷诺数也不同。当调节阀门从小到大逐渐开启，即流量逐渐增大时，所求得的临界雷诺数称为上临界雷诺数，此雷诺数范围不稳定，其值为 12000～20000，有时甚至高达 40000～50000。当调节阀门从大到小逐渐关闭，即流量逐渐减小时，所求得的临界雷诺数称为下临界雷诺数 Re_k，此雷诺数比较稳定，其值约为 2320。所以把下临界雷诺数作为判断流动形态的标准。

8.3　实验设备和仪器

实验装置如图 8.3 所示。实验设备为自循环实验系统，包括供水箱、水泵、开关、稳水箱、溢流孔、红水箱、带丝口的止水夹、针头、压力管道、调节阀、接水盒和回水管。实验仪器有两种：一种是传统的测量方法，仪器为量筒、倾斜比压计、钢尺、秒表和温度计；另一种为自动量测方法，仪器由导水抽屉、盛水容器、限位开关、差压传感器、称重传感器、排水泵及差压流量测量仪组成。

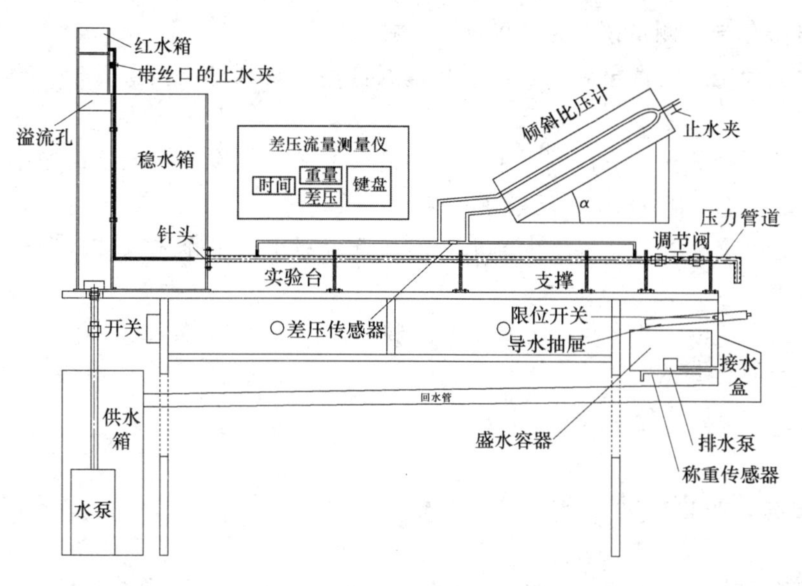

图 8.3 雷诺实验的仪器设备

8.4 实验方法和步骤

(1) 记录管道直径 d。

(2) 打开水泵，使稳水箱充满水，并保持溢流状态，待稳水箱溢流后，打开实验管道的调节阀门，使水流通过实验管道。用洗耳球将实验管道和测压管中的空气排出，并检验空气是否排完，检验的方法是管道不过流时两根测压管的水面应水平。

(3) 调节尾水阀，待水流稳定后，打开红水箱上的止水夹，观察颜色水的变化。当颜色水在实验管道中呈一条稳定而明显的流线时，管内即为层流流态。逐渐开启调节阀，使流量增大，这时颜色水开始颤动、弯曲、具有波形轮廓，并逐渐扩散，当扩散至全管时，水流紊乱到已看不清着色流线时，这便是紊流流态。

(4) 逐渐关闭调节阀，可以看到颜色水又出现弯曲、颤动，当阀门关小到一定程度，颜色水又呈直线变化，这便是紊流向层流的过渡。

(5) 关闭颜色水，测量流量、压差和水温。

1) 用传统方法测量的步骤如下。

a. 打开调节阀门，观察测压管的压差值在适当位置。

b. 流量测量。待水流稳定后用量筒和秒表测量流量。

c. 压差测量。用钢尺测量倾斜比压计上两根测压管读数 L_1 和 L_2，则两根测压管的差值与正弦的乘积即为压差 $\Delta h=(L_1-L_2)\sin\alpha$，$\alpha$ 为倾斜比压计与水平面的夹角。

d. 测量水温。用温度计测量水温。

e. 改变调节阀的开度，改变流量，待水流稳定后按照第 b 和第 c 步重复测量 N 次。

2) 用电测方法测量的步骤如下。

a. 检查差压、重量、时间传感器和排水泵与差压流量测量仪的连线。

b. 打开差压流量测量仪电源，将仪器预热 15min。

c. 待水流稳定后，将导水抽屉拉出开始测量，这时测量仪显示重量、时间和差压的瞬时变化值。

d. 将导水抽屉推进，本次测量结束，测量仪上显示本次测量的水的净重、测量时间和差压 Δh 值。将本次测量结果记录在相应的表格中。

e. 打开排水泵，将盛水容器中的水排出。待容器中的水排完或排放停止后即可开始第二次测量。

f. 调节出水阀门，待水流稳定后，重复第 c 步至第 e 步重复测量 N 次。

g. 用温度计测量水温。

(6) 实验结束后将仪器恢复原状。

8.5 数据处理和成果分析

实验设备名称：　　　　　　　　　　　　　　仪器编号：

同组学生姓名：

已知数据：管道直径 $d=$　　cm；管道断面面积 $A=$　　cm^2；水温 $t=$　　℃；

斜比压计夹角 $\alpha=$　　°；水的运动黏滞系数 $\nu=$　　cm^2/s

1. 实验数据及计算成果

实验数据及计算成果见表 8.1。

表 8.1　实验数据及计算成果

测次	L_1 /cm	L_2 /cm	差压 Δh /cm	体积 /cm^3	时间 /s	$Q_{实}$ /(cm^3/s)	流速 v /(cm/s)	雷诺数 Re

实验日期：　　　　　　　　　　学生签名：　　　　　　　　指导教师签名：

2. 成果分析

(1) 点绘水头损失 h_f 与雷诺数 Re 的关系，求出下临界雷诺数 Re_k。

(2) 根据实验分析层流和紊流时水头损失随流速的变化规律。

8.6 实验中应注意的问题

（1）在测量过程中，一定要保持水箱内的水位恒定。每变动一次尾水阀门，须待水流稳定后再测量流量和水头损失。

（2）调节阀门必须从大到小逐渐关闭。

（3）在流动形态转变点附近，流量变化的间隔要小些，使测点多些以便准确测定下临界雷诺数。

（4）在层流区，由于压差小、流量小，所以在测量时要耐心、细致地多测几次。

思　考　题

（1）影响雷诺数的主要因素是什么？

（2）流态判据为何采用无量纲参数的雷诺数，而不采用临界流速？

（3）为什么不能用上临界雷诺数作为判别流动形态的标准？为什么上临界雷诺数不稳定？

（4）在圆管流动中，水和油两种流体的下临界雷诺数是否相同？Re_k 为多少？

（5）讨论层流和紊流有什么工程意义，一般天然河道水流属什么流态？

第 9 章　沿程阻力系数实验

9.1　实验目的和要求

（1）了解沿程水头损失的概念。

（2）掌握测量管道沿程阻力系数的方法。

（3）了解影响沿程阻力系数的因素。

（4）验证不同流区中水头损失与断面平均流速的关系，绘制沿程阻力系数与雷诺数的关系，判断实验的区域。

9.2　实验原理

沿程水头损失是指单位重量的液体从一个断面流到另一个断面由于克服内摩擦阻力消耗能量而损失的水头。这种水头损失随流程的增加而增加，且在单位长度上的损失率相同。

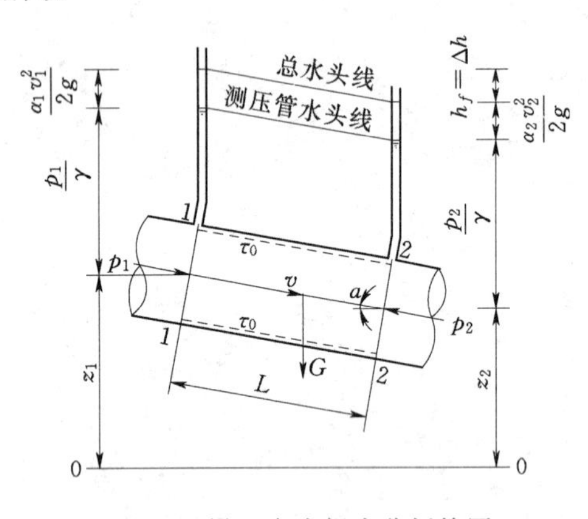

图 9.1　沿程水头损失分析简图

图 9.1 为一等直径管道中的恒定水流，在任两个过水断面 1—1 与断面 2—2 上写能量方程得

$$z_1+\frac{p_1}{\gamma}+\frac{\alpha_1 v_1^2}{2g}=z_2+\frac{p_2}{\gamma}+\frac{\alpha_2 v_2^2}{2g}+h_f \quad (9.1)$$

因为管径相同，所以通过断面 1—1 和断面 2—2 的流速相同，则 $\alpha_1 v_1^2/2g=\alpha_2 v_2^2/2g$，代入式（9.1）得

$$h_f=\left(z_1+\frac{p_1}{\gamma}\right)-\left(z_2+\frac{p_2}{\gamma}\right)=\Delta h \quad (9.2)$$

式（9.2）即为沿程水头损失的表达式，式中 h_f 为沿程水头损失；Δh 为测量断面 1—1 与测量断面 2—2 的测压管水头差。显然，$h_f=\Delta h$。沿程水头损失的另一表达式是达西公式，即

$$h_f=\lambda\frac{L}{d}\frac{v^2}{2g} \quad (9.3)$$

式中：λ 为沿程水头损失系数，或称沿程阻力系数；d 为圆管的直径；L 为两个过水断面之间的距离；v 为圆管中的平均流速。令式（9.2）和式（9.3）相等，则得沿程阻力系数为

$$\lambda=\frac{2gdh_f}{Lv^2}=\frac{2gd\Delta h}{Lv^2} \tag{9.4}$$

图 9.2 是沿程阻力系数与雷诺数和相对粗糙度之间的关系，此图称为莫迪图，是 1944 年由莫迪绘制的。由图中可以看出，沿程阻力系数 λ 是雷诺数 Re 和相对粗糙度 Δ/d 的函数，即 $\lambda=f(Re,\Delta/d)$。在层流区，λ 只与雷诺数 Re 有关，即 $\lambda=f(Re)$，理论分析得出，$\lambda=64/Re$；在紊流光滑区，沿程阻力系数也只与雷诺数有关，粗糙度不起作用，普朗特得出光滑区阻力系数的表达式为 $[2.0\lg(Re\sqrt{\lambda})-0.8]\sqrt{\lambda}=1.0$；在紊流过渡区，$\lambda$ 与雷诺数 Re 和 Δ/d 都有关系；在紊流粗糙区，λ 只与相对粗糙度 Δ/d 有关，而与雷诺数 Re 无关，即 $\lambda=f(\Delta/d)$。

实际工程中的管流多在紊流的阻力平方区，管道表面粗糙度对沿程水头损失的影响很大，所以在选用管材时应尽量选用内壁光滑、防腐性能好、不易生锈的新材料。例如我国生产的离心球墨铸铁管，与一般铸铁管相比，由于采用了离心浇铸和离心涂衬工艺，内壁表面光滑、均匀平整、水泥砂浆内衬与管壁的结合强度牢固、耐腐蚀性能强，正在逐渐替换老式的铸铁管。

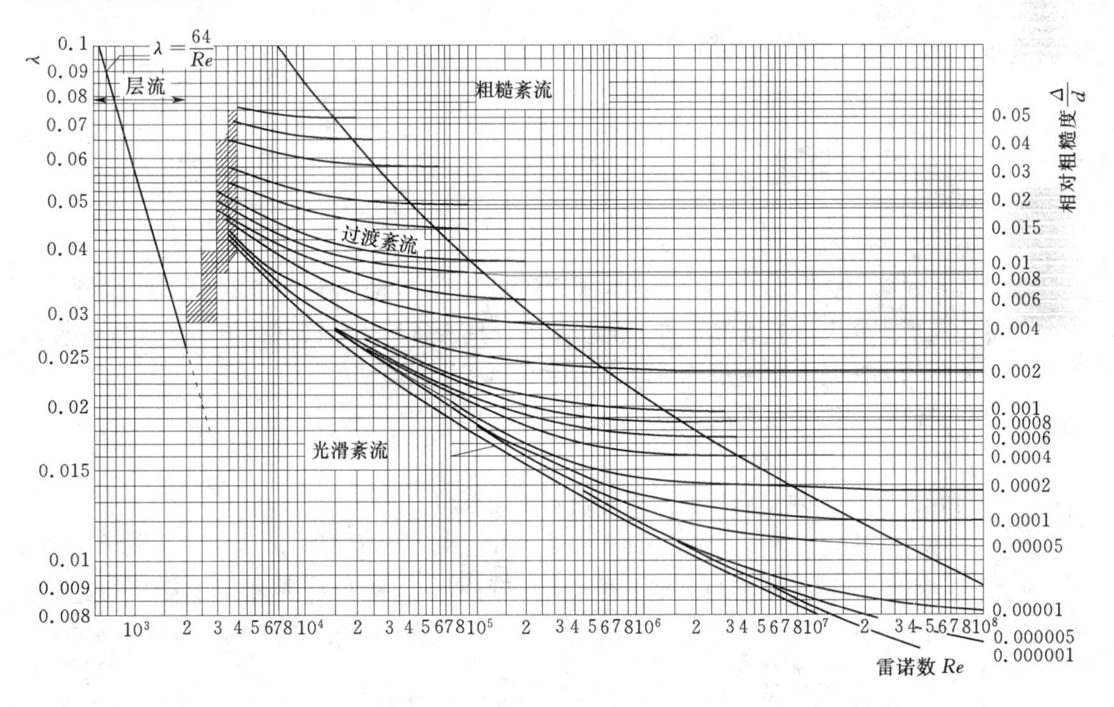

图 9.2 沿程阻力系数与雷诺数和相对粗糙度的关系

9.3 实验设备和仪器

实验装置如图 9.3 所示。实验设备为自循环实验系统，包括供水箱、水泵、开关、压力管道、进水阀门、出水阀门、测压排、接水盒和回水管。实验仪器有两种：一种是传统的测量方法，仪器为量筒、测压管、钢尺、秒表、温度计和止水夹；另一种为自动测量方法，仪器由导水抽屉、盛水容器、限位开关、差压传感器、称重传感器、排水泵及差压流量测量仪组成。

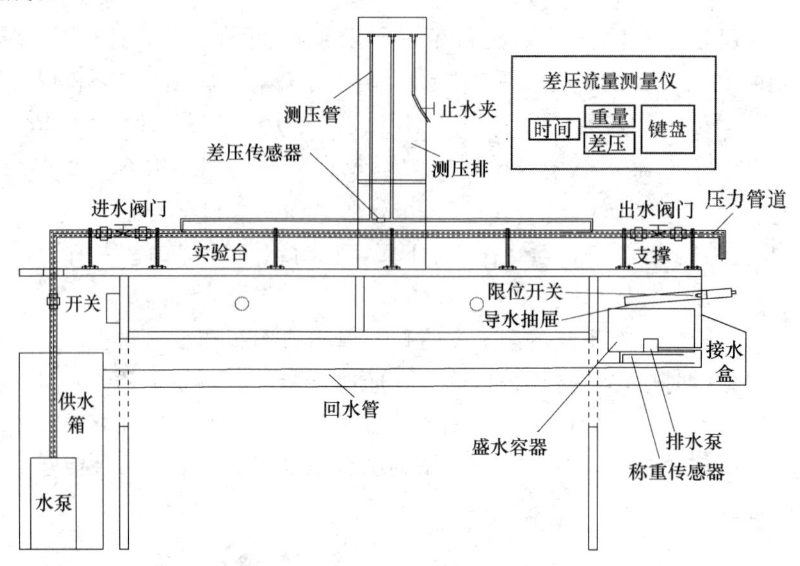

图 9.3　沿程水头损失实验的仪器设备

9.4　实验方法和步骤

（1）记录有关常数 d、L。

（2）打开水泵，打开实验管道上的进水阀门和出水阀门，使管道充满水。

（3）关闭出水阀门，打开测压排上的止水夹，将测压管中的空气排出。并检验空气是否排完，检验的方法是管道不过流时两根测压管的水面应齐平。

（4）测量流量、压差和水温。

1）用传统方法测量的步骤如下。

a. 打开出水阀门，观察测压管的压差值在适当位置。

b. 流量测量。待水流稳定后用量筒和秒表测量流量。

c. 压差测量。用钢尺测量测压排上两根测压管读数 h_1 和 h_2，则两根测压管的高度差即为压差 $\Delta h=h_1-h_2$。

d. 测量水温。用温度计测量水温。

e. 调节出水阀门，改变流量，待水流稳定后按照第 b 和第 c 步重复测量 N 次。

2）用电测方法测量的步骤如下。

a. 检查差压、重量、时间传感器和排水泵与差压流量测量仪的连线。

b. 打开差压流量测量仪电源，将仪器预热 15min。

c. 待水流稳定后，将导水抽屉拉出开始测量，这时测量仪显示重量、时间和差压的瞬时变化值。

d. 将导水抽屉推进，本次测量结束，测量仪上显示本次测量的水的净重、测量时间

和差压 Δh 值。将本次测量结果记录在相应的表格中。

e. 打开排水泵，将盛水容器中的水排出。待容器中的水排完或排放停止后即可开始第二次测量。

f. 调节出水阀门，待水流稳定后，重复第 c 步至第 e 步重复测量 N 次。

g. 用温度计测量水温。

(5) 实验结束后将仪器恢复原状。

9.5 数据处理和成果分析

实验设备名称：　　　　　　　　　　　　　　　　仪器编号：

同组学生姓名：

已知数据：管道材料　　　　；管道直径 $d=$　　cm；管道断面面积 $A=$　　cm^2；

实验段长度 $L=$　　cm；　　斜比压计夹角 $\alpha=$　　；

水温 $t=$　　°；运动黏滞系数 $\nu=$　　cm^2/s

1. 实验数据及计算成果

实验数据及计算成果见表 9.1。

表 9.1　　实验数据及计算成果

测次	h_1 /cm	h_2 /cm	Δh /cm	体积 /cm^3	时间 /s	$Q_{实}$ /(cm^3/s)	流速 /(cm/s)	沿程阻力系数 λ	雷诺数 Re	Δ/δ_0

实验日期：　　　　　　　　　　学生签名：　　　　　　　　　　指导教师签名：

2. 成果分析

(1) 在双对数纸上点绘水头损失 λ 与雷诺数 Re 的关系，分析沿程阻力系数 λ 随雷诺数的变化规律。并将成果与莫迪图 9.2 进行比较，分析实验所在的区域。

(2) 也可以用下面的方法对实验曲线进行分析，判断流动区域。当 $Re<2320$ 时，为层流，$\lambda=64/Re$；当 $2320<Re<4000$ 时，为层流到紊流的过渡区；当 $Re>4000$ 时，液流形态已进入紊流区，这时，沿程阻力系数决定于黏性底层厚度 δ_0 与绝对粗糙度 Δ 的比值。黏性底层厚度的计算公式为

$$\delta_0=\frac{32.91d}{Re\sqrt{\lambda}} \tag{9.5}$$

根据绝对粗糙度与黏性底层的比值，对紊流区域判断如下：

当$\Delta/\delta_0<0.3$为紊流光滑区，$\lambda=f(Re)$，λ仅与雷诺数有关；当$0.3\leqslant\Delta/\delta_0<6.0$为紊流过渡区，$\lambda=f(Re,d/\Delta)$，$\lambda$不仅与雷诺数有关，而且与相对光滑度$d/\Delta$有关；当$\Delta/\delta_0>6.0$为紊流的阻力平方区（粗糙区），$\lambda=f(d/\Delta)$，$\lambda$仅与相对光滑度$d/\Delta$有关。

（3）由实测的层流区的水头损失h_f计算动力黏度μ。已知在层流区$\lambda=64/Re$，$Re=vd/\nu$，代入式（9.3）得$\nu=gd^2h_f/(32Lv)$，又$g=\gamma/\rho$，$\mu=\rho\nu$，可得

$$\mu=\frac{\gamma d^2h_f}{32Lv} \tag{9.6}$$

9.6　实验中应注意的问题

（1）在测量过程中，当差压较大时，用差压传感器测量差压；差压较小时，用测压管测量差压。

（2）每调节一次出水阀门，一定要待水流稳定后才能测量数据，在测量小流量时，水流的稳定时间要相对较长一些。

（3）由于测量中用到了雷诺数，所以实验时，出水阀门也应该从大到小调节。

思　考　题

（1）测量实验管段的测压管水头之差为什么叫做沿程水头损失？影响沿程水头损失的因素有哪些？

（2）如果将实验管道倾斜放置，测量的差压值是不是沿程水头损失？

（3）某混凝土管厂需要测定混凝土管的沿程阻力系数λ，应如何进行实验。

第 10 章 局部阻力系数实验

10.1 实验目的和要求

（1）掌握测量局部阻力系数的方法。

（2）测量管道突然扩大、突然缩小时的局部阻力系数。

（3）了解影响局部阻力系数的因素。

10.2 实验原理

水流在流动过程中，由于水流边界条件或过水断面的改变，引起水流内部各质点的流速、压强也都发生变化，并且产生漩涡。在这一过程中，水流质点间相对运动加强，水流内部摩擦阻力所做的功增加，水流在流动调整过程中消耗能量所损失的水头称为局部水头损失。

局部水头损失的一般表达式为

$$h_j = \zeta \frac{v^2}{2g} \tag{10.1}$$

式中：h_j 为局部水头损失；ζ 为局部水头损失系数，即局部阻力系数，它是流动形态与边界形状的函数，即 $\zeta = f$(边界形状，Re)，当水流的雷诺数 Re 足够大时，可以认为系数 ζ 不再随 Re 而变化，可视作为一常数；v 为断面平均流速，一般用发生局部水头损失以后的断面平均流速，也有用损失断面前的平均流速，或用水头损失前和水头损失后断面的平均流速，所以在计算或查表时要注意区分。

局部水头损失可以通过能量方程进行分析。图 10.1 为一水流突然扩大的实验管段，在发生局部水头损失前后取断面 1—1 和断面 2—2（两个断面应属渐变流）写能量方程得

$$h_j = \left(z_1 + \frac{p_1}{\gamma}\right) - \left(z_2 + \frac{p_2}{\gamma}\right) + \frac{\alpha_1 v_1^2 - \alpha_2 v_2^2}{2g} \tag{10.2}$$

式中：$(z_1 + p_1/\gamma) - (z_2 + p_2/\gamma)$ 为断面 1—1 和断面 2—2 的测压管水头差；v_1、v_2 分别为断面 1—1 和断面 2—2 的平均流速。

管道局部水头损失目前仅有断面突然扩大（图 10.1）可利用动量方程，能量方程和连续方程进行理论分析，并可得出足够精确的结果，其他情况尚需通过实验方法测定局部阻力系数。对于管道突然扩大，理论公式为

$$h_j = \frac{(v_1 - v_2)^2}{2g} \tag{10.3}$$

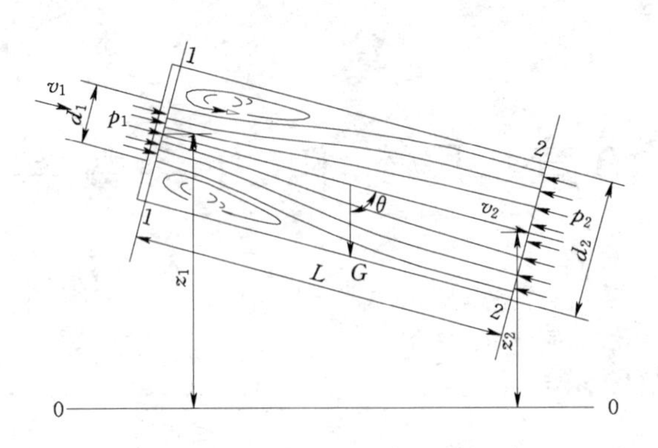

图10.1　局部水头损失分析简图

由连续方程 $A_1v_1=A_2v_2$，解出 v_1 或 v_2 代入式（10.3）可分别得

$$h_j=\left(\frac{A_2}{A_1}-1\right)^2\frac{v_2^2}{2g},\zeta_{扩大_1}=\left(\frac{A_2}{A_1}-1\right)^2 \tag{10.4}$$

或

$$h_j=\left(1-\frac{A_1}{A_2}\right)^2\frac{v_1^2}{2g},\zeta_{扩大_2}=\left(1-\frac{A_1}{A_2}\right)^2 \tag{10.5}$$

式中，A_1、A_2 分别为断面1—1和断面2—2的过水断面面积；$\zeta_{扩大_1}$、$\zeta_{扩大_2}$ 分别为突然扩大的局部阻力系数。由式（10.4）和式（10.5）可以看出，突然扩大的局部水头损失可以用损失前的流速水头或者用损失后的流速水头表示，但两种表示方法其阻力系数是不一样的，在应用中要注意应用条件。

对于断面突然缩小的情况，目前尚没有理论公式，对于 $A_2/A_1<0.1$ 的情况，有下面的经验公式：

$$h_j=\frac{1}{2}\left(1-\frac{A_2}{A_1}\right)\frac{v_2^2}{2g},\zeta_{缩小}=\frac{1}{2}\left(1-\frac{A_2}{A_1}\right) \tag{10.6}$$

对于断面突然缩小的其他面积比，其阻力系数可由表10.1查算，或者用经验公式（10.7）计算。

表10.1　**突然缩小时不同面积比的阻力系数**

A_2/A_1	0.01	0.1	0.2	0.3	0.4	0.5	0.6	0.7	0.8	0.9	1.0
$\zeta_{缩小}$	0.5	0.47	0.45	0.38	0.34	0.30	0.25	0.20	0.15	0.00	0.00

$$\zeta_{缩小}=-1.2255\left(\frac{A_2}{A_1}\right)^4+2.2096\left(\frac{A_2}{A_1}\right)^3-1.3859\left(\frac{A_2}{A_1}\right)^2-0.1167\left(\frac{A_2}{A_1}\right)+0.5 \tag{10.7}$$

10.3　实验设备和仪器

实验装置为自循环系统，包括实验台、供水箱、开关、水泵、突然扩大实验压力管道、突然缩小实验压力管道、进水阀门、出水阀门、测压排、接水盒、回水管。实验仪器为测压管、量筒、钢尺、秒表和止水夹；实验的设备仪器如图10.2所示。

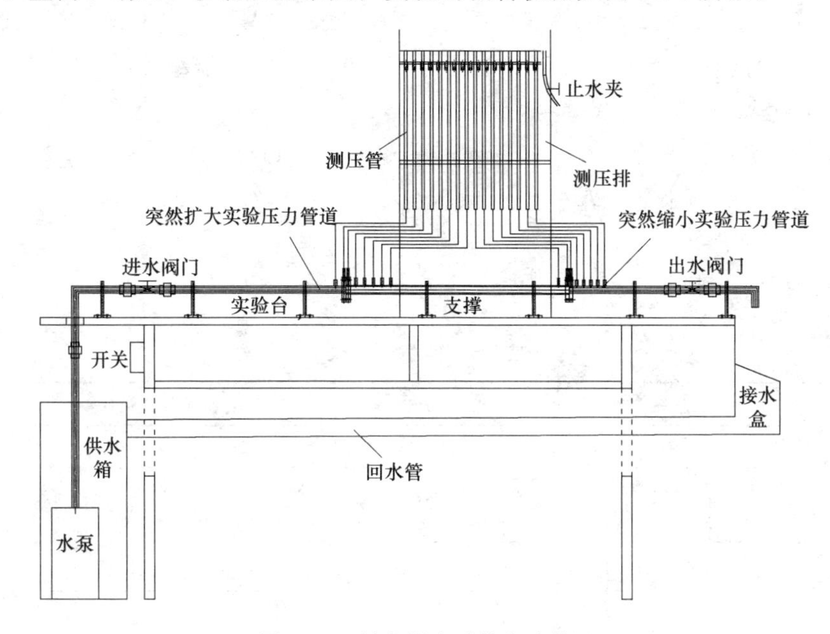

图10.2 局部阻力系数实验装置

10.4 实验方法和步骤

（1）记录有关常数，如突然扩大实验的管径 d_1 和管径 d_2；突然缩小实验的管径 d_3 和管径 d_4。

（2）打开水泵、进水和出水阀门，使管中充满水。

（3）关闭出水阀门，打开测压排上的止水夹，将测压管中的空气排出，并检验空气是否排完，检验的方法是管道不过流时所有测压管的水面应齐平。

（4）打开出水阀们，使测压排上的测压管水面在适当位置。

（5）观察测压管的变化规律，根据能量方程选取测量断面。对于突然扩大实验，小管的测压断面应选取距扩大管最近的断面，扩大管的测压断面应选取测压管水面上升到最高的断面。对于突然缩小实验，大管的测压断面应距突然缩小管较近，但该断面不应在漩涡区，缩小管的测压断面为压强降到最低的断面。

（6）测量突然扩大、突然缩小的局部阻力系数。

1）流量测量。待水流稳定后用量筒和秒表测量流量。

2）压差测量。用钢尺测量所选取的四根测压管读数 z_1+p_1/γ、z_2+p_2/γ、z_3+p_3/γ、z_4+p_4/γ。

3）调节出水阀门，改变流量，待水流稳定后按照第1）步和第2)步重复测量 N 次。

（7）实验结束后将仪器恢复原状。

10.5　数据处理和成果分析

实验设备名称：　　　　　　　　　　　　　　　　　　　　仪器编号：

同组学生姓名：

已知数据：突然扩大管：$d_1=$　　cm　　$d_2=$　　cm

　　　　　突然缩小管：$d_3=$　　cm　　$d_4=$　　cm

1. 实验数据记录

实验数据记录见表 10.2。

表 10.2　　　　　　　　　　　　实验数据记录

测次	传统实验方法						差压流量测量仪				流量 Q /(cm^3/s)
	突然扩大		突然缩小		体积	时间	压差		体积	时间	
	z_1+p_1/γ /cm	z_2+p_2/γ /cm	z_3+p_3/γ /cm	z_4+p_4/γ /cm	V /cm^3	t /s	Δh_1 /cm	Δh_2 /cm	V /cm^3	t /s	

实验日期：　　　　　　　　　　　　学生签名：　　　　　　　　　　　　指导教师签名：

2. 计算成果

实验计算成果见表 10.3。

3. 成果分析

(1) 计算所测量的管道突然扩大和突然缩小的局部阻力系数 ζ 值，分析比较突扩与突缩在相应条件下的局部水头损失大小关系。

(2) 将突然扩大实测的 $\zeta_{扩}$ 值与理论公式计算的 $\zeta_{扩}$ 的数据进行比较，将突然缩小的实测值 $\zeta_{缩小}$ 与式 (10.7) 计算值或表 10.1 查算值进行比较，分析实验结果。

(3) 绘制局部水头损失与速度水头的关系曲线，其斜率即为局部阻力系数。

(4) 分析突然扩大与突然缩小局部水头损失的变化规律。

表 10.3　　　　　　　　　　**计　算　成　果**

测次	$A_1=$　　cm²			$A_2=$　　cm²			
	突然扩大阻力系数计算						
	Q /(cm³/s)	v_1 /(cm/s)	$v_1^2/(2g)$ /cm	v_2 /(cm/s)	$v_2^2/(2g)$ /cm	h_j /cm	ζ

测次	$A_3=$　　cm²			$A_4=$　　cm²			
	突然缩小阻力系数计算						
	Q /(cm³/s)	v_3 /(cm/s)	$v_3^2/(2g)$ /cm	v_4 /(cm/s)	$v_4^2/(2g)$ /cm	h_j /cm	ζ

10.6　实验中应注意的问题

（1）用流速 v_1 和 v_2 计算出的局部阻力系数是不同的，计算时注意勿代错。

（2）每次调节出水阀门后，须待水流稳定后再开始下一次测量。

思 考 题

(1) 实验中所选择的测压管一定要在渐变流断面上，为什么？不在渐变流断面上的测压管水头是怎样变化的？

(2) 在相同管径条件下，相应于同一流量，其突然扩大的局部阻力系数是否一定大于突然缩小的局部阻力系数？

(3) 对于管道断面突然缩小，液流在小管的断面收缩成最小断面，称为收缩断面，一般认为，断面突然缩小的主要水头损失发生在液流从收缩断面到断面扩大的过程中，这一过程的水头损失可以把它当成从收缩断面面积 A_c 到小管面积 A_2 之间的突然扩大损失。仿照式 (10.3)，试推求从收缩断面扩大到整个断面的水头损失的表达式。

(4) 现有一平板闸阀，需要测定闸阀不同开度时的局部阻力系数，请画出实验简图，并说明如何测量阀门的局部阻力系数？

(5) 表 10.2 中给出了差压流量测量仪的数据记录，能否参照第 9 章画出用电测法测量突然扩大和突然缩小局部阻力的仪器设备简图？并说明实验的方法和步骤？

第 11 章　孔口和管嘴流量系数实验

11.1　实验目的和要求

（1）观察孔口及管嘴自由出流的水流现象，以及圆柱形管嘴内的局部真空现象。

（2）掌握测量孔口和管嘴流量系数的方法。

（3）测定薄壁圆形孔口和管嘴自由出流时的流量系数 μ。

11.2　实验原理

水流经过孔口流出的流动现象称为孔口出流；在孔口上连接长 3～4 倍孔口直径的短管，水流经过短管并在出口断面满管流动的水流现象称为管嘴出流。孔口和管嘴主要用来控制液流和测量流量。给排水工程中的各类取水、液压传动中的阀门、气化器、喷射器以及某些测量流量的设备等都属于孔口出流。在水力采煤、水力挖掘、消防等设备中使用的水枪、水力冲土机、消火龙头、水力冲刷机及冲击式水轮机等都属于管嘴出流。

11.2.1　孔口出流的分类

根据孔口的出流条件，孔口出流可以分为以下几种类型。

（1）从出流的下游条件看，孔口出流可分为自由出流和淹没出流。出流水股射入大气中称为自由出流，下游水面淹没孔口时称为淹没出流。

（2）从射流速度的均匀性看，分为小孔口出流和大孔口出流。孔口各点的流速可认为是常数时称为小孔口出流，否则称为大孔口出流。一般认为孔口高度 $e \leqslant 0.1H$ 时为小孔口出流，这时，作用于孔口断面上各点的水头可近似认为与形心处的水头相等。若 $e > 0.1H$ 时，则称为大孔口出流，作用于大孔口的上部和下部的水头有明显的差别。

（3）按孔口作用水头是否稳定分为常水头孔口出流和变水头孔口出流。

（4）按孔壁厚度及形状对出流的影响分为薄壁孔口和厚壁孔口出流。若孔口具有锐缘，流体与孔壁几乎只有周线上的接触，孔壁厚度不影响射流形状时，称为薄壁孔口出流；反之，称为厚壁孔口出流。当孔壁厚度 δ 达到孔口高度的 3～4 倍时，出流充满孔壁的全部周界，此时便是管嘴出流。

11.2.2　恒定流圆形薄壁小孔口出流的流量系数

当孔口直径 $d \leqslant 0.1H$ 时称为圆形薄壁小孔口出流。当液体从孔口流出时，由于水流的惯性作用，流线不是折线而只能是一条光滑的曲线，因此在孔口断面上各流线互不平行，而是水流在出口后继续形成收缩，在距离孔口约 $0.5d$ 处水股断面完全收缩到最小，该断面称为收缩断面 c—c。在收缩断面上各流线互相平行。过收缩断面以后，液体在重力作用下降落。

收缩分为完善收缩、非完善收缩和部分收缩。完善收缩是指孔口距离器壁及液面相当远，器壁对孔口的收缩情况毫无影响。一般认为，只有当孔口距器壁的距离大于孔口尺寸的 3 倍时才会发生完善收缩。当孔口距器壁的距离小于 3 倍的孔口尺寸时，其收缩情况受器壁的影响，这种收缩称为非完善收缩。如果只有部分边界上有收缩的称为部分收缩。如图 11.1 所示的孔 1 前后左右和孔口距器壁底部的距离均大于 3 倍的孔口尺寸，所以是完善收缩，而孔 2 就不是完善收缩。孔 3 和孔 4 有一边不收缩，所以是部分收缩。对于圆形薄壁小孔口在完善收缩时的收缩系数 $\varepsilon=0.6\sim0.64$（较小孔口取大值）。而对于不完善收缩，收缩系数的计算见参考文献［2］。

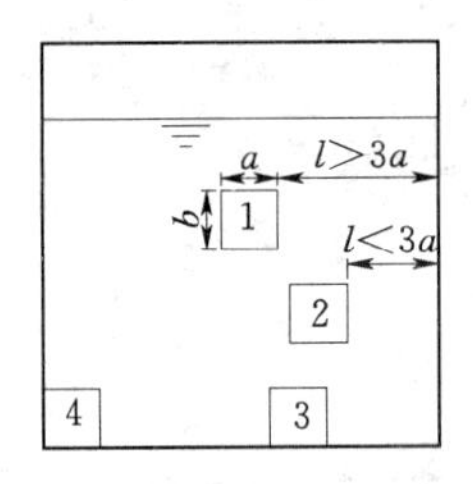

图 11.1　各种收缩情况

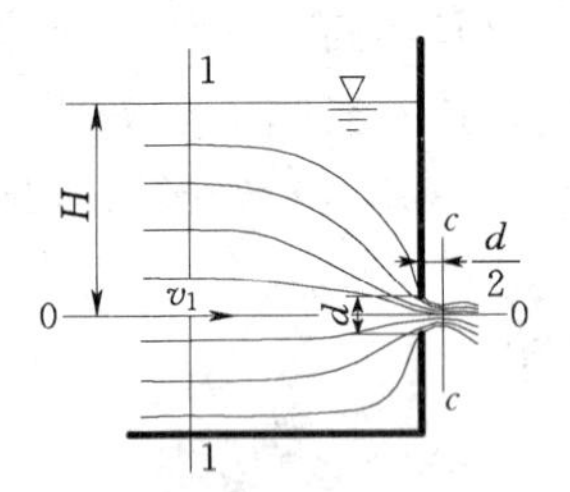

图 11.2　孔口出流

如图 11.2 所示，对于薄壁圆形小孔口出流，设出流的收缩断面面积为 A_c，孔口的面积为 A，$A_c=\varepsilon A$。对图 11.2 的断面 1—1 和收缩断面 c—c 写能量方程，即

$$H+\frac{p_a}{\gamma}+\frac{\alpha_1 v_1^2}{2g}=\frac{p_c}{\gamma}+\frac{\alpha_c v_c^2}{2g}+\zeta_c\frac{v_c^2}{2g} \tag{11.1}$$

式中：H 为孔口形心以上的水深；p_a 为大气压强；p_c 为断面 c—c 上的动水压强，由于断面 c—c 在孔口的外面，所以 $p_c=p_a$，令

$$H_0=H+\alpha_1 v_1^2/(2g) \tag{11.2}$$

则

$$v_c=\frac{1}{\sqrt{\alpha_c+\zeta_c}}\sqrt{2gH_0}=\varphi_{孔}\sqrt{2gH_0} \tag{11.3}$$

式中：v_c 为断面 c—c 的流速；ζ_c 为孔口的局部阻力系数；计算时可取 $\alpha_c=1.0$；$\varphi_{孔}$ 为孔口的流速系数。如不考虑行近流速水头，则式（11.3）变为

$$v_c=\varphi_{孔}\sqrt{2gH} \tag{11.4}$$

$$Q_{孔}=v_c A_c=\varepsilon A\varphi_{孔}\sqrt{2gH}=\mu_{孔} A\sqrt{2gH} \tag{11.5}$$

式中：$\mu_{孔}$ 为孔口的流量系数，$\mu_{孔}=\varepsilon\varphi_{孔}$。

对于圆形薄壁小孔口，当其为完善收缩时，由实验求得 $\varphi_{孔}=0.97\sim0.98$，$\zeta_c=1/\varphi_{孔}=0.0628\sim0.0412$，$\varepsilon=0.6\sim0.64$，则 $\mu_{孔}=0.582\sim0.627$。有的文献认为，$\mu_{孔}=0.6\sim0.62$。

对于非完善收缩，流量系数的计算见参考文献［2］。

11.2.3　恒定流圆柱形外管嘴出流的流量系数

常用的圆柱形外伸管嘴为 $L=(3\sim4)d$ 的短管嘴。这样的管嘴称为文丘里管嘴。管嘴出流的流动现象如图 11.3 所示。当水流刚一进入管嘴时，首先产生一收缩现象，如同孔

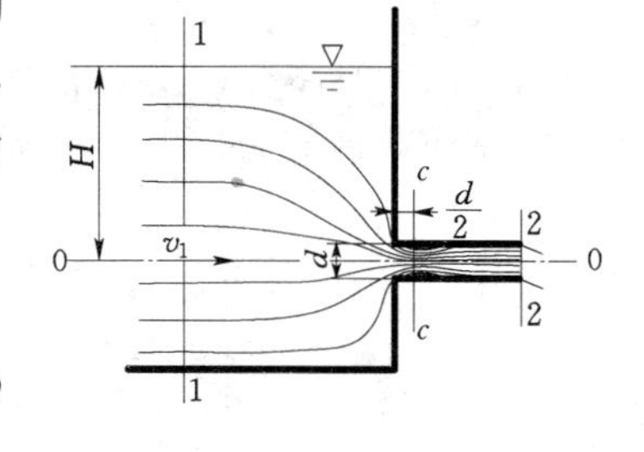

图 11.3 管嘴出流

口出流，然后又逐渐扩大至全管后满管流出。管嘴出流的收缩断面 c—c 在管嘴内部，出口断面的水流不发生收缩，故 $\varepsilon=1.0$。与孔口出流比较，管嘴出流除有孔口的阻力损失外，还有扩大的局部阻力和沿程阻力。

列断面 1—1 和管嘴出口断面 2—2 的能量方程得

$$H_0=\frac{\alpha_2 v_2^2}{2g}+\sum\zeta\frac{v_2^2}{2g} \tag{11.6}$$

当忽略行近流速水头时，仍可由上式解出

$$v_2=\frac{1}{\sqrt{\alpha_2+\sum\zeta}}\sqrt{2gH}=\varphi_{嘴}\sqrt{2gH} \tag{11.7}$$

$$Q=A_2 v_2=A\varphi_{嘴}\sqrt{2gH}=\mu_{嘴}A\sqrt{2gH} \tag{11.8}$$

式中：v_2 为管嘴出口断面的平均流速；$\sum\zeta$ 为管嘴出流的水头损失系数；$\varphi_{嘴}$ 为管嘴出流的流速系数；$\mu_{嘴}$ 为管嘴出流的流量系数。由式（11.8）可以看出，管嘴出流的流量系数等于流速系数，即 $\mu_{嘴}=\varphi_{嘴}$。

管嘴出流的水头损失系数用下式计算：

$$\sum\zeta=\zeta'_{孔}+\zeta_{扩}+\lambda(L/d) \tag{11.9}$$

则管嘴的流速系数为

$$\varphi_{嘴}=\frac{1}{\sqrt{\alpha_2+\sum\zeta}}=\frac{1}{\sqrt{\alpha_2+\zeta'_{孔}+\zeta_{扩}+\lambda(L/d)}} \tag{11.10}$$

式中：$\zeta'_{孔}=\zeta_{孔}(v_c/v_2)^2=\zeta_{孔}(A/A_c)^2=\zeta_{孔}(1/\varepsilon)^2$；$\zeta_{扩}=(1/\varepsilon-1)^2$；$\lambda$ 为沿程阻力系数。如果取 $\lambda=0.02$，$\zeta_{孔}=0.06$，$\varepsilon=0.64$，则 $\lambda(L/d)=0.02\times(3\sim4)d/d=0.06\sim0.08$，将以上各系数代入式（11.10），并取 $\alpha_2=1.0$，得流速系数 $\varphi_{嘴}\approx0.79\sim0.84$。一般认为，$\mu_{嘴}=\varphi_{嘴}=0.82$。

11.2.4 孔口出流与管嘴出流流量系数的比较

比较管嘴出流和孔口出流的流量系数可以看出，如果管嘴出口的面积与孔口的面积相等，作用水头 H 也相等，管嘴出流的阻力大于孔口出流的阻力，但管嘴出流的流量系数大于孔口出流的流量系数，这是为什么呢？为了分析原因，现列管嘴出流的断面 1—1 和收缩断面的能量方程进行分析。由图 11.3 可得

$$H+\frac{p_a}{\gamma}+\frac{\alpha_1 v_1^2}{2g}=\frac{p_c}{\gamma}+\frac{\alpha_c v_c^2}{2g}+\zeta_{孔}\frac{v_c^2}{2g} \tag{11.11}$$

忽略行近流速水头，得

$$v_c=\frac{1}{\sqrt{\alpha_c+\zeta_{孔}}}\sqrt{2g\left(H+\frac{p_a-p_c}{\gamma}\right)}=\varphi_{孔}\sqrt{2g\left(H+\frac{p_a-p_c}{\gamma}\right)} \tag{11.12}$$

$$\begin{aligned}Q_{嘴}&=A_c v_c=\varepsilon A\varphi_{孔}\sqrt{2g\left(H+\frac{p_a-p_c}{\gamma}\right)}\\&=\mu_{孔}A\sqrt{2g\left(H+\frac{p_a-p_c}{\gamma}\right)}=\mu_{嘴}A\sqrt{2gH}\end{aligned} \tag{11.13}$$

由式（11.13）可以看出，在管嘴出流的流量公式中，多了一项 $(p_a-p_c)/\gamma$，也就是收缩断面的真空高度，正是由于收缩断面真空高度的存在，对水流产生抽吸作用，因而使管嘴出流的流量增大。比较式（11.5）和式（11.13）可得 $Q_{嘴}>Q_{孔}$，则 $Q_{嘴}/Q_{孔}=\mu_{嘴}/\mu_{孔}>1.0$，所以 $\mu_{嘴}>\mu_{孔}$。

由式（11.11）可以得出

$$\frac{p_a-p_c}{\gamma}=(\alpha_c+\zeta_{孔})\frac{v_c^2}{2g}-H_0$$

取 $\alpha_c=1.0$；$v_c=\dfrac{Q}{A_c}=\dfrac{\mu_{嘴}A\sqrt{2gH_0}}{\varepsilon A}=\dfrac{\mu_{嘴}}{\varepsilon}\sqrt{2gH_0}$；$\dfrac{v_c^2}{2g}=\left(\dfrac{\mu_{嘴}}{\varepsilon}\right)^2H_0$，则

$$\frac{p_a-p_c}{\gamma}=\left[(1+0.06)\left(\frac{0.82}{0.64}\right)^2-1\right]H_0=0.74H_0 \tag{11.14}$$

式（11.14）就是收缩断面处的真空度与作用水头的关系。由式中可以看出，管嘴内部收缩断面上的真空度与水头 H_0 有关，H_0 越大，真空度也越大。这样，似乎为加大管嘴出流的流量，要求真空度尽可能的大。然而实际情况是真空度过大，会使收缩断面处的绝对压强过低，其结果是该处液体发生汽化，产生气泡，被液流带出管嘴，而管嘴口外的空气也将在大气压作用下沿管嘴内壁冲进管嘴内，使管嘴内的液流脱离内管壁，成为非满管出流。此时管嘴实际上已不起作用，犹如孔口出流一样。理论上最大真空度为 10.33m 水柱，所以要保证收缩断面的真空度，最大作用水头不超过 $H_{0max}=10.33/0.74=13.96$m。实际上，在作用水头远不到 H_{0max} 时，管嘴中的液流因真空度过大已产生空化，发生了空蚀，因而流束脱离开管嘴壁面。通常在作用水头为 8～9m 时已发生上述空蚀现象。

如果管嘴和孔口的过水断面面积相同，作用水头相同，要使两者的过流量相同，则管嘴的长度应为多长呢？这就是说，此时孔口和管嘴的流量系数是相同的，即 $\mu_{孔}=\mu_{嘴}=\varphi_{嘴}$，取 $\mu_{孔}=0.60$，则由式（11.10）可得

$$\varphi_{嘴}=\frac{1}{\sqrt{1+\zeta'_{孔}+\zeta_{孔}+\lambda\dfrac{L}{d}}}=\frac{1}{\sqrt{1+\dfrac{0.06}{0.64^2}+\left(\dfrac{1}{0.64}-1\right)^2+0.02\dfrac{L}{d}}}=0.6 \tag{11.15}$$

由式（11.15）解出 $L/d=65.74$。可见，若想要相同的孔口及管嘴在同样的作用水头下有相同的出流流量，管嘴的长度约为其断面直径的 66 倍。若管嘴长度大于此长度，则沿程阻力增加，出流量将减小，反之出流量将增大。

11.3　实验设备和仪器

实验装置为自循环实验系统。实验装置为实验台、供水箱、水泵、开关、稳水箱、溢流调节板、调节杆、稳水箱上装有孔口和管嘴、集水箱、退水道、接水盒和回水管。实验仪器为两种：一种是传统的测量方法，仪器为量筒、钢尺和秒表；另一种为自动测量方法，仪器为导水抽屉、盛水容器、限位开关、差压传感器、称重传感器、排水泵及差压流

量测量仪。差压流量测量仪可显示重量、时间、水头 H。实验的设备仪器如图 11.4 所示。

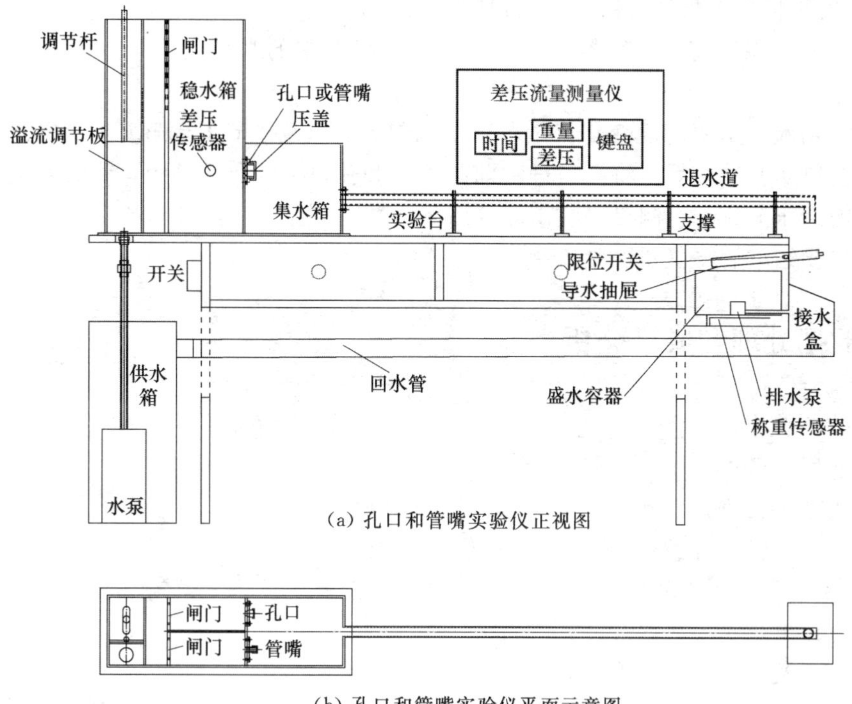

(a) 孔口和管嘴实验仪正视图

(b) 孔口和管嘴实验仪平面示意图

图 11.4 孔口管嘴实验装置

11.4 实验方法和步骤

(1) 记录孔口和管嘴的直径。

(2) 确定测量项目，如果先测量孔口的流量系数，将孔口进水前的闸门和孔口上的压盖打开，将管嘴进水前的闸门和管嘴上的压盖关闭。

(3) 打开水泵，将稳水箱上的溢流调节板调至最大，给稳水箱充满水，并保持溢流状态。

(4) 待水流稳定后测量孔口中心线以上的水头 H 和流量。

1) 用传统方法测量的步骤如下。

a. 流量测量。待水流稳定后用量筒和秒表测量流量。

b. 水头 H 测量。用钢尺测量孔口中心线以上的水深即为水头 H。

c. 改变溢流调节板高度变化流量，待水流稳定后按照第 a 和第 b 步重复测量 N 次。

2) 用电测方法测量的步骤如下。

a. 检查水头、重量、时间传感器和排水泵与差压流量测量仪的连线。

b. 打开差压流量测量仪电源，将仪器预热 15min。

c. 待水流稳定后，将导水抽屉拉出开始测量，这时测量仪显示重量、时间和孔口中

心线以上的水头 H 值。

d. 将导水抽屉推进，本次测量结束，测量仪上显示本次测量的水的净重、测量时间和水头 H 值。将本次测量结果记录在相应的表格中。

e. 打开排水泵，将盛水容器中的水排出。待容器中的水排完或排放停止后即可开始第二次测量。

f. 改变溢流调节板高度变化流量，待水流稳定后重复第 c 步至第 e 步重复测量 N 次。

(5) 孔口实验结束后，将孔口进水前的闸门和孔口上的压盖关闭，将管嘴进水前的闸门和管嘴上的压盖打开，测量管嘴出流的流量系数，测量过程与孔口出流完全相同。

(6) 实验结束后将仪器恢复原状。

11.5　数据处理和成果分析

实验设备名称：　　　　　　　　　　　　　　仪器编号：

同组学生姓名：

已知数据：孔口直径 $d_{孔}=$　　　cm；孔口面积=　　　cm^2；

　　　　　管嘴直径 $d_{嘴}=$　　　cm；管嘴面积=　　　cm^2

1. 实验数据及计算成果

(1) 孔口出流实验数据及计算。

实验数据及计算成果见表 11.1。

表 11.1　　　　孔口出流实验数据及计算成果

测次	传统实验方法			$Q_{实}$ /(cm^3/s)	$Q_{计}$ /(cm^3/s)	$\mu_{孔}$	差压流量测量仪			$Q_{实}$ /(cm^3/s)	$Q_{计}$ /(cm^3/s)	$\mu_{孔}$
	H /cm	体积 /cm^3	时间 /s				H /cm	体积 /cm^3	时间 /s			

实验日期：　　　　　　　　　　　学生签名：　　　　　　　　　　　指导教师签名：

(2) 管嘴出流实验数据及计算。

实验数据及计算成果见表 11.2。

表 11.2　　管嘴出流实验数据及计算成果

测次	传统实验方法			$Q_{实}$ /(cm³/s)	$Q_{计}$ /(cm³/s)	$\mu_{嘴}$	差压流量测量仪			$Q_{实}$ /(cm³/s)	$Q_{计}$ /(cm³/s)	$\mu_{嘴}$
	H /cm	体积 /cm³	时间 /s				H /cm	体积 /cm³	时间 /s			

实验日期：　　　　学生签名：　　　　指导教师签名：

(3) 成果分析。

1) 根据实验点绘流量系数 μ 和水头 H 的关系，求出孔口和管嘴出流时的流量系数 μ。

2) 解释为什么管嘴出流的流量系数比孔口出流的流量系数大。

11.6　实验中应注意的问题

(1) 实验时稳水箱必须溢流，测量过程中一定要保证水头恒定。

(2) 管嘴出流必须是满管出流。

思　考　题

(1) 管嘴出流为什么要取管嘴长度 $L=(3\sim4)d$？如果将管嘴缩短或加长会带来什么结果？

(2) 对水来说，防止接近汽化压力并允许真空度 $h_{真空}=7.0\text{m}$，要保证不破坏管嘴正常出流，最大限制水头应为多少？

(3) 试推导薄壁小孔口和管嘴淹没出流时的流量公式。

(4) 孔口和管嘴有各种各样的形状，对于其他形状的孔口和管嘴，其实验方法是否与本文的实验方法一样？

第12章　虹吸原理实验

12.1　实验目的和要求

(1) 观察虹吸现象，了解虹吸形成的机理和作用。

(2) 掌握虹吸管流量和真空度的测量方法。

(3) 掌握虹吸管压强沿程分布规律。

(4) 了解虹吸管的应用条件和允许安装高度。

12.2　实验原理

虹吸管是简单管道的一种。其特点是有一段管道高出进水口的水面，如图12.1所示。虹吸管的工作原理是：当水流通过虹吸管时，先将管内空气排出，使管内形成一定的真空度，由于虹吸管进口处水流的压强大于大气压强，因此在管内外形成压强差，在此压强差的作用下，使水流由压强大的地方流向压强小的地方，上游的水便从管口上升到管的顶部，然后流向下游，只要保证在虹吸管中有一定的真空度以及一定的上下游水位差，水就会不断的由上游通过虹吸管流向下游。

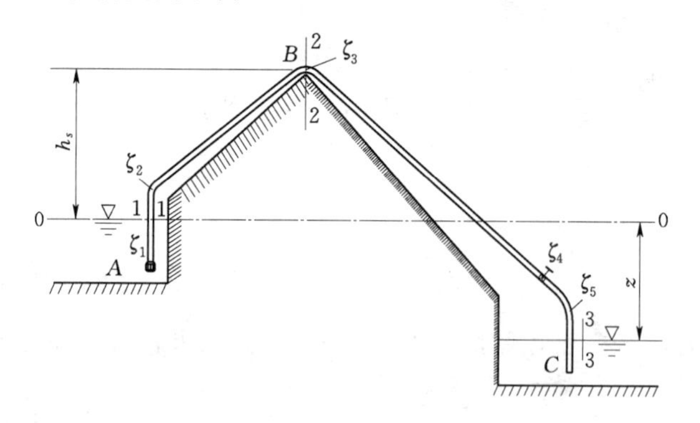

图12.1　虹吸管示意图

虹吸流动仍然遵循能量转换原理，如图12.1所示的虹吸管，如果要求虹吸管的出流量，可以写虹吸管进口断面1—1和出口断面3—3的能量方程，可得流量的计算公式为

$$Q=\frac{1}{\sqrt{1+\lambda L/d+\sum\zeta}}A\sqrt{2gz}=\mu A\sqrt{2gz} \tag{12.1}$$

式中：$\mu=1/\sqrt{1+\lambda L/d+\sum\zeta}$称为流量系数；$L$为虹吸管的长度；$\lambda$为沿程阻力系数；$\sum\zeta$为断面1—1至断面3—3的局部阻力系数之和（不包括出口的阻力系数1.0）。

式（12.1）即为虹吸管出流的流量公式。

如果要求虹吸管的压强沿程分布，则可以写出上游断面1—1与虹吸管任意断面的能量方程，例如要求图12.1中断面2—2的压强，则由能量方程可得

$$\frac{p_a-p_2}{\gamma}=h_s+\left(1+\lambda\frac{l}{d}+\sum\zeta_{1-2}\right)\frac{v^2}{2g} \qquad (12.2)$$

式中：p_a为大气压强；p_2为断面2—2的压强；γ为水的重度；h_s为液面距断面2—2管中心的高度，即虹吸管的安装高度；l为虹吸管进口至断面2—2管的长度；$\sum\zeta_{1-2}$为进口到断面2—2的局部阻力系数之和。

12.3 实验设备和仪器

实验装置如图12.2所示。实验设备为自循环实验系统，包括实验台、供水箱、水泵、开关、上水管、高水箱、溢流孔、排气泵、排气阀、上水阀、虹吸管、出水阀、低水箱、出水管、接水盒和回水管。

实验仪器为量筒、水银比压计、钢尺、秒表、止水夹、吸耳球。

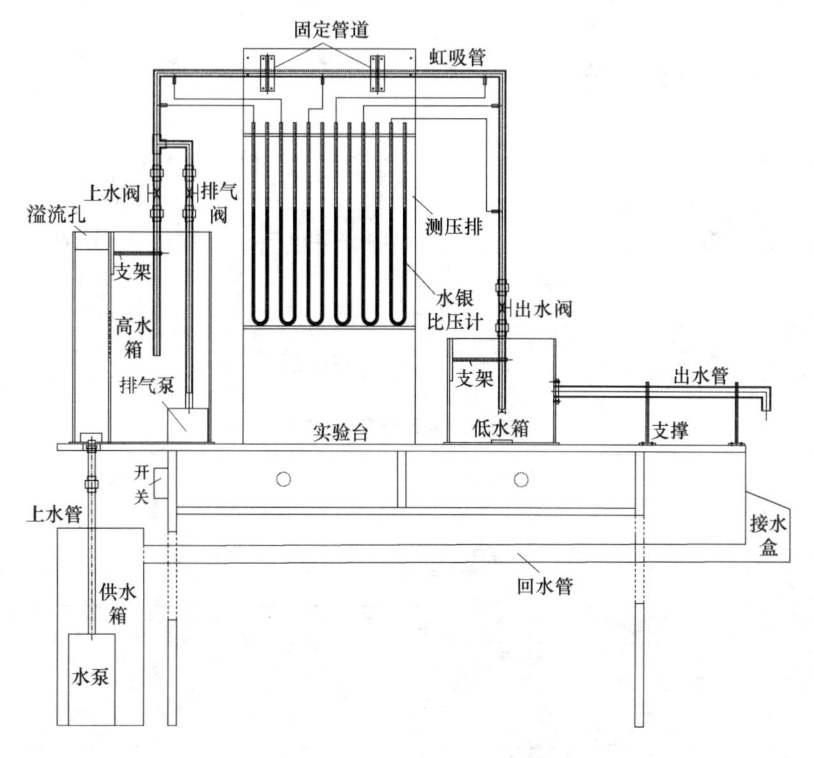

图12.2 虹吸原理实验装置

12.4 实验方法和步骤

（1）记录虹吸管直径d、管长L。

（2）打开水泵，使高水箱充满水，并保持溢流状态。

（3）打开排气泵、排气阀和出水阀，将虹吸管中的空气排出。

（4）关闭出水阀门，用吸耳球将水银比压计中的空气排出，并检验空气是否排完，检验的方法是虹吸管不过流时测压排上的测压管水面应齐平。

（5）空气排完后打开出水阀，使虹吸管道中过流，这时管道中的压强为正压强。

（6）逐渐打开虹吸管上的上水阀门，关闭排气阀门，使水流从虹吸管道中流出，这时虹吸管道中的压强为负压强。

（7）调节出水阀门，观察测压管的压差值在适当位置。

（8）流量测量。待水流稳定后用量筒和秒表测量流量。

（9）压强测量。用钢尺测量水银比压计上的测压管读数，求出各测压点的真空度。

（10）测量高水箱与低水箱的水面差。

（11）调节出水阀门，改变流量，待水流稳定后按照第（8）～第（10）步重复测量 N 次。

（12）以上实验完成后，拔掉顶部测压管，观测真空破坏情况。

（13）实验结束后将仪器恢复原状。

12.5　数据处理和成果分析

实验设备名称：　　　　　　　　　　　　　　　仪器编号：

同组学生姓名：

已知数据：虹吸管直径 d=　　cm；管道断面面积 A=　　cm^2；虹吸管长度 L=　　cm

1. 实验数据及计算成果

实验数据及计算成果见表 12.1。

表 12.1　　实验数据及计算成果

测次	压差测量（汞柱）						流量测量		
	Δh_1 /cm	Δh_2 /cm	Δh_3 /cm	Δh_4 /cm	Δh_5 /cm	Δh_6 /cm	体积 /cm^3	时间 /s	$Q_{实}$ /(cm^3/s)

实验日期：　　　　　　　　　学生签名：　　　　　　　　　指导教师签名：

2. 成果分析

（1）水银比压计测量的压差为汞柱，将其换算成水柱。

（2）点绘虹吸管中的测压管水头线，分析测压管水头的沿程变化规律。

（3）根据实测流量计算虹吸管的流量系数和各测压断面的真空度，与实测值进行对比。

12.6　实验中应注意的问题

（1）实验时一定要排干净虹吸管中的空气，否则形不成虹吸，水无法从虹吸管中流出。

（2）在测量过程中，一定要保持高水箱内的水位恒定。每变动一次出水阀门，须待水流稳定后再测量流量和压强。

思　考　题

（1）在实验的虹吸管上，哪点的压强最小，为什么？

（2）发生虹吸的条件是什么？

（3）虹吸管的安装高度有什么要求？

第 13 章　有压管道水击及调压室水位波动实验

13.1　实验目的和要求

（1）观察管道水击现象的发生、传播与消失的过程，增强对水击现象的认识。

（2）观察调压室水位波动的发生、振荡和消失的过程，增强对调压室水位波动的认识。

（3）测量水击压强和调压室的水位波动。

13.2　水击压强及调压室水位波动现象

当有压管道中的流速因某种外界原因发生急剧变化时，将引起液体内部压强迅速交替升降现象，这种交替升降的压强作用在管壁、闸门或其他管路上好像锤击一样，故称水击。例如管路系统中闸门的急剧关闭或开启、水泵的突然停机以及在水电站运行过程中由于电力系统负荷的改变而迅速启闭导水叶或闸阀等，都会发生水击。

水击可能导致管道系统的强烈振动、噪声和空化，甚至使管道严重变形或爆裂。

减小水击压力的有效办法是在压力引水道中设置调压室。调压室的作用是反射水击波，即利用调压室扩大的断面面积和自由水面，水击波就会从调压室反射到下游去。这样就相当于把引水系统分为两段，调压室以前这段引水道，基本上可以避免水击压力的影响；调压室以后这段压力管道，由于缩短了水击波传播的路程，从而减少了压力管道的水击值。

13.3　实验原理

13.3.1　水击传播过程及水击压强

水击问题属于管道非恒定流动问题。如图 13.1 所示，断面 A 阀门突然关闭，由于水体的惯性作用，在靠近阀门的水体受到压缩，密度增加 $\Delta\rho$，压强增加 Δp，即为水击压强，相应的水头增加值为 Δh。

水击的传播一般分为 4 个阶段。

第 1 阶段：当闸门在 $t=0$ 时刻突然关闭，断面 A 的增压以波速 c 向断面 B 传播，当 $t=L/c$ 时到达 B 断面，这时全管道流动停止，压强普遍增高，密度增大，管壁膨胀。这时液体和管壁的特征如图 13.1（b）所示。

第 2 阶段：断面 B 边界条件为恒定水位（体积很大的水库），其上作用的压强 p_0 不会改变，而断面 B 右边管道内受压缩液体的压强这时却为 $p_0+\Delta p$，于是在这种不均衡压强

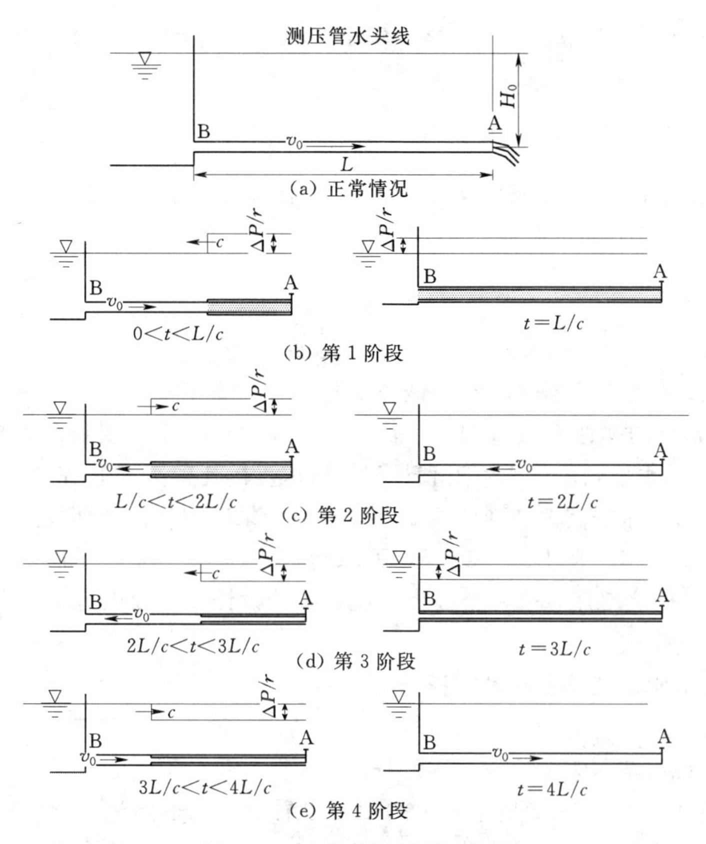

图 13.1 水击传播过程示意图

的作用下，将使断面 B 处管道中的水体发生动量变化，水体产生反向流速，并以速度 c 向断面 A 传播，以反向流速 $-v_0$ 向水库流动。当 $t=2L/c$ 时，全管压强恢复正常，全管液体的密度及膨胀的管壁也恢复原状，如图 13.1（c）所示。

第 3 阶段：当减压水击波传到阀门断面 A 时，因为水流具有一反向流速 $-v_0$，$-v_0$ 的存在是与阀门全部关闭而要求 $v_0=0$ 的条件不相容的，这使液体有脱离阀门的趋势，故在 A 端产上减压 $-\Delta p$，以速度 c 向上游传播，于 $t=3L/c$ 时到达 B 端，如图 13.1（d）所示。

第 4 阶段：B 端压强水头比水库水位低了 Δh，水流又向下游流动使压强恢复正常，管中仍有一个向下游的流速 v_0，到 $t=4L/c$ 时，增压顺坡传到阀门断面 A，整个管道中压强恢复到 p_0，流速也恢复到 $t=0$ 时的情况，如图 13.1（e）所示。

现将 4 个阶段的水击过程的运动特征列入表 13.1。

表 13.1　　水击过程的运动特征

过程	时距	速度变化	流动方向	压强变化	弹性波的传播方向	运动特征	液体状态
1	$0<t<L/c$	$v_0\to 0$	B→A	增高 Δp	A→B	减速增压	压缩
2	$L/c<t<2L/c$	$0\to -v_0$	A→B	恢复原状	B→A	增速减压	恢复原状
3	$2L/c<t<3L/c$	$-v_0\to 0$	A→B	降低 Δp	A→B	减速减压	膨胀
4	$3L/c<t<4L/c$	$0\to v_0$	B→A	恢复原状	B→A	增速增压	恢复原状

1889 年，儒柯夫斯基根据弹性波理论得出了阀门突然关闭时的水击公式为

$$\Delta p=\rho c(v_0-v) \tag{13.1}$$

$$\Delta h=\frac{c}{g}(v_0-v) \tag{13.2}$$

式中：ρ 为水流的密度；v_0 为阀门关闭前的管道流速；v 为阀门关闭水击波通过后的流速；c 为水击波在管道中的传播速度，可用式（13.3）计算：

$$c=\frac{1435}{\sqrt{1+\frac{D}{\delta}\frac{K}{E}}} \tag{13.3}$$

式中：D 为管径；δ 为管壁厚度；K 为液体的体积弹性系数（对于水，$K=19.6\times10^8\text{N/m}^2$）；$E$ 为管壁材料的弹性系数（钢管，$E=19.6\times10^{10}\text{N/m}^2$，塑料或有机玻璃管，$E=2.06\times10^9\text{N/m}^2$），水电站的引水管道直径与管壁厚度的比值 D/δ 的平均值一般约为 100，则由式（13.3）可得水击波的波速约为 1000m/s。如果闸门突然全部关闭，设压力钢管流速由 6.0m/s 减小到零，则由式（13.2）可求得阀门突然全部关闭时的水头增量 $\Delta h=600\text{m}$，相当于 60 个大气压，是一个极大的压强。若设计中未加以考虑，必将给工程带来严重的后果。

13.3.2　调压室的水位波动及基本方程

调压室的种类很多，有简单式、阻抗式、差动式、溢流式、气垫式等。这里仅以阻抗式调压室为例，说明调压室水位波动的过程。

调压室水位波动如图 13.2 所示。由图中可以看出，在恒定流情况下，由于调压室上游引水管道的水头损失，调压室水位低于库水位 h_{w0}。当阀门突然全部关闭时，调压室下游压力管道中的水流很快停止下来，而上游引水管道中的水流则在惯性作用下继续向下游流动，遇到停止的水体后，被迫流入调压室，使调压室的水位上升，上游库水位与调压室水位差越来越小，上游引水道中的流速也随之减小。当调压室水位上升至库水位时，水流仍在惯性作用下继续流入调压室，直至室中水位高于库水位某一数值才停止。接着由于调压室中的水位高于库水位，水体做反向流动即由调压室流入水库，调压室水位开始下降，反向流速也逐渐减小，一直到调压室中水位降低到某一最低水位时，反向流速才降为零。此后，水流又加速流入调压室，室内水位又重新回升……就这样，伴随着上游引水道内水体的往返运动，调压室内水面在某一静水位线上下振荡。只是由于摩阻损失的存在，运动水体的动能不断消耗，振荡幅度逐渐减小，最后静止下来，达到新的恒定状态。

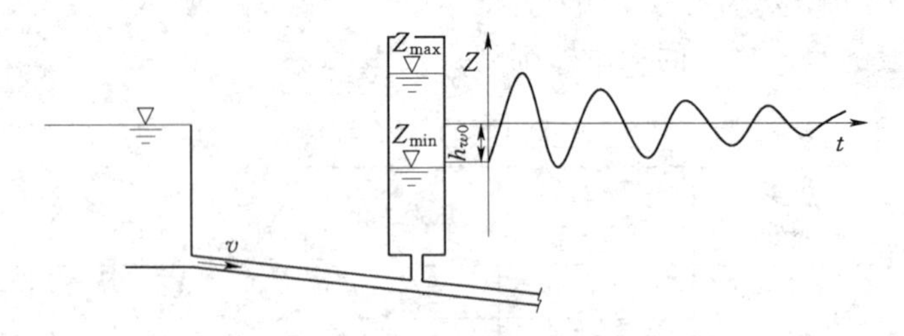

图 13.2　调压室水位波动过程

调压室水位波动的连续方程为

$$Q_T = Q + Q_F \tag{13.4}$$

式中：Q_T 为调压室上游管道的流量；Q 为调压室下游管道进口的流量；Q_F 为流入调压室的流量。

当闸门全部关闭时，$Q=0$，$Q_F=F\mathrm{d}Z/\mathrm{d}t$，$Q_T=fv$，代入式（13.4）得

$$fv = F\frac{\mathrm{d}Z}{\mathrm{d}t} \tag{13.5}$$

式中：f 为引水道的过水断面面积；F 为调压室的面积；设位移 Z 向上为正，则调压室考虑水头损失和阻抗孔损失影响的动力方程为

$$\frac{L}{g}\frac{\mathrm{d}v}{\mathrm{d}t} = -Z - h_w - h_c \tag{13.6}$$

式中：L 为引水道的长度；h_w 为引水道内沿程和局部水头损失；h_c 为引水道末端至调压室水面的水头损失。由式（13.5）和式（13.6）可以计算闸门全部关闭时调压室的最高水位和最低水位（第二振幅），即

$$\ln[1+(1+\eta)X_m]-(1+\eta)X_m = \ln[1-(1+\eta)X_0]-(1+\eta)X_0 \tag{13.7}$$

$$\ln[1+(1+\eta)X_2]-(1+\eta)X_2 = \ln[1-(1+\eta)X_m]-(1+\eta)X_m \tag{13.8}$$

式中：$X_m=Z_{\max}/S$；$X_0=h_{w0}/S$；$X_2=Z_2/S$；$S=Lfv_0^2/(2gFh_{w0})$；$Z_{\max}$ 和 Z_2 分别为闸门全部突然关闭时调压室的最高涌浪和第二振幅；h_{w0} 和 h_{c0} 分别为流量 Q 流经引水道和进入调压室所引起的水头损失；X_m、X_0、S 为计算参数；η 为阻抗孔的阻抗系数，定义为 $\eta=h_{c0}/h_{w0}$，h_{c0} 是全部引用流量 Q_0 通过阻抗孔时所产生的水头损失，它反映了阻抗的相对大小，可用式（13.9）计算：

$$h_{c0} = \frac{1}{2g}\left(\frac{4Q_0}{\varphi\pi d_s^2}\right)^2 \tag{13.9}$$

式中：d_s 为阻抗孔的直径；φ 为流量系数，其值在 0.6～0.85 之间。

在用式（13.7）和式（13.8）计算调压室的最高涌浪和第二振幅时，需要试算，文献[15] 给出了显函数计算式，即

$$Z_{\max} = \frac{1}{Ka}(a-1+\sqrt{1-a^2}) \tag{13.10}$$

$$Z_2 = \frac{1}{KA}(1-A-\sqrt{1-A^2}) \tag{13.11}$$

式中：$K=2gF(1+\eta)\alpha/(Lf)$，$a=(1-\eta K\alpha v_0^2)\mathrm{e}^{-K\alpha v_0^2}$，$A=(1+KZ_{\max})\mathrm{e}^{-KZ_{\max}}$，$\alpha=h_{w0}/v_0^2$。

13.4 实验设备和仪器

实验设备和仪器如图 13.3 所示。由图中可以看出，实验设备为供水箱、水泵、开

关、稳水箱、溢水板、压力管道、阻抗式调压室、快速关闭阀、调节阀、接水盒、回水管。实验仪器为量筒、钢尺、秒表、DJ800 型多功能监测仪、传感器、计算机和打印机。

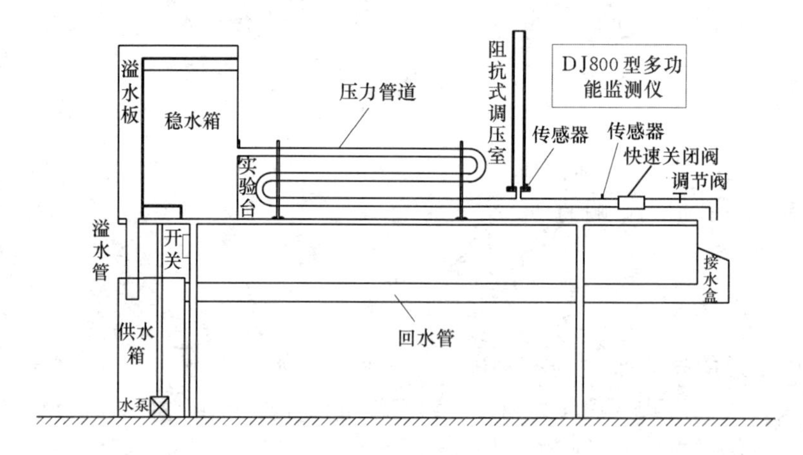

图 13.3　水击及调压室水位波动实验装置

13.5　实验方法和步骤

(1) 记录有关参数，如调压室直径，引水管道直径，管道长度、阻抗孔直径等。

(2) 将压力传感器接到需要量测的测点上，并与 DJ800 型多功能监测仪、压力传感器、计算机和打印机连接。

(3) 打开 DJ800 型多功能监测仪、计算机和打印机的电源，将仪器预热 15min。

(4) 进入参数选择系统，确定采样时间和样本容量，对传感器进行零点标定。

(5) 打开水泵，使水流充满稳水箱，并保持溢流状态，同时打开引水管道上的调节阀，待水流稳定后，记录上游库水位和调压室水位，计算水头损失。

(6) 用量桶、电子秤和秒表测量流量；用 DJ800 型多功能监测仪测量调压室水位和快速关闭阀前的压强水柱。

(7) 断开快速关闭阀门的电源，同时用计算机采集各测点的压强和水位波动过程。

(8) 待观察到调压室水位稳定后，快速开启阀门，同时观测阀门开启时各测点的压强和调压室的水位波动过程。

(9) 实验完后将仪器恢复原状。

13.6　数据处理和成果分析

实验设备名称：　　　　　　　　　　　　　　　仪器编号：

同组学生姓名：

已知数据：调压室直径 $d=$　　m；引水管道直径 $D=$　　m；

引水道长度 $L=$　　m；阻抗孔直径 $d_s=$　　m

1. 实验数据测量及计算

实验数据测量及计算见表13.2和表13.3。

表13.2　　闸门关闭时快速关闭阀处水击压强

库水位 /cm	Q /(cm^3/s)	初始压强 /Pa	最大压强 /Pa	Δp_{max} /Pa	最小压强 /Pa	Δp_{min} /Pa

表13.3　　闸门关闭时调压室水位波动

库水位 /cm	Q /(cm^3/s)	调压室初始水深 /cm	调压室最大水深 /cm	调压室最小水深 /cm	Z_{max} /cm	Z_{min} /cm

实验日期：　　学生签名：　　指导教师签名：

2. 成果分析

(1) 利用DJ800型软件对数据进行处理，求出最大压强、最小压强、调压室最高水位、最低水位以及各测点压强（或水位）随时间的变化过程。

(2) 根据实测流量和管道直径计算引水道正常运行时的流速，由实测的水头损失 h_{w0} 计算阻抗系数 η、用式（13.7）、式（13.8）或式（13.10）、式（13.11）计算调压室的最高涌浪和第二振幅，并与实测值进行比较。

13.7 实验中应注意的问题

(1) 必须按规定的步骤使用仪器设备，尤其是快速关闭阀的关闭必须和数据采集同时进行。

(2) 为了采集到最大压强和调压室的最高涌浪，采集间隔不可选得太长，以防采集不到最大值。

思 考 题

(1) 水击对压力管道有何影响？

(2) 调压室如何反射压力管道的水击？

(3) 试述消除与减小水击压强的措施。

第14章　边界层实验

14.1　实验目的和要求

（1）测量平板上气流的断面流速分布，研究边界层的厚度及其发展，加深对边界层特性的理解。

（2）掌握测量边界层厚度的方法。

14.2　实验原理

14.2.1　边界层的基本概念

边界层理论是普朗特（L. Prandtl）1904年提出来的。普朗特根据大雷诺数流动的特点，把整个流动分为两个区域来研究。在固壁附近的一薄层中，必须考虑黏性的作用，这一层称为边界层；而薄层（边界层）以外的区域可以看成是理想流体的流动区域。也就是说，边界层理论把雷诺数较大的实际流体看作是由两个性质不同的流动所组成：①固壁边界附近的边界层以内的流动，由于流速梯度很大，黏滞性的作用在这个流动区域内不容忽略；②边界层以外的流动，可以忽略黏滞性的作用而近似的按理想流体来处理。

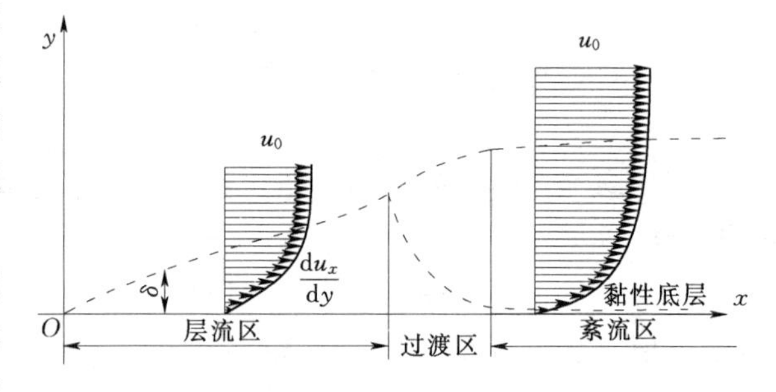

图14.1　平板边界层流动

图14.1是一平板边界层的典型例子。当流体流过平板时，根据无滑移条件，与平板接触的流体质点的流速都要降为零。在平板附近的液体质点通过流体的内摩擦阻力也都受到平板的阻滞作用，流速都有不同程度的降低。离平板愈远，阻滞作用愈小，当流动的雷诺数很大时，这种阻滞作用只反映在平板两侧的一个较薄的流层里，这个流层就是边界层。

边界层中的流体也同样有两种类型，即层流和紊流，如图14.1所示。在边界层的前部，由于边界层厚度δ很小，因此流速梯度du_x/dy很大，黏滞力$\tau=\mu(du_x/dy)$的作用也就很大，这时边界层中的流动属于层流，这种边界层称为层流边界层；当雷诺数达到一定数值时，边界层中的层流与其他层流一样，经过一个过渡区后，要转变为紊流，从而成为紊流边界层。实验表明，层流转变为紊流边界层的临界雷诺数约为$Re_x=3\times10^5\sim3\times10^6$。

14.2.2　边界层厚度及其发展

边界层区域通常用边界层厚度来表征。所谓边界层厚度，从理论上讲，就是由平板的固体边界处液体流速为零的地方一直到流速达到外界主流流速 u_0 的地方，也就是黏滞性作用很小的地方。对于平板边界层，外界主流流速就是来流的流速 u_0。一般规定 $0.99u_0$ 的地方作为边界层的厚度，此界限完全满足各种实际问题的需要。边界层厚度沿平板长度方向是顺流渐增的，即边界层厚度是流程的函数，见图 14.1。

关于边界层厚度的计算，按照边界层厚度的定义，当沿固体边界外法线上一点流速 $u_x=0.99u_0$，则该点的坐标值 $y=\delta$ 称为边界层的厚度。另外，还有几个有明确意义的边界层的有关厚度，即边界层的位移厚度 δ_1、动量损失厚度 δ_2 和动能损失厚度 δ_3，其定义为

$$\delta_1=\int_0^{\delta}\left(1-\frac{u_x}{u_0}\right)\mathrm{d}y \tag{14.1}$$

$$\delta_2=\int_0^{\delta}\left(1-\frac{u_x}{u_0}\right)\frac{u_x}{u_0}\mathrm{d}y \tag{14.2}$$

$$\delta_3=\int_0^{\delta}\left(1-\frac{u_x^2}{u_0^2}\right)\frac{u_x}{u_0}\mathrm{d}y \tag{14.3}$$

对于层流边界层，布拉修斯的理论解为

$$\delta=\frac{5x}{\sqrt{Re_x}} \tag{14.4}$$

$$\delta_1=\frac{1.72x}{\sqrt{Re_x}} \tag{14.5}$$

$$\delta_2=\frac{0.664x}{\sqrt{Re_x}} \tag{14.6}$$

对于紊流边界层，目前尚未有完全的理论解。根据实验和边界层的动量积分方程，平板紊流边界层的流速分布可表示成指数形式或对数形式，如果取指数形式，即

$$\frac{u_x}{u_0}=\left(\frac{y}{\delta}\right)^{1/n}\qquad (n=5\sim8) \tag{14.7}$$

若取 $n=7$，由动量积分方程得

$$\delta=\frac{0.37x}{Re_x^{0.2}} \tag{14.8}$$

则

$$\delta_1=\frac{\delta}{1+n}=\frac{\delta}{8} \tag{14.9}$$

$$\delta_2=\frac{n\delta}{(1+n)(2+n)}=\frac{7\delta}{72} \tag{14.10}$$

$$\delta_3=\frac{2n\delta}{(1+n)(3+n)}=\frac{7\delta}{40} \tag{14.11}$$

如果流速分布取对数形式，即

$$\frac{u_x}{u_*}=A+B\ln\frac{u_* y}{\nu}\qquad（光滑壁面）\tag{14.12}$$

$$\frac{u_x}{u_*}=A+B\ln\frac{y}{\Delta}\qquad（粗糙壁面）\tag{14.13}$$

式中：u_* 为摩阻流速；ν 为流体的黏滞系数；A、B 为系数；Δ 为边壁粗糙度。关于边界层厚度，笔者用动量积分方程进行了推导，其计算公式为

对于光滑壁面

$$\frac{u_0 x}{\nu}=B^3\frac{u_*\delta}{\nu}\left[\left(\ln\frac{\alpha u_*\delta}{\nu}\right)^2-4\ln\frac{\alpha u_*\delta}{\nu}+6\right]\tag{14.14}$$

则

$$\delta_1=\frac{\delta}{\ln(\alpha u_*\delta/\nu)}\tag{14.15}$$

$$\delta_2=\frac{\delta}{[\ln(\alpha u_*\delta/\nu)]^2}\left(\ln\frac{\alpha u_*\delta}{\nu}-2\right)\tag{14.16}$$

$$\delta_3=\frac{2\delta}{[\ln(\alpha u_*\delta/\nu)]^3}\left[\left(\ln\frac{\alpha u_*\delta}{\nu}\right)^2-3\ln\frac{\alpha u_*\delta}{\nu}+3\right]\tag{14.17}$$

式中：$B=2.5$；$\alpha=9.025$。

对于粗糙壁面

$$\frac{x}{\Delta}=B^2\left[\frac{\delta}{\Delta}\ln\frac{\beta\delta}{\Delta}-4\frac{\delta}{\Delta}+\frac{4}{\beta}\sum_{n=1}^{\infty}\frac{[\ln(\beta\delta/\Delta)]^2}{n\cdot n!}\right]\tag{14.18}$$

$$\delta_1=\frac{\delta}{\ln(\beta\delta/\Delta)}\tag{14.19}$$

$$\delta_2=\frac{\delta}{[\ln(\beta\delta/\Delta)]^2}\left(\ln\frac{\beta\delta}{\Delta}-2\right)\tag{14.20}$$

$$\delta_3=\frac{2\delta}{[\ln(\beta\delta/\Delta)]^3}\left[\left(\ln\frac{\beta\delta}{\Delta}\right)^2-3\ln\frac{\beta\delta}{\Delta}+3\right]\tag{14.21}$$

式中：$\beta=30$。

边界层中流体的雷诺数为

$$Re_x=\frac{u_0 x}{\nu}\tag{14.22}$$

式中：u_0 为势流流速；x 为实验平板前缘到测点的距离。

14.3　实验设备和仪器

实验设备为清华大学研制的空气动力学多功能实验装置，其中边界层实验装置如图 14.2 所示。该装置由稳压箱、收缩段、实验段、铝制平板、指示灯组成。实验仪器为微

型千分卡、微型毕托管和倾斜式比压计。

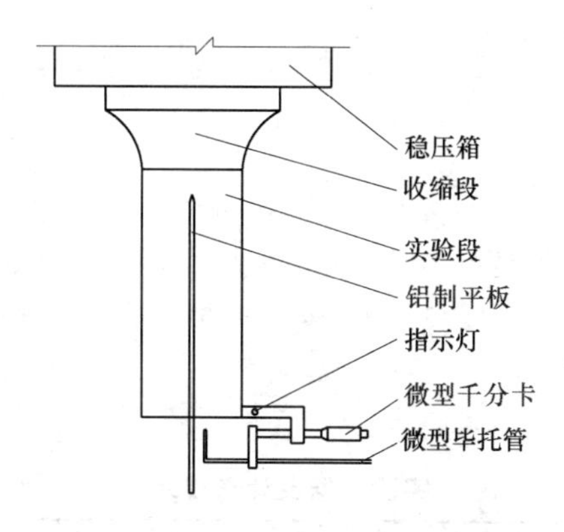

图 14.2 边界层实验装置

在实验段中部垂直安装一块一面光滑、另一面粗糙的铝制平板，毕托管可沿实验段上下滑动，故可测量平板不同断面处的流速分布和整个平板的边界层发展。

14.4 实验方法和步骤

(1) 记录有关参数，如毕托管前端厚度 $b=0.3\text{mm}$；$\theta=30°$；千分卡尺的初始读数 $y'=$ mm；$\gamma_{乙醇}=7740\text{N/m}^3$；$\gamma_{空气}=12.6\text{N/m}^3$。

(2) 确定实验板的粗糙面和实验板长度（层流时在 $x=100\text{mm}$ 以内，紊流时 $x=300\text{mm}$），拧紧实验板的固定螺丝。

(3) 将指示灯电线插头分别插入与实验板和毕托管相连的孔内，顺时针转动千分卡尺，使毕托管靠近实验板，当毕托管刚刚接触平板时，指示灯发亮，此时应立即停止旋转。

(4) 去掉实验段下面的台面板，接通通风机电源，开启风机。

(5) 调节进气调节阀门，测层流边界层时调节阀门应开得很小，测紊流边界层时两侧阀门开到最大。当气流稳定时，记录灯亮时千分卡尺的初始读数 y' 值和比压计的液面差 ΔL 值。然后反向旋转千分卡尺约 0.05mm，记录千分卡尺读数 y'' 和比压计的液面差 ΔL。则边界层中任一点的流速为

$$u_x=\sqrt{2g\frac{\gamma_{乙醇}}{\gamma_{空气}}\Delta L\sin\theta} \tag{14.23}$$

式中：u_x 为边界层中任一点的流速；$\gamma_{乙醇}$ 为比压计内液体的重度；$\gamma_{空气}$ 为被测流体的重度；ΔL 为斜比压计液面差；θ 为斜比压计的倾角。

(6) 重复上述步骤，当比压计读数不再继续变化时的流速即可认为是势流流速 u_0。绘出断面流速分布图，则 $u_x=0.99u_0$ 处的 y 值即为边界层厚度 δ。

(7) 移动毕托管位置，重复上述步骤便可测得另一断面上的边界层厚度 δ。如测量数个断面，将各断面的 δ 连接起来即可绘出整个平板边界层厚度沿程发展曲线 $\delta_x=f(x)$。

(8) 实验完后将仪器恢复原状。

14.5　数据处理和成果分析

实验设备名称：　　　　　　　　　　　　　　　　　仪器编号：

同组学生姓名：

已知数据：毕托管厚度 $b=0.3\text{mm}$；千分卡尺的初始读数 $y'=$　　　mm

$\gamma_{乙醇}=7740\text{N/m}^3$；$\gamma_{空气}=12.6\text{N/m}^3$；比压计倾角 $\theta=30°$

1. 实验数据及计算成果

实验数据及计算成果见表 14.1。

表 14.1　　　　　　　　　　**实验数据及计算成果**

序号	千分卡尺读数 y'' /mm	测点距平板距离 $y=y''-y'+b/2$ /mm	比压计读数/cm			测点流速 /(m/s)
			L_1	L_2	ΔL	

实验日期：　　　　　　　　　　学生签名：　　　　　　　　　　指导教师签名：

2. 成果分析

（1）用式（14.23）计算各测点流速。

（2）绘制断面流速分布曲线。

（3）在流速分布曲线上找出 u_0。

（4）计算 $0.99u_0$，在流速分布曲线上确定边界层厚度 δ。

（5）用式（14.22）计算雷诺数。

（6）当 $Re_x<3\times10^5\sim10^6$ 时，用式（14.5）和式（14.6）计算边界层的特征厚度 δ_1、δ_2。当 $Re_x>10^6$ 时，对于光滑壁面，用式（14.9）、式（14.10）和式（14.11）计算 δ_1、δ_2、δ_3，或用式（14.15）、式（14.16）和式（14.17）计算 δ_1、δ_2、δ_3；对于粗糙壁面，用式（14.19）、式（14.20）和式（14.21）计算 δ_1、δ_2、δ_3。

（7）分析边界层的特征厚度在断面上的变化规律。

（8）分析边界层厚度沿程变化规律。

14.6　实验中应注意的问题

（1）千分卡尺应缓慢旋转以防碰伤毕托管。

（2）在测量第一个测点时，毕托管必须紧靠平板。

思　考　题

（1）什么是边界层理论，边界层理论的实质是什么？

（2）如何确定边界层的厚度？边界层特征厚度的物理意义是什么？

（3）边界层理论主要解决什么工程问题？

第15章 紊动射流实验

15.1 实验目的和要求

（1）了解紊动射流现象，掌握测量紊动射流的方法。

（2）通过实测紊动射流的断面流速分布加深对紊动射流运动规律及其特性的理解。

15.2 实验原理

15.2.1 紊动射流现象

在实际流动中有一种远离固体边界的紊流，其紊流的发展不受固体边界的约束，因而不存在黏性底层，这种紊流称为自由紊流。常见的自由紊流有射流和尾流。在通风、环境及水利水电工程中经常遇到射流问题。射流是指从孔口或缝隙喷出，断面具有有限尺度的一股流体。射流在射出后完全不受固壁边界限制的称为自由射流，多少受固体边壁限制的称为非自由射流；射流周围物质的物理性质与射流本身相同的称为淹没射流，否则称为非淹没射流。射流按质点运动的形态也可分为层流型和紊流型。

当具有一定速度 u_0 的射流从喷嘴射出后，流入静止的相同种类的流体中，与周围静止的流体之间就产生一个速度不连续的间断面。这个间断面是不稳定的，面上的波动发展形成涡旋，产生强烈的紊动，将邻近原来静止的流体卷吸到射流中，两者掺混在一起向前运动。其结果是射流边界不断向外扩展，断面不断扩大，流量沿程逐渐增加。同时，由于静止流体掺入发生动量交换而产生阻滞作用，使得原射流边界部分的流速降低。这种掺混减速作用沿程逐渐向射流内部扩展，经过一定距离即达到射流的中心轴线，以后整个射流都成为紊动射流。

上述射流由喷口边界向内外扩展的紊动掺混部分称为紊流边界层混合区，中心部分未受掺混影响，保持原来出口速度，称为射流的核心区，从出口至核心区终了的一段称为射流的初始段，紊动充分发展以后的射流，称为射流的主体段，主体段与初始段之间称为过渡段，但过渡段很短，在分析中为简化起见常予以忽略，如图15.1所示。

15.2.2 紊动射流有关参数的确定

1. 射流边界的确定

射流的一个重要性质是射流边界层的直线扩散，设 b 为所测断面射流的扩散半宽度，对于圆柱形喷嘴和收缩圆形喷嘴，b 可用式（15.1）确定：

$$b=D_0/2+x\tan\theta \tag{15.1}$$

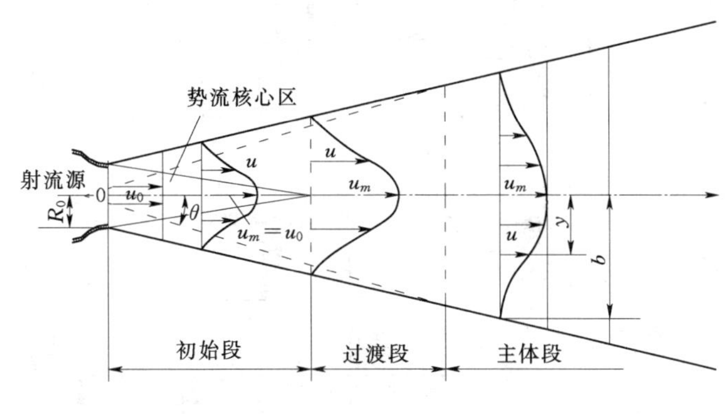

图 15.1 紊动射流示意图

式中：D_0 为喷嘴直径；x 为所测断面距喷嘴的距离；θ 为扩散角。对于扁形喷嘴，则有

$$b=b_0/2+x\tan\theta \tag{15.2}$$

式中：b_0 为扁形喷嘴的宽度。

2. 测点流速的确定

紊动射流轴线流速沿程逐渐减小，整个流速分布曲线也趋于平缓。用毕托管和比压计测量测点流速时，流速可用式（15.3）计算：

$$u=\sqrt{2g\frac{\gamma_1}{\gamma_2}\Delta L\sin\alpha} \tag{15.3}$$

式中：u 为射流测点的流速；γ_1 为比压计内液体的重度；γ_2 为被测流体的重度；ΔL 为斜比压计液面差；α 为斜比压计的倾角。

3. 射流横断面流速分布的确定

根据射流的运动特性，射流主体段各断面和起始段的边界层中流速分布具有明显的相似性，射流横断面无量纲流速分布的半经验公式为

$$\frac{u}{u_m}=\left[1-\left(\frac{y}{b}\right)^{1.5}\right]^2 \tag{15.4}$$

式中：y 为测点距轴心的距离；u_m 为量测断面轴心上的最大流速。

15.3 实验设备和仪器

实验在清华大学研制的空气动力学实验装置上进行，如图 15.2 所示。该装置由离心式通风机、阻尼网、风道、稳压箱和喷嘴组成，喷嘴有圆柱形喷嘴、收缩形圆喷嘴和扁形喷嘴。实验仪器为毕托管、倾斜比压计和确定位置的标尺。

通风机从室内吸气，在压出段风道内装有调节阀，用来调节送出的风量。气流沿风道送入稳压箱，在稳压箱的下面有一长方形的出口，出口与喷嘴相连，在实验段下面设有工作平台，台面有一部分是活动的，实验时去掉活动板，以免限制气流。

在稳压箱的一侧还装有测试 x、y 方向的标尺和毕托管，用来测量距离和流速。

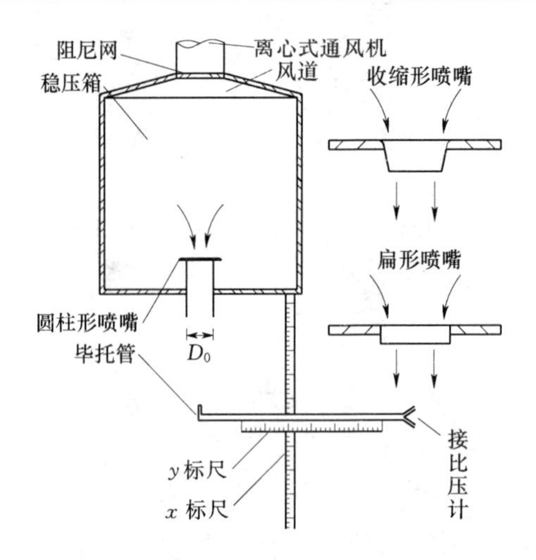

图 15.2　紊动射流实验装置图

15.4　实验方法和步骤

（1）选择喷嘴形状。

（2）记录有关参数，如 D_0（或 b_0）、γ_1、γ_2、α。

（3）用定位块和毕托管定出喷嘴中心坐标，即读出毕托管中心对准射流轴线时的标尺读数 y_0。

（4）确定测量断面，一般测量 3 个断面，即出口断面、初始段一个断面和主体段一个断面。

（5）接通多功能实验台电源，将毕托管放在出口断面的喷嘴中心，慢慢开启实验台气流调节阀，待气流平稳后，对出口断面各测点逐个进行流速测量，依次记录各测点坐标 y' 值和斜比压计的两根测压管值 L_1 和 L_2，求其差值 $\Delta L=L_1-L_2$。

（6）改变距离 x，测量起始段的流速分布。初始段末端距喷嘴出口的距离一般取势核区轴线最大流速 u_m 与轴线出口流速 u_0 的比值 $u_m/u_0=1.0$ 作为初始段的长度，在实验时，可根据实测的出口流速，移动毕托管的位置按该式确定初始段的长度；也可根据前人的研究，一般初始段长度 $x_0=(3.4\sim5)D_0$，在实验时可根据此公式确定初始段的位置。位置确定后，即可将毕托管放在选定的断面上，按照步骤（5）测量初始段的流速分布。

（7）改变距离 x，测量主体段的流速分布。

（8）实验完后将仪器恢复原状。

15.5　数据处理和成果分析

实验设备名称：　　　　　　　　　　　　仪器编号：

同组学生姓名：

喷嘴形式：

已知数据：D_0（或 b_0）＝　　cm；轴线的横向标尺读数 y_0＝　　cm

$\gamma_1=\gamma_{乙醇}=7740\mathrm{N/m^3}$；$\gamma_2=\gamma_{空气}=12.6\mathrm{N/m^3}$；$\alpha=30°$

1. 实验数据及计算成果

实验数据及计算成果见表 15.1。

表 15.1　　**实验数据及计算成果**

测点	标尺读数 y' /cm	测点距轴线距离 $y=y'-y_0$ /cm	比压计读数/cm			流速 u /(m/s)	u/u_m	y/y_0
			L_1	L_2	ΔL			
出口断面　$x=0$								
初始段　x　＝cm								
主体段　x＝　cm								

实验日期：　　　　学生签名：　　　　指导教师签名：

2. 成果分析

(1) 用公式 (15.3) 计算各测点流速。

(2) 绘制断面流速 u 与距离 y 的分布图，绘制无量纲流速 u/u_m 和 y/y_0 关系图；定出轴心最大流速。

(3) 将无量纲流速分布与经验公式进行比较。

(4) 分析轴线流速沿程变化规律。

(5) 确定量测断面的射流半宽度 b 和扩散角 θ。

15.6　实验中应注意的问题

(1) 在找初始段的末端位置时可将毕托管对准喷嘴的轴心位置，然后从喷嘴出口向后平行移动毕托管，观察比压计的压差读数变化，当压差刚刚变化时的断面即为初始段末端。

(2) 测量断面的半宽度 b 实际上是不好确定的，一般在实验中常采用流速等于 $u_m/2$ 处的 y 值作为射流半宽度的估算值，其扩散角约为 5°，对于射流外边界，扩散角可达 12.67°，所以在测量时可根据此估算值和实测值综合分析定出射流的半宽度。

思　考　题

(1) 紊动射流断面流速分布规律是什么形状，中轴线流速沿程是怎样变化的？

(2) 无量纲流速分布的半经验公式能否适用于射流初始段？

(3) 紊动射流沿程变化分为初始段、过渡段和主体段，试述各段的变化规律。

第16章　复式断面明渠均匀流实验

16.1　实验目的和要求

（1）了解明渠均匀流产生的条件及其特征。

（2）掌握明渠糙率、均匀流水深及流速的测量方法。

（3）验证复式断面明渠均匀流的流量计算公式，说明公式的局限性。

16.2　实验原理

在明渠恒定流中，如果流线是一簇平行直线，则水深、断面平均流速均沿程不变，称为明渠恒定均匀流。明渠恒定均匀流水流多属于紊流粗糙区，其流量的计算公式为

$$Q=AC\sqrt{RJ}=AC\sqrt{Ri}=\frac{A}{n}R^{1/6}\sqrt{Ri} \tag{16.1}$$

式中：Q 为流量；A 为过水断面面积；$R=A/\chi$ 为水力半径；J 为水力坡度，i 为明渠的底坡；C 为谢才系数；χ 为湿周；n 为粗糙系数。

式（16.1）称为谢才公式。

由式（16.1）可以看出，在明渠均匀流中，水力坡度 J 与明渠的底坡 i 相等。

式（16.1）是计算单式渠道明渠均匀流的一般公式。

对于深挖高填的大型渠道，如果水深变化较大，常采用复式断面，如图16.1所示。当流量较小时，水流集中在较深的部分，称为深槽；当流量较大时，水流溢出深槽而漫及渠堤，一部分水流从滩地上流过。

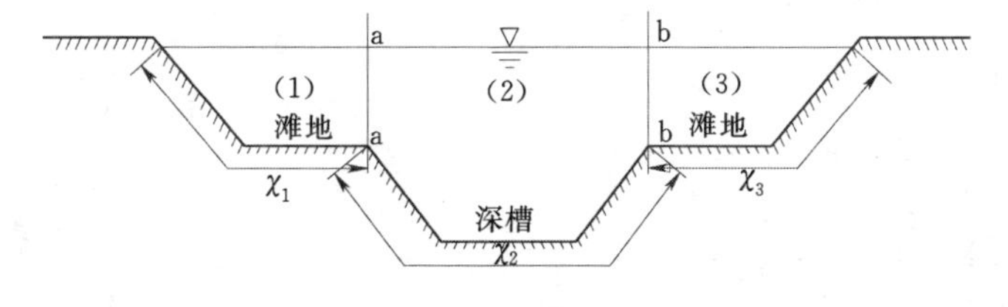

图16.1　复式断面

对于复式断面的流量计算，在目前的水力学教材中均采用断面叠加法。断面叠加法是将复式断面的全部断面流量由各部分断面的流量叠加而得。如图16.1中的复式断面，可以将复式断面分成（1）、（2）、（3）三个单式断面，各个单式断面都有各自的过水断面面积，湿周、水力半径和粗糙系数，但对各单式断面来说，底坡 i 是相同的。各单式断面的流量可用式（16.2）计算：

$$\left.\begin{aligned} Q_1 &= A_1 C_1 \sqrt{R_1 i} \\ Q_2 &= A_2 C_2 \sqrt{R_2 i} \\ Q_3 &= A_3 C_3 \sqrt{R_3 i} \\ &\vdots \end{aligned}\right\} \tag{16.2}$$

由叠加原理得

$$Q = Q_1 + Q_2 + Q_3 + \cdots \tag{16.3}$$

在计算湿周长度时注意不要把垂直分界线考虑在内。

已有的研究表明，断面叠加法只是一种近似方法，计算的流量比实际流量偏大。分析原因，可能是洪水漫滩后，由于过流断面的非规则性和阻力分布的非均匀性，以及在主河道和滩地之间存在一对漩涡并引起两者之间的动量交换使得很难准确推求复式河槽恒定均匀流的正常水深。所以有必要通过实验研究复式断面明渠均匀流的水力特性。

16.3　实验设备和仪器

实验设备和仪器如图 16.2 所示。它是由水池、水泵、上水管、进水阀门、前池、稳水栅、桁架、尾门、活动复式断面水槽、稳水池、升降机、活动铰组成。测量仪器为量水堰（三角堰或矩形堰）、流速仪、测针、钢板尺。

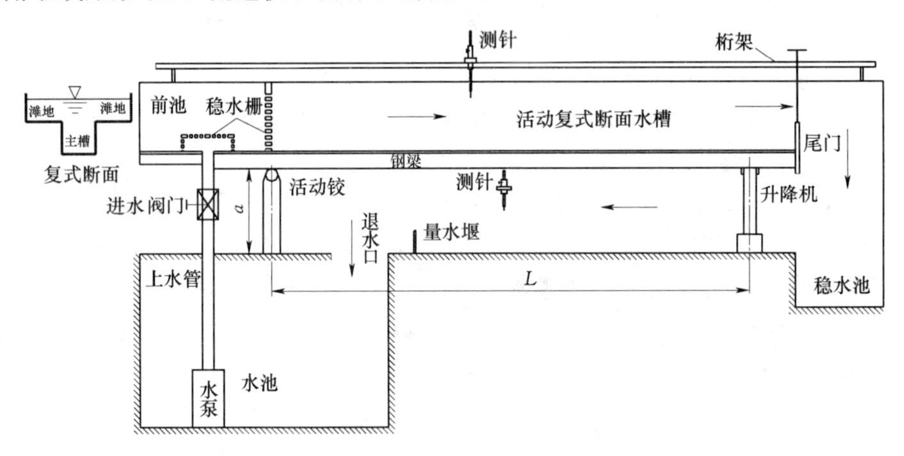

图 16.2　自循环复式断面明渠均匀流实验系统

16.4　实验方法和步骤

（1）确定水槽的底坡。将水槽底坡调到 $i>0$，坡度的计算方法为：设活动铰与固定铰之间的距离为 L，固定铰顶部距底部的距离为 a，设升降机下降的高度为 Δh，这时升降机顶部距底部的距离为 b，$\Delta h = a - b$，由于调整的角度范围较小，可近似地取

$$i = \sin\alpha \approx \tan\alpha = (a-b)/L = \Delta h / L$$

（2）记录有关参数，如复式断面主槽的深度、宽度、滩地的宽度、复式断面的底坡 i。

（3）打开进水阀门和尾门，使水流通过复式断面，等待水流稳定。

（4）当水流稳定后，用活动复式断面水槽上的测针测量水槽中的水深，一般情况下水槽进口附近的水深是变化的，属于恒定非均匀流段。在过渡一段距离后，水流才形成均匀流，这时水深沿程不变。用测针沿程测量水深，确定槽内发生均匀流的流段。

（5）当水槽中确实发生均匀流后，确定测量均匀流水深的断面，用测针测量水槽中的水深、一般应测量三次取其平均值。

（6）用量水堰前的测针测量量水堰的水深，计算流量。

（7）如果要了解复式断面的流速分布，可用流速仪（毕托管或旋桨式流速仪）测量明渠均匀流的流速。如果用毕托管测量，测量方法与第 5 章毕托管测流速实验相同；如果用旋桨式流速仪测量，测量方法与第 34 章弯道环流实验中流速的测量方法相同。

（8）改变流量，重复第（3）步至第（7）步 N 次。

（9）实验完后将仪器恢复原状。

16.5 实验记录和处理

实验设备名称：　　　　　　　　　　　　仪器编号：

同组学生姓名：

已知数据：实验主槽宽度 $B=$ 　　cm；滩地宽度 $b=$ 　　cm；

矩形量水堰宽度 $b_0=$ 　　cm；矩形量水堰高度 $P=$ 　　cm；

倾斜比压计角度 $\theta=$ 　　°

流量计算公式：

各变量测量记录和计算见表 16.1。

表 16.1　复式断面明渠均匀流水深、流量和流速测量记录计算表

流量和水深测量					毕托管测量流速			流速计算	
量水堰水面测针读数 /m	量水堰堰顶测针读数 /m	量水堰上水深 /m	流量 /(m³/s)	水深 /m	测点距渠底的距离 /m	L_1 /m	L_2 /m	L_1-L_2 /m	$u=\sqrt{2g(L_1-L_2)\sin\theta}$ /(m/s)

实验日期：　　　　　　　　学生签名：　　　　　　　　指导教师签名：

16.6 成果分析

（1）根据实测的流量、水深和已知复式断面的参数，计算主槽水深和滩地水深。

（2）根据主槽水深和滩地水深，计算湿周 χ、断面面积 A、水力半径 R、由式（16.1）求粗糙系数 n，并与已知渠道的粗糙系数进行比较，分析产生误差的原因。

（3）根据实测的主槽水深和滩地水深，计算各自的湿周 χ、断面面积 A、水力半径 R，用式（16.2）和式（16.3）计算复式断面的流量，与实测结果比较，分析产生误差的原因。

（4）在方格纸上绘制流速分布图，分析复式断面的流速分布规律。

16.7 实验中应注意的问题

（1）调整明渠的坡度时不可调得太大，一般取 $0°<i<2°$，坡度太大在水槽中很难形成均匀流。

（2）测量复式断面明渠均匀流水深时一定要在均匀流断面，否则测量的结果无效。

（3）测量水深和流量时要精准测量，否则测量误差很大。

（4）为了分析复式断面的流速分布，可以多取几个断面，每个断面上可以分别测量主槽、滩地的流速，垂线测点不可取得太少，否则流速分布规律体现不出来。

思 考 题

（1）为什么在水槽的前部一般不会发生明渠均匀流，而要在水流流动一段距离后才能形成明渠均匀流？

（2）明渠均匀流形成的条件是什么，在平坡和逆坡渠道中能否形成明渠均匀流？

（3）根据实测的流速分布规律，试说明复式断面明渠均匀流的流速分布规律是否符合对数律或指数律分布规律？

第 17 章　明渠水面曲线演示实验

17.1　实验目的和要求

（1）演示在不同渠道底坡情况下矩形渠道中非均匀渐变流水面曲线及其衔接形式。

（2）加深对非均匀渐变流水面曲线的感性认识，加深对水面曲线分析方法和水面线计算方法的理解。

17.2　实验原理

棱柱体明渠渐变流水深沿程变化的微分方程为

$$\frac{\mathrm{d}h}{\mathrm{d}s}=\frac{i-J_f}{1-Fr^2}=i\frac{1-(K_0/K)^2}{1-Fr^2} \tag{17.1}$$

式中：h 为明渠水深；s 为非均匀渐变流两断面之间的距离；i 为渠道底坡；J_f 为沿程水头损失坡降，$J_f=Q^2/K^2$；$K_0=A_0C_0\sqrt{R_0}$为相应于正常水深的流量模数；$K=AC\sqrt{R}$为相应于非均匀流水深的流量模数；Fr 为弗劳德数。

由式（17.1）可以看出，分子反映了水流的不均匀程度，分母反映了水流的缓急程度，水面曲线的形式必然与底坡 i、实际水深 h、正常水深 h_0、临界水深 h_k 之间的相对位置有关。利用式（17.1）讨论水面曲线的沿程变化时，首先对 $\mathrm{d}h/\mathrm{d}s$ 可能出现的情况以及每一种情况所表示的意义说明如下：

当 $\mathrm{d}h/\mathrm{d}s>0$，为减速流动，表示水深沿程增加，称为壅水曲线；

当 $\mathrm{d}h/\mathrm{d}s<0$，为加速流动，表示水深沿程减小，称为降水曲线；

当 $\mathrm{d}h/\mathrm{d}s=0$，表示水深沿程不变，为均匀流动；

当 $\mathrm{d}h/\mathrm{d}s\rightarrow0$，表示水深沿程变化越来越小，趋近于均匀流动；

当 $\mathrm{d}h/\mathrm{d}s=i$，表示水深沿程变化，但水面保持水平；

当 $\mathrm{d}h/\mathrm{d}s\rightarrow i$，表示水面趋近于水平，或者以水平线为渐近线；

当 $\mathrm{d}h/\mathrm{d}s\rightarrow\pm\infty$，表示水面趋近于和流向垂直，这时，式（17.1）中的分母趋近于零，$Fr\rightarrow1$，水深此时趋近于临界水深 h_k，这种情况说明水流已经越出渐变流范围而变成急变流动的水跃或水跌现象，因此，式（17.1）在水深接近于临界水深的局部区域内是不适用的。

根据明渠底坡的不同类型，水面曲线又可分为正底坡（$i>0$）、水平底坡（$i=0$）和反坡（$i<0$）3 种情况。对于平坡，$i=0$，式（17.1）变为

$$\frac{dh}{ds}=\frac{-J_f}{1-Fr^2}=-\frac{Q^2/K^2}{1-Fr^2}=-\frac{A_k^2C_k^2R_ki_k/K^2}{1-Fr^2}=-i_k\frac{(K_k/K)^2}{1-Fr^2} \tag{17.2}$$

对于反坡，$i<0$，以 $|i|=i'$ 代入式（17.1）得

$$\frac{dh}{ds}=\frac{-i'-J_f}{1-Fr^2}=-i'\frac{1+(K_0'/K)^2}{1-Fr^2} \tag{17.3}$$

式中：K_0' 为借用均匀流公式 $Q=K_0'\sqrt{i'}$ 的流量模数。

在水面线的分析中，一般以渠道底坡线、均匀流的水面线（正常水深 $N—N$ 线）、临界水深线（$K—K$ 线）三者的相对位置可以把水面分成 3 个不同的区域，各区域的特点如下：

（1）$N—N$ 线与 $K—K$ 线以上的区域称为 a 区，其水深大于正常水深 h_0 和临界水深 h_k。

（2）$N—N$ 线与 $K—K$ 线之间的区域称为 b 区，其水深介于正常水深 h_0 和临界水深 h_k 之间。

（3）$N—N$ 线与 $K—K$ 线以下的区域称为 c 区，其水深小于正常水深 h_0 和临界水深 h_k。

17.3　明渠水面曲线类型分析

17.3.1　正坡渠道（$i>0$）

正坡渠道是指渠道底坡大于零的渠道，正坡渠道的底坡 i 与临界底坡 i_k 相比可能有 3 种情况，即 $i<i_k$，$h_0>h_k$ 称为缓坡渠道；$i>i_k$，$h_0<h_k$ 称为陡坡渠道；$i=i_k$，$h_0=h_k$ 称为临界底坡。临界底坡用式（17.4）计算：

$$i_k=\frac{Q^2n^2}{A_k^2R_k^{4/3}} \tag{17.4}$$

式中：n 为粗糙系数；A_k 为临界水深对应的过水断面面积；R_k 为临界水深对应的水力半径；Q 为流量。现对正坡渠道水面曲线分析如下。

1. 缓坡渠道，$i<i_k$

对于缓坡渠道，正常水深大于临界水深，流动分成 3 个区域，根据控制水深的不同，可以形成 3 种情况的水面线，见图 17.1。在 a 区，水深 h 大于正常水深 h_0，也大于临界水深 h_k，因此，$K_0/K<1.0$，$1-(K_0/K)^2>0$，$Fr<1.0$，$1-Fr^2>0$，所以 $dh/ds>0$。水深沿程增加，为壅水曲线，称为 a_1 型壅水曲线。现在分析这一水面线的极限情况：在曲线的上游，水深越来越小，但始终大于 h_0，最后水深趋近于正常水深 h_0，$J_f\to i$，所以 $dh/ds\to 0$，水面线以 $N—N$ 线为渐近线；在曲线的下游，$h\to\infty$，$J_f\to 0$，$Fr\to 0$，所以 $dh/ds\to i$。水面线以水平线为渐近线。

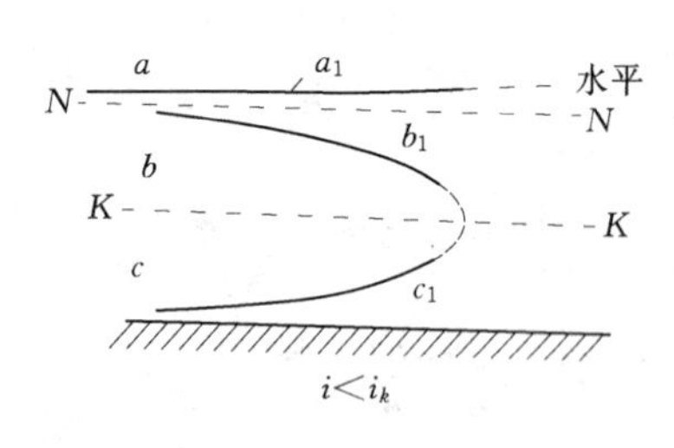

图 17.1　$i<i_k$ 水面曲线形式

在 b 区，水深 h 小于正常水深 h_0，但大于临界水深 h_k，因此，$Fr<1.0$，$K_0/K>$

1.0，所以 $dh/ds<0$。水深沿程减小，为降水曲线，称为 b_1 型降水曲线。在曲线的上游，$h\to h_0$，所以 $dh/ds\to 0$，水面线以 $N—N$ 线为渐近线；在曲线的下游，$h\to h_k$，$K_0/K>1$，$Fr\to 1.0$，$dh/ds\to -\infty$，水面线与 $K—K$ 线有正交的趋势，但此处水深急剧减小已不再是渐变流动。

在 c 区，水深 h 小于正常水深 h_0，也小于临界水深 h_k，因此，$Fr>1.0$，$K_0/K>1.0$，所以 $dh/ds>0$。水深沿程增加，为壅水曲线，称为 c_1 型壅水曲线。在曲线的上游，水深 h 的最小值随具体条件而定（例如收缩断面的水深 h_c），曲线的下游，水深 $h\to h_k$，$Fr\to 1$，$dh/ds\to\infty$，表示水面曲线与 $K—K$ 线有正交的趋势，水面有突增现象。

2. 陡坡渠道，$i>i_k$

对于陡坡渠道，正常水深小于临界水深，流动也分成 3 个区域，见图 17.2。

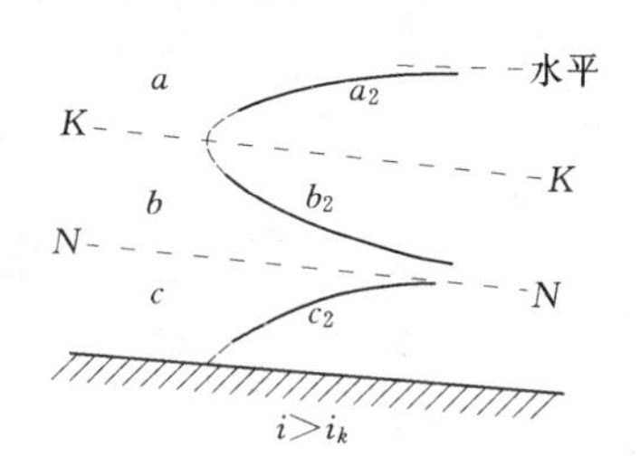

图 17.2 $i>i_k$ 水面曲线形式

在 a 区，水深大于临界水深和正常水深，$K_0/K<1.0$，$Fr<1.0$，所以 $dh/ds>0$，称为 a_2 型壅水曲线。在曲线的上游，$h\to h_k$，$dh/ds\to\infty$，所以水面曲线的上游端与 $K—K$ 线有正交的趋势，此处将与水跃连接；在曲线的下游，$h\to\infty$，水面线以水平线为渐近线。

在 b 区，水深大于正常水深 h_0，小于临界水深 h_k，$K_0/K<1.0$，$Fr>1.0$，所以 $dh/ds<0$，称为 b_2 型降水曲线。在曲线的上游，$h\to h_k$，$dh/ds\to -\infty$，所以水面曲线的上游端与 $K—K$ 线有正交的趋势，此处将发生水跃现象；在曲线的下游，$h\to h_0$，水面线以 $N—N$ 线为渐近线。

在 c 区，水深小于临界水深 h_k 和正常水深 h_0，$K_0/K>1.0$，$Fr>1.0$，所以 $dh/ds>0$，称为 c_2 型壅水曲线。在曲线的上游，水深 h 的最小值随具体条件而定，在曲线的下游，$h\to h_0$，$dh/ds\to 0$，所以水面曲线的下游端以 $N—N$ 线为渐近线。

3. 临界底坡渠道，$i=i_k$

临界底坡渠道的正常水深 h_0 等于临界水深 h_k，$N—N$ 线与 $K—K$ 线重合，流动分为两个区域，即 a 区和 c 区，见图 17.3。

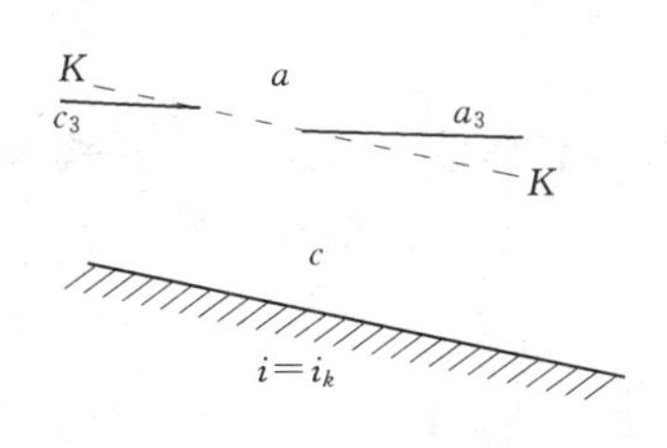

图 17.3 $i=i_k$ 水面曲线形式

在 a 区，水深大于正常水深 h_0 和临界水深 h_k，$K_0/K<1.0$，$Fr<1.0$，所以 $dh/ds>0$，称为 a_3 型壅水曲线。在曲线的下游端，$h\to\infty$，$K_0/K\to 0$，$Fr\to 0$，$dh/ds\to i$，水面线将以水平线为渐近线。

在 c 区，水深小于正常水深 h_0 和临界水深 h_k，$K_0/K>1.0$，$Fr>1.0$，所以 $dh/ds>0$，称为 c_3 型壅水曲线。在曲线的上游端，水深起始于某一已知控制断面水深（如收缩断面 h_c）。

现在对 a_3 型壅水曲线的上游端和 c_3 型壅水面曲线的下游端的水面线形式讨论如下。当水深 $h\to h_0=h_k$ 时，这时 $K_0/K\to 1.0$，$Fr\to 1$，式（17.1）中的分子和分母均趋于零，即 $dh/ds\to 0/0$，它是个不定值，因此，将式（17.1）中的弗劳德数写成

$$Fr^2=\frac{\alpha Q^2B}{gA^3}=\frac{\alpha K_0^2 iBC^2R}{gA^2C^2RA}=\frac{\alpha iC^2RB}{gA}\left(\frac{K_0}{K}\right)^2 \tag{17.5}$$

令

$$j=\frac{\alpha iC^2RB}{gA}=\frac{\alpha iC^2B}{g\chi} \tag{17.6}$$

式中：B 为水面宽度；C 为谢才系数；χ 为湿周；j 为考虑动能沿水深变化的一个无量纲数，称为动能变化系数。在粗糙系数 n 及断面形式和尺寸给定之后，它的大小决定于底坡和水深，如底坡等于临界底坡，水深趋近于临界水深时，$j=1.0$。在一般情况下，谢才系数与 B/χ 的值变化不大，且两者一增一减，有减弱 j 的变化趋势，由于这一原因，可以认为 j 在一定的水深区域内是不变的，可视为常数。因此，将式（17.5）和式（17.6）代入式（17.1）并对微分方程取极限得

$$\lim_{h\to h_0=h_k}\left(\frac{dh}{ds}\right)=\frac{i\lim\frac{d}{ds}(1-K_0^2/K^2)}{\lim\frac{d}{ds}(1-jK_0^2/K^2)}=\frac{i\lim\frac{d}{ds}(K_0^2/K^2)}{\lim\frac{d}{ds}(jK_0^2/K^2)}=\frac{i}{\lim j}=i \tag{17.7}$$

式（17.7）说明在临界坡降上的 a_3 型水面线和 c_3 型水面线在接近 N—N 线或 K—K 线时都近乎水平。

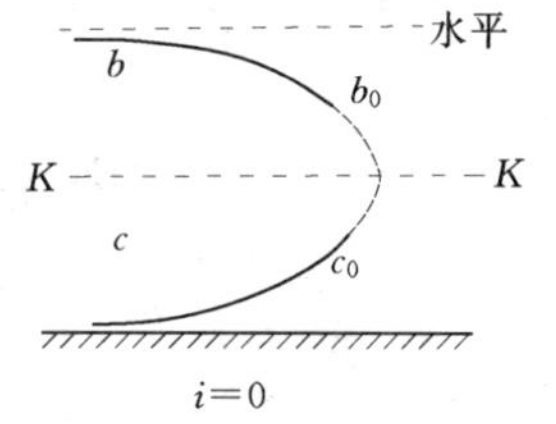

图 17.4　$i=0$ 水面曲线形式

17.3.2　平坡渠道（$i=0$）

由于平坡渠道 $i=0$，所以没有均匀流，因之不存在正常水深线 N—N，而只有临界水深线 K—K，水面曲线的变化区域只有 b 区和 c 区，如图 17.4 所示。水面曲线的分析为式（17.2）。

在 b 区，水深 h 大于临界水深 h_k，$Fr<1.0$，$dh/ds<0$，称为 b_0 型降水曲线。在曲线的上游，$h\to\infty$，$K\to\infty$，$Fr\to 0$，$dh/ds\to 0$，水面线以水平线为渐近线；在曲线的下游，$h\to h_k$，$Fr\to 1$，$dh/ds\to -\infty$，水面线与 K—K 线有正交的趋势，将出现水跃现象。

在 c 区，水深 h 小于临界水深 h_k，$Fr>1.0$，$dh/ds>0$，称为 c_0 型壅水曲线。在曲线的上游，水深起始于某一断面控制水深，在曲线的下游，$h\to h_k$，$Fr\to 1$，$dh/ds\to\infty$，水面曲线与 K—K 线有正交的趋势，将出现水跃现象。

17.3.3　逆坡渠道（$i<0$）

逆坡渠道与平坡渠道一样，不可能发生均匀流，因此，没有正常水深线。但临界水深线仍然是一个重要参数。这样，在逆坡渠道中，同样也只有 b 区和 c 区而不存在 a 区。水面线分析用式（17.3）。水面曲线形式见图 17.5。

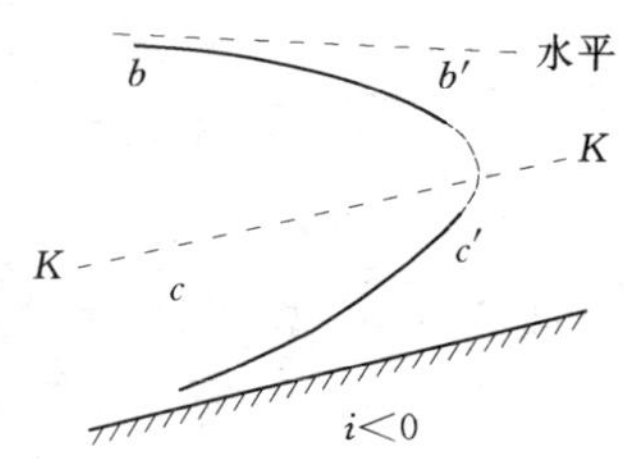

图 17.5　$i<0$ 水面曲线形式

在 b 区，水深 h 大于临界水深 h_k，$Fr<1.0$，所以 $dh/ds<0$，为降水曲线，称为 b' 型降水曲线。在曲线的上游，$h\to\infty$，$K\to\infty$，$Fr\to 0$，水深以水平线为渐近线；在曲线的下游，$h\to h_k$，$Fr\to 1$，$dh/ds\to -\infty$，水面曲线与 $K-K$ 线有正交的趋势，将出现水跃现象。

在 c 区，水深 h 小于临界水深 h_k，$Fr>1.0$，$dh/ds>0$，称为 c' 型壅水曲线。在曲线的上游，水深起始于某一断面控

制水深；在曲线的下游，$h \to h_k$，$Fr \to 1$，$dh/ds \to \infty$，水面曲线与 K—K 线有正交的趋势，将出现水跃现象。

17.3.4 明渠水面曲线分析一览表

上面对不同渠道底坡的水面曲线进行了分析，现将分析结果列入表 17.1，以供参考。

表 17.1 水面线分析一览表

底坡		区域	水面曲线名称	水深范围	dh/ds		
					一般	向上游	向下游
正坡	缓坡（$i<i_k$）	a	a_1	$h>h_0>h_k$	>0	$\to 0$	$\to i$
		b	b_1	$h_0>h>h_k$	<0	$\to 0$	$\to -\infty$
		c	c_1	$h_0>h_k>h$	>0		$\to \infty$
	陡坡（$i>i_k$）	a	a_2	$h>h_k>h0$	>0	$\to \infty$	$\to i$
		b	b_2	$h_k>h>h_0$	<0	$\to -\infty$	$\to 0$
		c	c_2	$h_k>h_0>h$	>0		$\to 0$
	临界坡（$i=i_k$）	a	a_3	$h>h_k$	>0		
		c	c_3	$h<h_k$	>0		
平坡	$i=0$	b	b_0	$h>h_k$	<0	$\to 0$	$\to -\infty$
		c	c_0	$h<h_k$	>0		$\to \infty$
负坡	$i<0$	b	b'	$h>h_k$	<0	$\to i$	$\to -\infty$
		c	c'	$h<h_k$	>0		$\to \infty$

17.4 实验设备和仪器

实验设备有两种形式，一种为双变坡水槽，另一种为单变坡水槽，均为自循环水面线演示系统，双变坡水槽如图 17.6 所示，单变坡水槽如图 17.7 所示。

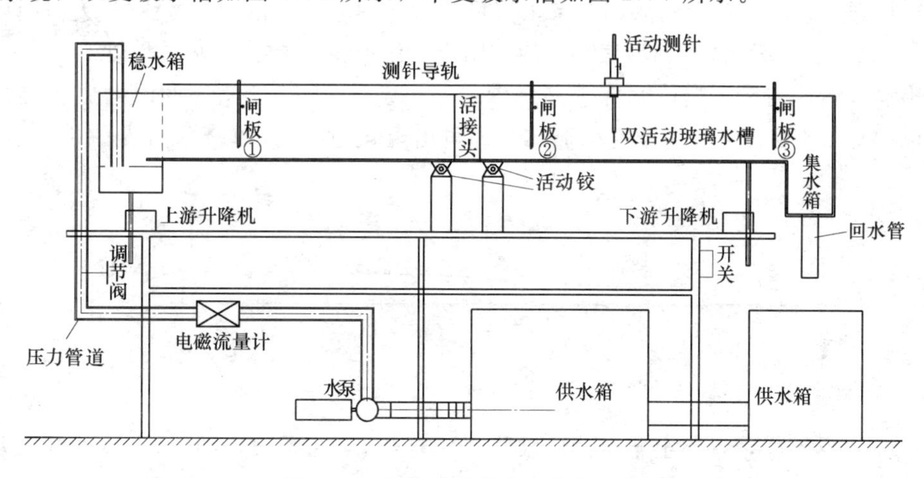

图 17.6 双变坡水槽水面曲线演示仪

由图 17.6 可以看出，双变坡水槽由供水箱、水泵、开关、压力管道、调节阀、稳水箱、双活动玻璃水槽、活接头、活动铰、闸板①、闸板②、闸板③、测针导轨、活动测针、上游升降机、下游升降机、集水箱和回水管组成。实验仪器由电磁流量计和钢尺组成。

由图 17.7 可以看出，单变坡槽由实验台、供水箱、水泵、开关、压力管道、上水阀门、转动轴、稳水箱、消能罩、单变坡水槽、闸板 1、闸板 2、尾门、拉杆、退水管和升降机组成。实验仪器由钢尺、电磁流量计组成。

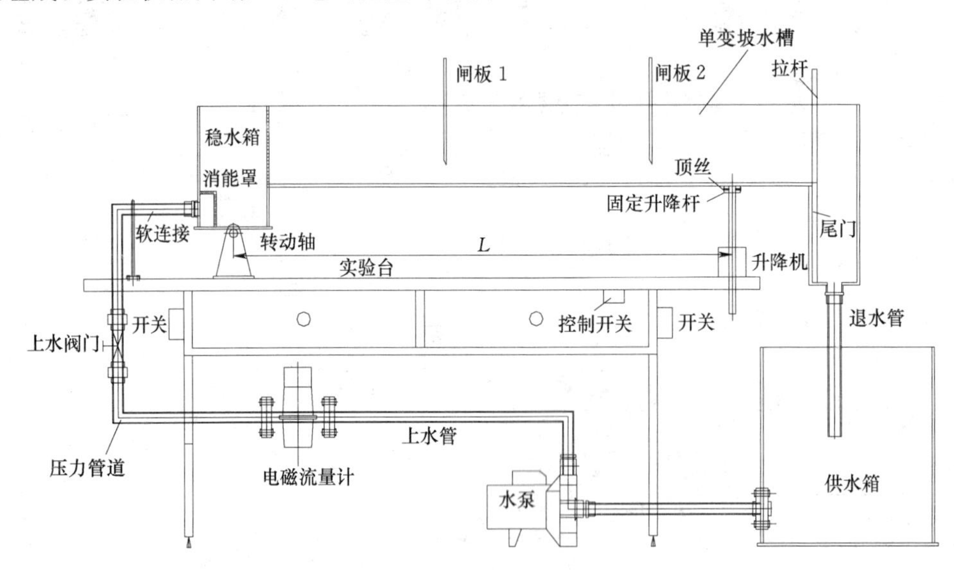

图 17.7 单变坡水槽水面曲线演示仪

17.5 双变坡水槽水面线实验的方法和步骤

(1) 测量活动玻璃水槽的宽度。

(2) 打开水泵，开启上水阀门，待水流稳定后，用电磁流量计测量流量 Q。计算临界水深 h_k。由式 (17.4) 计算临界底坡 i_k。调整上下游升降机构，使水槽坡度 $i=i_k$ 为临界坡，并用水位测针测量水槽内水深，其水深应与临界水深 h_k 接近，此时槽中为临界流。放下闸板① (图 17.8)，使其开度小于 h_k，即可出现 a_3 型和 c_3 型壅水曲线。

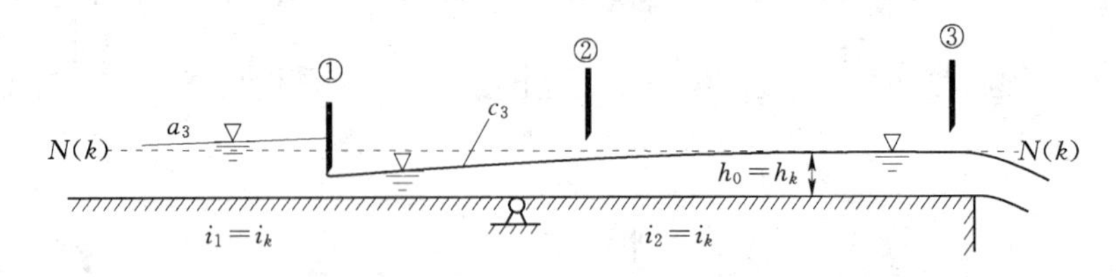

图 17.8 a_3 型和 c_3 型壅水曲线

(3) 流量 Q 不变，调整上下游槽底坡降，使 $i_1<i_k$ (为缓坡) 和 $i_2>i_k$ (为陡坡)。所有闸板打开，此时在水槽上游下部出现 b_1 型降水曲线，在下游段的上部出现 b_2 型的降水曲线，b_1、b_2 型降水曲线的水面通过 h_k 相衔接。b_1 型降水曲线的上游趋向于明渠上游正

常水深 h_{01}，b_2 型的降水曲线的下游趋向于下游段正常水深 h_{02}，见图 17.9。

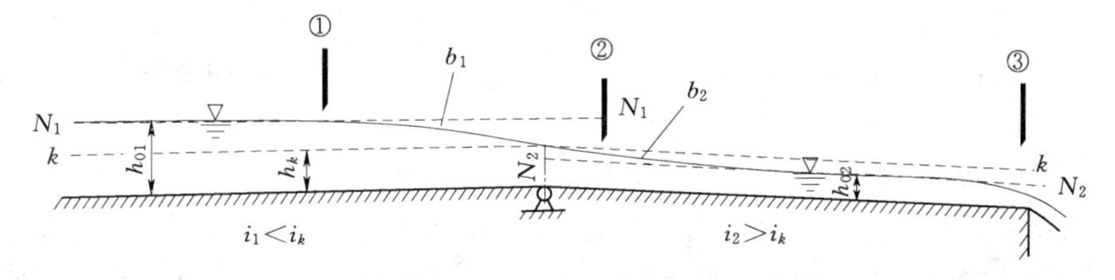

图 17.9　b_1 型、b_2 型降水曲线

（4）在同样底坡 i_1 和 i_2 情况下，放下闸板①②③，使其相应的闸板开度分别小于 h_{01} 和 h_{02}，此时在上游水渠中可以出现 a_1 型和 c_1 型壅水曲线；在下游水渠中出现 a_2 型和 c_2 型壅水曲线，见图 17.10。

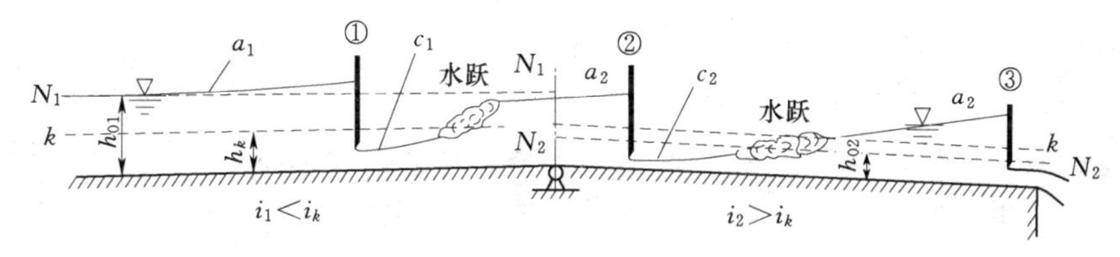

图 17.10　a_1 型、a_2 型、c_1 型、c_2 型壅水曲线

（5）调整水渠底坡，使 $i_1=0$ 和 $i_2<0$，将所有闸板打开，此时便可出现 b_0 型和 b' 型降水曲线，见图 17.11。

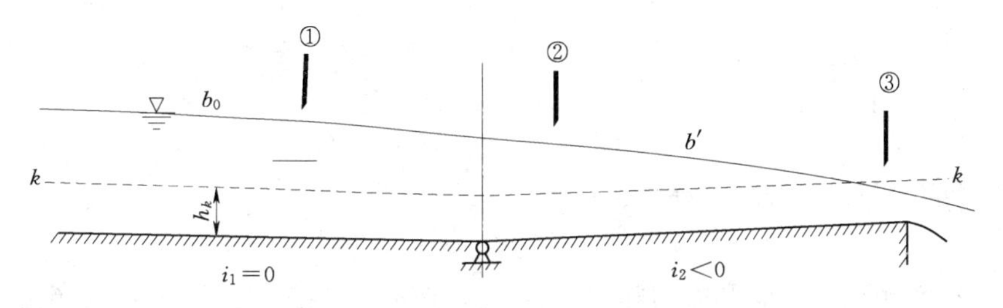

图 17.11　b_0 型和 b' 型降水曲线

（6）在上述同样底坡情况下，放下闸板①和②，使其开度都小于 h_k，此时便可出现 c_0 型和 c' 型壅水曲线，如图 17.12 所示。

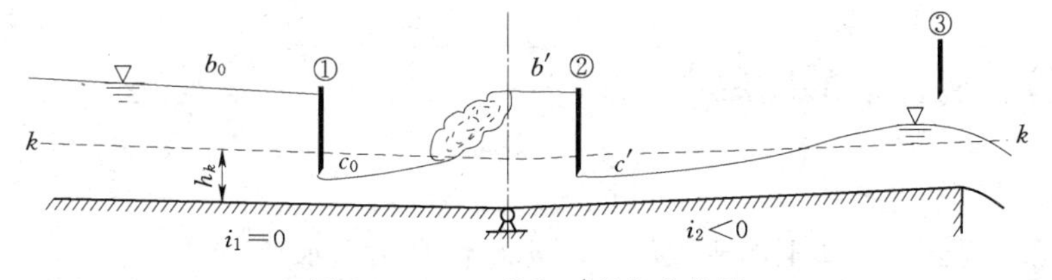

图 17.12　c_0 型和 c' 型壅水曲线

17.6　单变坡水槽水面线实验的方法和步骤

（1）测量单变坡活动水槽的宽 b。

（2）已知转动轴距升降机轴心之间的距离为 L，当水槽水平时，水槽外底部距升降机顶部的距离为 z。

（3）打开水泵，打开上水阀门，待水流稳定后，用电磁流量计测量流量 Q。

（4）计算临界水深 h_k，$h_k=(q^2/g)^{1/3}$，$q=Q/b$。

（5）由式（17.4）计算临界底坡 i_k，则升降机下降的高度为 $z_{临}=Li_k$。调整下游升降机，这时升降机顶部距水槽外底部的距离为 $z-z_{临}$，水槽坡度 $i=i_k$ 为临界坡。

（6）观测水槽中临界流（均匀流）时的水面线。然后将闸板 2 放下，观察闸前和闸后水面曲线，闸前将发生 a_3 型壅水曲线，闸后将发生 c_3 型壅水曲线。

（7）调整升降机，使水槽底坡 $i>i_k$ 为陡坡（底坡尽量的陡一些），将闸板 2 放下，这时闸前将出现水跃，并出现 a_2 型壅水曲线，闸板后将出现 c_2 型壅水曲线，远离闸板下游的水深将趋近于明渠正常水深。

（8）调整升降机，使水槽底坡 $i<i_k$ 为缓坡（坡度尽量的缓一些），放下闸板 1 和闸板 2，使闸板 1 底缘高于临界水深，闸板 2 的底缘低于临界水深，这时闸板 1 前将出现 a_1 型壅水曲线，闸板 2 后将出现 c_1 型壅水曲线，远离闸板 2 下游的水面线趋近于正常水深线，在水槽末端，将出口尾门完全打开，将出现 b_1 型降水曲线。

（9）调整升降机，使水槽底坡 $i=0$ 为平坡，放下闸板 1 或闸板 2，使闸板底缘低于临界水深，这时在闸板下游将出现 c_0 型壅水曲线，在下游渠道将发生 b_0 型降水曲线。

（10）调整升降机，使水槽底坡 $i<0$ 为逆坡，放下闸板 1 或闸板 2，使闸板底缘低于临界水深，这时在闸板下游将出现 c'型壅水曲线，在下游渠道将发生 b'型降水曲线。

（11）实验结束将仪器恢复原状。

17.7　数据处理和成果分析

（1）根据实测流量计算渠道的临界水深 h_k，在流量不变的情况下，按照上述实验方法和步骤演示 12 种水面曲线。

（2）用测针测量各种不同工况下不同地方的水深，画出各种水面曲线及衔接情况，判别水面曲线的类型。

17.8　实验中应注意的问题

（1）实验时流量选择要合适，不可过大，也不可过小。

（2）实验时要防止水槽上的闸板滑落堵水，使水溢出水槽。

思　考　题

（1）分析水面曲线的原则是什么？在 $i=0$ 和 $i<0$ 的底坡情况下，有没有正常水深线？

（2）在 $i>0$ 的正坡渠道中，与临界底坡相比较，分几种水面曲线形式，水面线是怎样分区的？

（3）在 $i=0$、$i<0$ 和 $i>0$ 的底坡情况下，共有几种水面曲线形式？结合工程实际说明其应用。

第18章 明槽水跃实验

18.1 实验目的和要求

(1) 观察水跃现象，了解水跃区水流结构的基本特征、水跃类型及其形成水跃的条件。

(2) 了解水跃消能的物理过程。

(3) 掌握测量水跃参数的方法。

(4) 绘制水跃共轭水深比同跃前断面弗劳德数的关系，计算水跃的消能率。

18.2 实验原理

18.2.1 水跃现象

当明渠中的水流由急流状态过渡到缓流状态时，会产生一种水面突然跃起的局部水流现象，这就是水跃。可见，水跃是水流从急流过渡到缓流时的一种水面衔接形式。在水跃范围内，水深及流速都在发生急剧的变化，所以水跃是一种明渠非均匀急变流。

水跃发生后，在水跃的上部有一个做剧烈旋转运动的表面旋滚区，在该区水流翻腾滚动，掺入大量的空气；旋滚之下是急剧扩散的主流。旋滚开始的断面称为跃前断面，旋滚下游回流末端的断面称为跃后断面，两断面之间称为水跃区，如图18.1所示。

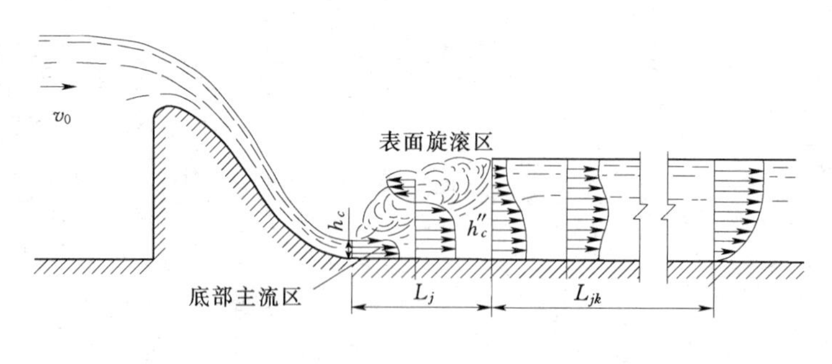

图18.1 水跃现象

在水跃区，水流运动要素急剧变化。水深沿程不断增加，水流质点及涡团剧烈的紊动，水流发生强烈的回旋运动及掺混作用，旋滚与主流之间不断产生动量交换，使得水流内部摩擦加剧，因而消除了大量的机械能。因此，工程中常用水跃来消除泄水建筑物下游高速水流中的巨大动能。

18.2.2 水跃的分类

按其水跃跃首所处的位置，可以将水跃分为临界水跃、远驱水跃和淹没水跃。其分类标准以坝址处收缩断面水深 h_c 的共轭水深 h''_c（即跃后水深）与下游水深 h_t 比较，当 $h''_c=h_t$ 时为临界水跃；$h''_c>h_t$ 为远驱水跃；$h''_c<h_t$ 为淹没水跃。

按其跃前断面弗劳德数 Fr 可以将水跃分为：当 $1<Fr<1.7$ 为波状水跃。这种水跃的水流表面呈现逐渐衰减的波形。当 $1.7<Fr<2.5$ 为弱水跃。水跃表面形成一连串小的表面旋滚，但跃后水面较平静。当 $2.5<Fr<4.5$ 为不稳定水跃。这时底部主流间歇地向上窜升，旋滚随时间摆动不定，跃后水面波动较大。当 $4.5<Fr<9.0$ 为稳定水跃。水跃形态完整，稳定，跃后水面也较平稳。当 $Fr>9.0$ 为强水跃。高速水流挟带间歇发生的漩涡不断滚向下游，产生较大的水面波动。

在工程实用上，最好选用稳定水跃，此时跃后水面比较平稳。不稳定水跃消能率低，且跃后水面波动大并向下游传播。强水跃虽然消能率可进一步提高，但此时跃后水面的波动很大并一直传播到下游。至于弱水跃和波状水跃，消能率就更低了。

一般把 $Fr<4.5$ 的水跃称为低弗劳德数消能。由于消能率低，所以低弗劳德数消能是工程上的难题。近几十年来，为了解决低弗劳德数的消能问题，水利工作者做了很多研究，宽尾墩、掺气分流墩、窄缝挑坎、高低坎、台阶式溢洪道、旋流消能等都是为解决低弗劳德数消能而提出的新型消能形式。

18.2.3 水跃方程

棱柱体明渠的水跃方程为

$$\frac{Q^2}{gA_1}+A_1h_{c1}=\frac{Q^2}{gA_2}+A_2h_{c2} \tag{18.1}$$

式中：Q 为流量；A_1、A_2 分别为跃前、跃后的过水断面面积；h_{c1}、h_{c2} 分别为跃前和跃后断面形心到水面的距离。

对于矩形断面，$A_1=bh_c$，$A_2=bh''_c$，$h_{c1}=0.5h_c$，$h_{c2}=0.5h''_c$，代入式（18.1）得

$$h_ch''_c(h_c+h''_c)=\frac{2q^2}{g} \tag{18.2}$$

式中：h_c 为跃前水深；h''_c为跃后水深；$q=Q/b$ 为单宽流量；b 为消力池宽度。解式（18.2）得

$$h''_c=\frac{h_c}{2}\left(\sqrt{1+8\frac{q^2}{gh_c^3}}-1\right) \tag{18.3}$$

由于 $q=v_ch_c$，v_c 为收缩断面的流速，代入式（18.3）得

$$h''_c=\frac{h_c}{2}\left(\sqrt{1+8\frac{v_c^2}{gh_c}}-1\right)=\frac{h_c}{2}(\sqrt{1+8Fr^2}-1) \tag{18.4}$$

式中：Fr 为跃前断面的弗劳德数，即 $Fr^2=v_c^2/(gh_c)$。由式（18.4）可以求出跃后、跃前断面的共轭水深比为

$$\eta=\frac{h''_c}{h_c}=\frac{1}{2}(\sqrt{1+8Fr^2}-1) \tag{18.5}$$

由式（18.5）可以看出，共轭水深比 η 是弗劳德数 Fr 的函数，Fr 越大，即水流越急，所需要的 η 值越大。

18.2.4　水跃的消能率

由于水跃主流区的水流沿纵向急剧扩散，时均流速与时均压强分布也发生急剧变化，在水跃表面旋滚与主流的交界面附近漩涡强烈，从而导致该处水流的激烈紊动、混掺，加剧了水跃区内水流质点的摩擦和碰撞，使得紊流的附加切应力远较一般渐变流的大，因而损失了大量的机械能。

水跃的水头损失可以分为水跃段水头损失和跃后段的水头损失，如图18.1所示。文献［12］给出了水跃段和跃后段的水头损失计算公式为

$$\Delta E=E_j+E_{jk}=\left(h_c+\frac{v_c^2}{2g}\right)-\left(h_c''+\frac{v_2^2}{2g}\right) \tag{18.6}$$

式中：E_j 为水跃段的消能量；E_{jk} 为跃后段的消能量；v_2 为跃后断面的平均流速。

因为 $v_c=q/h_c$，$v_2=q/h_c''$，将式（18.2）代入式（18.6）得

$$\Delta E=\frac{(h_c''-h_c)^3}{4h_ch_c''} \tag{18.7}$$

式中：$h_c''-h_c$ 称为跃高。将式（18.4）代入式（18.7）得

$$\Delta E=\frac{h_c(\sqrt{1+8Fr^2}-3)^3}{16(\sqrt{1+8Fr^2}-1)} \tag{18.8}$$

跃前断面的比能可表示为

$$E_1=h_c+\frac{v_c^2}{2g}=h_c+\frac{h_c}{2}Fr^2 \tag{18.9}$$

由此得消能率为

$$K_j=\frac{\Delta E}{E_1}=\frac{(\sqrt{1+8Fr^2}-3)^3}{8(\sqrt{1+8Fr^2}-1)(2+Fr^2)} \tag{18.10}$$

由式（18.10）可以看出，消能率 K_j 仍是 Fr 的函数，Fr 越大，水跃的消能率越大。当 $1.7<Fr<2.5$ 时，$K_j\approx5\%\sim18\%$；当 $2.5<Fr<4.5$ 时，$K_j\approx18\%\sim45\%$；当 $4.5<Fr<9$ 时，$K_j\approx45\%\sim70\%$；当 $Fr>9$ 时，$K_j>70\%$。至于波状水跃，消能率很差，小于5%。

18.2.5　水跃长度的计算

水跃长度目前尚无理论公式。对于矩形明渠，常用的经验公式有以跃前水深 h_c 和跃前断面弗劳德数 Fr 表示的，即

$$L_j=10.55h_c(Fr-1)^{0.9416} \tag{18.11}$$

式（18.11）的适应条件为 $Fr=1.72\sim19.55$。

$$L_j=9.4h_c(\sqrt{Fr}-1) \tag{18.12}$$

有以跃高表示的，即

$$L_j=C(h_c''-h_c) \tag{18.13}$$

式中：C 为一经验系数，斯密顿取 $C=6.0$，欧勒佛托斯基取 $C=6.9$，吴持恭曾根据实验资料，求得 $Fr=2.15\sim7.45$ 时，$C=10/Fr^{0.32}$。

还有以跃后水深表示的，即

$$L_j = 6.1h_c'' \tag{18.14}$$

18.3　实验设备和仪器

实验设备和仪器如图18.2所示。实验设备为自循环实验水槽，包括供水箱、水泵、开关、压力管道、上水阀门、消能罩、稳水道1、稳水道2、实验水槽、实用堰、下游水位调节闸门、稳水栅、回水系统。实验仪器为水位测针、钢板尺、量水堰或电磁流量计和带颜色毛线的立杆。

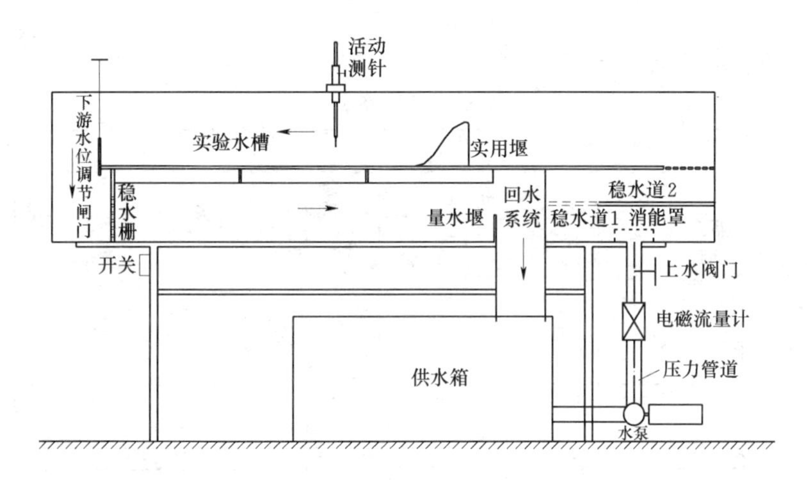

图18.2　明渠水跃实验系统

18.4　实验方法和步骤

(1) 记录有关参数，如实验水槽宽度B、量水堰宽度b和堰高P、量水堰的堰顶测针读数和流量计算公式；用水位测针测量实验水槽槽底的测针读数，记录在相应的表格中。如果用电磁流量计测量流量，打开电磁流量计电源，将仪器预热15min。

(2) 打开水泵电源开关，并逐渐打开上水阀门，使流量达到最大。

(3) 待水流稳定后，调节水槽尾部的下游水位调节闸门，观察3种不同的水跃形式，即远驱水跃、临界水跃和淹没水跃。

(4) 调节下游水位调节闸门，使水跃的跃首位于溢流坝址处，即水跃为临界水跃状态。用带颜色的毛线立杆在跃尾附近前后移动，当立杆上的毛线全部指向下游时即为跃尾断面（判断方法之一）。用水位测针测量跃前断面和跃后断面的水面测针读数，用水面测针读数减去实验水槽的槽底测针读数即得跃前断面水深h_c和跃后断面水深h_c''，用钢板尺测量水跃长度L_j。

(5) 用量水堰或电磁流量计测量流量。

(6) 调节上水阀门改变流量，重复第(4)步和第(5)步的测量步骤N次。

(7) 实验结束后将仪器恢复原状。

18.5 数据处理和成果分析

实验设备名称： 仪器编号：

同组学生姓名：

已知参数：实验水槽宽度 $B=$ cm；实验水槽底部测针读数 cm；

量水堰堰宽 $b=$ cm；堰高 $P=$ cm；堰顶测针读数 cm；

量水堰流量计算公式：

1. 实验数据及计算成果

实验数据及计算成果见表 18.1。

表 18.1 实验数据及计算成果

测次	实测水跃参数								水跃参数计算					
	跃前水面测针读数 /cm	跃前水深 h_c /cm	跃后水面测针读数 /cm	跃后水深 h''_c /cm	水跃长度 L_j /cm	流量 Q /(cm³/s)	η	单宽流量 q /(cm²/s)	Fr	h''_c /cm	$\eta_{计}$	$L_{计}$ /cm	$L_j/L_{计}$	K_j /%

实验日期： 学生签名： 指导教师签名：

2. 成果分析

(1) 用实测流量 Q 和跃前断面水深 h_c 计算跃前断面的弗劳德数 Fr。

(2) 用实测跃后水深和跃前水深，求共轭水深比 η，点绘 $\eta - Fr$ 的关系曲线。

(3) 用实测跃前水深 h_c 和 Fr，代入式 (18.4) 求计算的跃后水深 $h''_{c计}$，并计算 $\eta_{计}=h''_{c计}/h_c$，将 $\eta_{计}$ 与 Fr 一同点绘在 $\eta - Fr$ 关系图上，分析实验结果。

(4) 用实测的水跃长度与计算的水跃长度进行比较。

(5) 用式 (18.10) 计算水跃的消能率，点绘消能率 K_j 与弗劳德数 Fr 的关系，分析消能率的变化规律。

18.6 实验中应注意的问题

(1) 水跃跃首的控制与水深的测量是影响水跃参数计算是否正确的主要因素，所以测量时要细心调节和测量。实测水深时一般沿水槽的中心线位置测量数次取平均值。

（2）水跃现象是不稳定的，跃首位置摆动大，跃后水面波动大，测量时应同时判断跃前、跃后断面的位置，并迅速测量水跃长度和跃后水深。

（3）水跃长度的判别因对其判断的方法不一样，水跃长度会有所不同，所以在测量时，先要确定判断的方法，本文给出的方法仅供参考。

（4）每次测量时水流一定要稳定，即在调节上水阀门后需等待一定的时间，待水流稳定后方能测读数据。

思　考　题

（1）水跃按其位置和弗劳德数分为几种类型，产生的条件是什么？

（2）弗劳德数的物理意义是什么？在水跃实验中，弗劳德数对跃高 $a=(h_c''-h_c)$、跃长有何影响？为什么说 $Fr<1.0$ 不能发生水跃？

（3）通过实验和理论知识的学习，你能说明一下水跃的消能量代表了什么？消能率同 Fr 的变化规律及其大概数值？

第 19 章　量水堰和量水槽流量系数实验

19.1　量水堰流量系数实验

19.1.1　实验目的和要求

（1）观察堰流现象，了解量水堰在水利水电工程中的作用。

（2）了解堰的分类，分析影响堰流的因素。

（3）掌握堰流流量系数测量的方法。

（4）测量 WES 实用堰上的流量系数，并与 WES 实用堰的流量系数进行比较。

19.1.2　实验原理

1. 堰流现象

堰在水利水电工程中既是溢流建筑物又是挡水建筑物。堰的作用是抬高水位和宣泄流量。在水力学中，把顶部溢流的泄水建筑物称为堰。当水流从堰上溢流时，水面线是一条光滑的降水曲线，并在较短的距离内流线发生急剧的弯曲，离心惯性力对建筑物表面的压强分布及建筑物的过流能力均有一定的影响。其出流过程的能量损失主要是局部水头损失。与堰流过流能力有关的特征参数有：堰上水头，即堰上游渠道中未发生显著降落的液面到堰顶的高差；堰顶厚度；堰高、堰宽以及堰的剖面形状等。

2. 堰的分类

堰的分类按堰沿水流方向的厚度 δ 和上游水头 H 的比值分为薄壁堰、实用堰和宽顶堰，如图 19.1 所示。

当 $\delta/H<0.67$ 时，为薄壁堰；当 $0.67<\delta/H<2.5$ 时，为实用堰（曲线形、折线形）；当 $2.5<\delta/H<10$ 时，为宽顶堰；而当 $\delta/H>10$ 时则为明渠。

按下游水位对泄流量的影响，堰还分为自由出流和淹没出流。当下游水位不影响堰的过流能力时称为自由出流，反之称为淹没出流。

按有无侧收缩，堰又可以分为无侧收缩堰和有侧收缩堰。当溢流宽度与上游渠道的宽度相等时，称为无侧收缩的堰；当溢流宽度小于上游渠道宽度，或堰顶设有边墩及闸墩时，都会引起水流的侧向收缩，降低过流能力，这种堰称为有侧收缩的堰。

3. 堰流的基本公式

现以图 19.1（a）为例，来推导堰流的流量公式。以堰顶为基准面，列堰上游断面 0—0 和堰下游断面 1—1 的能量方程为

$$H+\frac{\alpha_0 v_0^2}{2g}=\left(\frac{p_1}{\gamma}\right)_m+\frac{\alpha_1 v_1^2}{2g}+\zeta\frac{v_1^2}{2g} \tag{19.1}$$

令 $H_0=H+\frac{\alpha_0 v_0^2}{2g}$，$\varphi=\frac{1}{\sqrt{\alpha_1+\zeta}}$，$\left(\frac{p_1}{\gamma}\right)_m=\xi H_0$，代入式（19.1）得

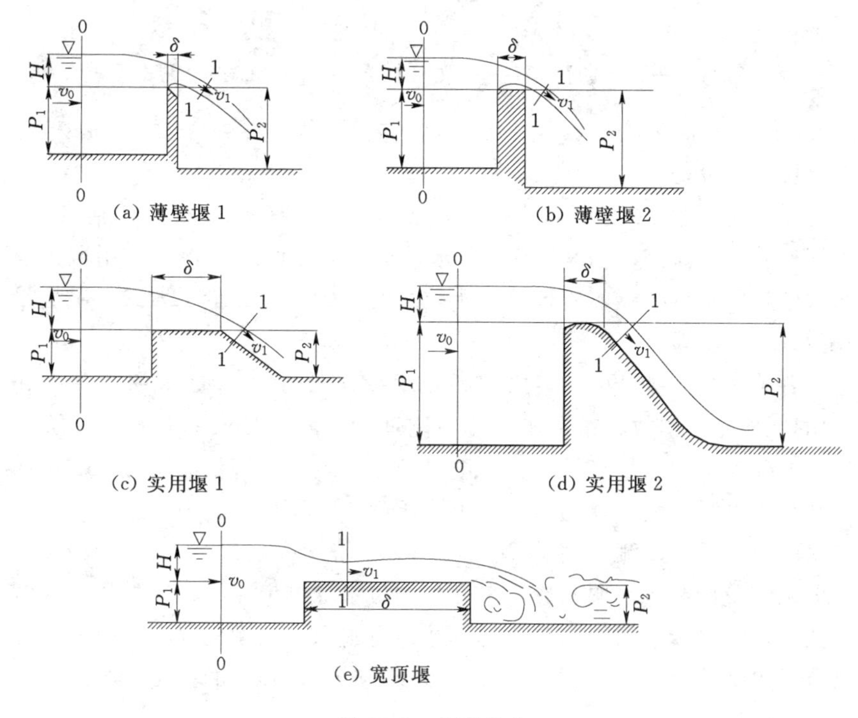

图 19.1 堰的分类

$$v_1=\varphi\sqrt{2g(1-\xi)H_0} \tag{19.2}$$

式中：H 为堰顶以上水深；v_0 为堰前行近流速；$(p_1/\gamma)_m$ 为断面 1—1 的平均压强水头；v_1 为断面 1—1 的平均流速；ζ 为局部阻力系数；设断面 1—1 的水流厚度为 kH_0，对于矩形断面，流量 Q 为

$$Q=kH_0B\varphi\sqrt{1-\xi}\sqrt{2gH_0} \tag{19.3}$$

式中：k 为水股收缩系数；φ 为流速系数；B 为堰宽；ξ 为压强分布系数，即堰上平均压强与堰上水头的比值。令 $m=k\varphi\sqrt{1-\xi}$，则式（19.3）变为

$$Q=mB\sqrt{2g}H_0^{3/2} \tag{19.4}$$

式（19.4）即为堰流流量的一般计算公式。

式中：m 为流量系数；H_0 为堰上总水头。当考虑到下游水位的淹没作用和侧收缩的影响，可以在式（19.4）中乘以淹没系数 σ 和侧收缩系数 ε，则流量计算公式为

$$Q=\sigma\varepsilon mB\sqrt{2g}H_0^{3/2} \tag{19.5}$$

由上面的推导可以看出，影响堰流流量系数的主要因素是 $m=f(\varphi,k,\xi)$，其中 φ 主要反映了局部水头损失的影响；k 反映了堰顶水流垂直收缩的程度；ξ 则为堰顶断面平均测压管水头与堰顶全水头之比的比例系数。显然这些影响因素还与堰上水深 H、堰的边界条件（例如堰高 P 以及堰的形状）有关。所以不同类型、不同高度的堰，其流量系数各不相同。流量系数除堰底比较长的圆头宽顶堰可以通过边界层理论计算水位流量关系外，其余堰流的流量系数 m 一般需通过实验来确定。

对于 WES 实用堰，当 $P/H>1.33$ 时为高堰，水工建筑物测流规范给出了流量系数

的计算式为

$$m=0.385+0.149H/H_d-0.040(H/H_d)^2+0.004(H/H_d)^3 \quad (19.6)$$

式中：H_d 为堰上设计水头。

19.1.3　实验仪器和设备

实验设备和仪器如图 19.2 所示。实验设备为自循环实验水槽，包括供水箱、水泵、开关、压力管道、上水阀门、稳水道 1、稳水道 2、实验水槽、WES 实用堰、下游水位调节闸门、稳水栅和回水系统。实验仪器为水位测针、钢板尺、量水堰或电磁流量计。

19.1.4　实验方法和步骤

（1）记录有关参数，如 WES 实用堰的宽度 B、堰高 P_1、量水堰宽度 b 和堰高 P_2、WES 实用堰的堰顶测针读数、量水堰的堰顶测针读数和流量计算公式，记录在相应的表格中。如果用电磁流量计测量流量，打开电磁流量计电源，将仪器预热 15min。

（2）打开水泵电源开关，并逐渐打开上水阀门，使流量达到最大。

（3）待水流稳定后，用测针测量 WES 实用堰上的水深。

（4）用电磁流量计或量水堰测量流量。如用量水堰测量流量，只需用测针测出堰上水面的测针读数，再减去量水堰的堰顶测针读数即得水深，然后代入有关公式计算流量。

（5）调节上水阀门改变流量，重复第（3）步和第（4）步的测量步骤 N 次。

（6）实验结束后将仪器恢复原状。

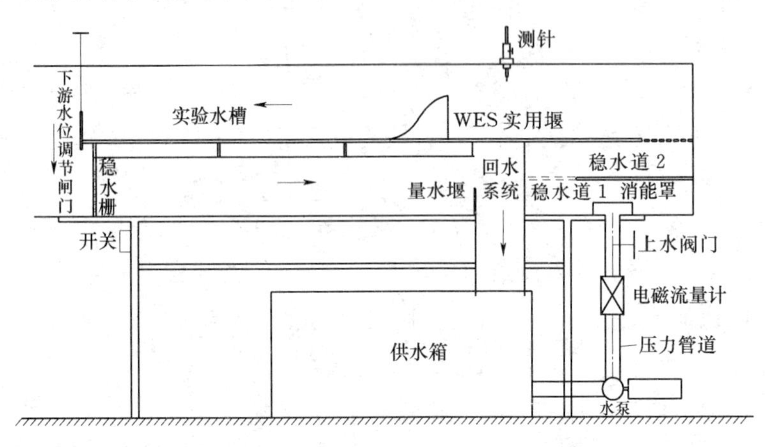

图 19.2　堰流实验系统

19.1.5　数据处理和成果分析

实验设备名称：　　　　　　　　　　　　　　仪器编号：

同组学生姓名：

已知数据：WES 实用堰堰宽 B=　　cm；堰高 P_1=　　cm；堰顶测针读数　　cm；

量水堰的堰宽　b=　　cm；堰高 P_2=　　cm；堰顶测针读数　　cm；

量水堰流量计算公式：

1. 实验数据及计算成果

实验数据及计算成果见表 19.1。

表 19.1　　　　实验数据及计算成果

测次	WES 实用堰测量参数		量水堰测量参数		实测流量 Q /(cm^3/s)	WES 实用堰流量系数计算				
	水面测针读数 /cm	堰上水深 H /cm	水面测针读数 /cm	堰上水深 h /cm		v_0 /(cm/s)	$v_0^2/2g$ /cm	H_0 /cm	$B\sqrt{2g}H_0^{3/2}$ /(cm^3/s)	m

实验日期：　　　　　　学生签名：　　　　　　指导教师签名：

2. 成果分析

(1) 用实测流量 Q、WES 实用堰的堰上水深 H、堰高 P_1 和堰宽 B 计算堰前行近流速 $v_0=Q/[B(H+P_1)]$。

(2) 计算堰前总水头 $H_0=H+v_0^2/(2g)$。

(3) 将 Q、B、H_0 代入式 (19.4) 反求流量系数 m。

(4) 点绘流量系数与堰上水头的关系，并将实测的流量系数与式 (19.6) 计算的流量系数比较，分析流量系数的变化规律。

19.1.6　实验中应注意的问题

(1) 每次测量时水流一定要稳定，即在调节上水阀门后需等待一定的时间，待水流稳定后方能测读数据。

(2) 测量时要保证溢流堰为自由出流，所以实验水槽下游水位调节闸门要全部打开。

(3) 堰顶水深不可太小，否则流量系数的规律可能不一样。

19.2　量水槽流量系数实验

19.2.1　实验目的和要求

(1) 观察量水槽的水流现象，了解量水槽在水利水电工程中的作用。

(2) 了解量水槽的分类。

(3) 掌握量水槽流量测量的方法。

(4) 测量长喉道量水槽的流量系数，并与理论公式进行比较。

19.2.2　量水槽的分类与作用

量水槽又称为测流槽，主要用于明渠测量流量。常用的量水槽分为两种，一种是长喉道量水槽，另一种是短喉道量水槽。长喉道量水槽又叫临界水深槽，只要知道量水槽的体型参数，就可以根据边界层理论计算出水位流量关系。常见的长喉道量水槽的断面形式有矩形、梯形、三角形、U 形、抛物线形以及各种复合断面形式。短喉道量水槽常用的有巴歇尔量水槽、矩形无喉段量水槽。短喉道量水槽由于过槽水流流线弯曲较大，已不能用理论方法计算水位流量关系，水位流量关系只能靠试验率定，且不能把率定结果按比尺放大或缩小。例如巴歇尔量水槽有 22 种规格，每种规格配套一种渠道尺寸，所以有 22 个计算公式。

量水槽与量水堰的区别是：凡以束窄渠道宽度的方式为主束缩过水断面的量水建筑物称为量水槽，凡以抬高渠道底部方式为主束缩过水断面的量水建筑物称为量水堰。但是量水槽底部可以拱起，量水堰也允许有侧向收缩。

量水槽流量计算的基本公式仍然是堰流公式（19.5）。对于没有侧收缩、自由出流的量水槽，仍用式（19.4）计算流量。在用堰流公式计算流量时，式中的 B 为量水槽的喉道宽度，H_0 为量水槽槽底以上的总水头。

量水槽的流量系数仍须通过试验率定，这对于短喉道量水槽是必需的，但对于长喉道量水槽，国际标准推荐用边界层理论计算通过量水槽的流量。所以本节主要介绍长喉道量水槽流量的边界层理论计算方法。

19.2.3　用边界层理论计算长喉道量水槽流量的方法

对于长喉道量水槽，可以根据边界层理论计算量水槽的水位流量关系。边界层理论认为，在实际液流中，固体边界上的液体必然黏附在固体边界上，即在固体边界上的流速等于零。在固体边界的外法线方向上，液流的流速从零迅速增大，这样，在边界附近的流区存在着相当大的流速梯度，在这个流区中黏滞性的作用不能忽视，边界附近的这个流区就称为边界层。

现以图 19.3 所示的最简单的底部有拱起的流线形宽顶堰为例推导用边界层位移厚度表示的流量公式。当水流流过堰顶时，由于黏滞性的作用，在堰顶边界附近形成边界层。根据边界层理论，若堰上水流以势流计算，则运动流体的有效边界可考虑将流体边界从固体边界向水流内部位移一个距离 δ_1，δ_1 即为边界层的位移厚度。水流的过水断面面积即由水面和上述有效边界所组成，可以认为在这个面积内水流流速是均匀分布的。过水断面的流量即为上述有效断面面积与势流流速的乘积。

以堰顶为基准面，由伯努利方程可以求出边界层以外的势流流速为

$$U=\sqrt{2g(H_0-h)} \tag{19.7}$$

式中：H_0 为堰顶以上总水头；h 为堰顶水深；U 为边界层以外的势流流速。

边界层的位移厚度 δ_1 与量水堰（槽）的长度有关，根据国际标准，在实验室率定流量时，可取

$$\delta_1=0.003L \tag{19.8}$$

式中：L 为量水堰（槽）的长度。

用边界层位移厚度表示的流量公式为

$$Q=U(A-\chi\delta_1) \tag{19.9}$$

式中：A 为过水断面面积；χ 为湿周；$A-\chi\delta_1$ 为有效过水断面面积。将式（19.7）代入式

(19.9) 得

$$Q=\sqrt{2g(H_0-h)}(A-\chi\delta_1) \tag{19.10}$$

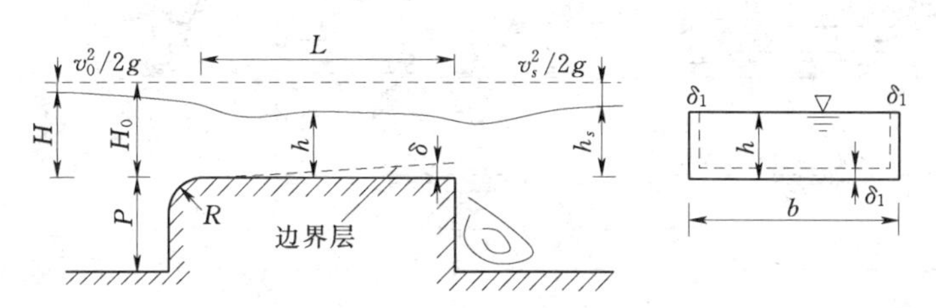

图 19.3　边界层理论计算量水堰（槽）水位流量关系推导简图

19.2.4　实验设备和仪器

实验设备和仪器如图 19.4 所示。实验设备为自循环实验系统，包括水库、水泵、压力管道、上水阀门、前池。实验的渠道为 U 形渠道，在渠道中部设置一座 U 形渠道直壁式量水槽。实验仪器为水位测针、钢板尺、实验渠道的下游设矩形量水堰，用来测量实际流量，通过矩形量水堰的水流流入水库。

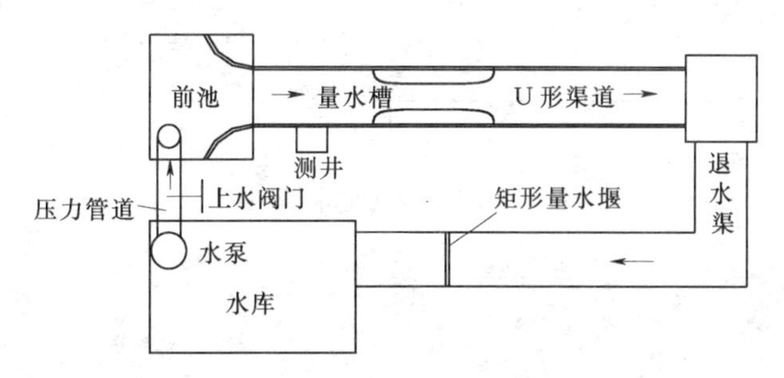

图 19.4　量水槽流量测量的仪器设备

19.2.5　U 形渠道直壁式量水槽流量的计算方法

U 形渠道直壁式量水槽如图 19.5 所示，理论分析简图见图 19.6。由图中可以看出，该量水槽由上下游过渡段、长喉道段和上游水尺组成。现用边界层理论对该量水槽的水位流量关系推导如下：

设量水槽的喉道宽度为 b，喉道长度为 L，U 形渠道的半径为 R，直径为 D，量水槽的喉道宽度与 U 形渠道的直径之比为 λ，称为收缩比，即 $\lambda=b/D$。则量水槽的过水断面面积为

$$A=b[h-R(1-\sqrt{1-\lambda^2})]+R^2(\arcsin\lambda-\lambda\sqrt{1-\lambda^2}) \tag{19.11}$$

湿周为

$$\chi=2[h-R(1-\sqrt{1-\lambda^2})]+\frac{\pi}{45}R\arctan\left(\frac{1-\sqrt{1-\lambda^2}}{\lambda}\right) \tag{19.12}$$

将式 (19.11) 和式 (19.12) 代入式 (19.10) 得

$$Q=\sqrt{2g(H_0-h)}[(b-2\delta_1)h-C] \tag{19.13}$$

式中：C 为一常数，用式 (19.14) 计算：

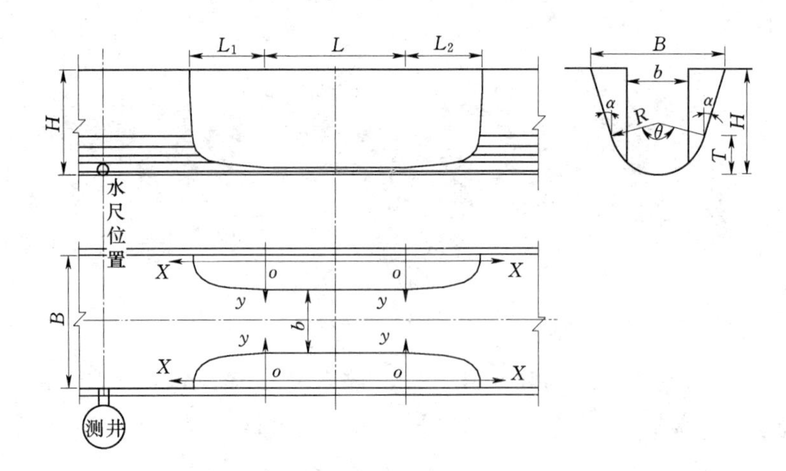

图 19.5　U 形渠道直壁式量水槽体型图

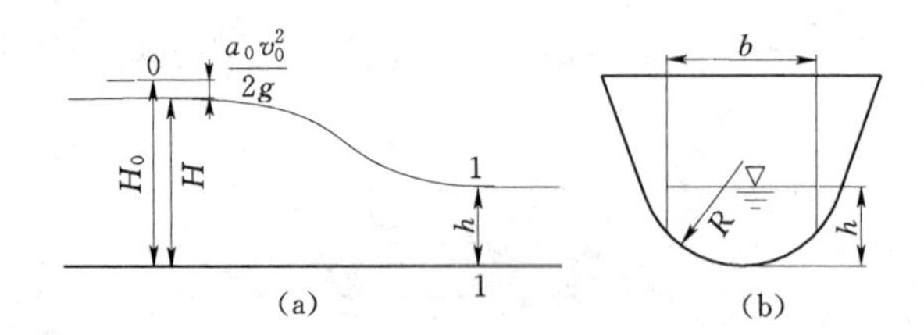

图 19.6　U 形渠道直壁式量水槽理论分析简图

$$C=R(1-\sqrt{1-\lambda^2})(b-2\delta_1)+\frac{\pi\delta_1}{45}R\arctan\frac{1-\sqrt{1-\lambda^2}}{\lambda}-R^2(\arcsin\lambda-\lambda\sqrt{1-\lambda^2}) \tag{19.14}$$

对式（19.13）求导并令 $\mathrm{d}Q/\mathrm{d}h=0$，得临界水深 h_k 为

$$h_k=\frac{2}{3}H_0+\frac{C}{3(b-2\delta_1)} \tag{19.15}$$

将式（19.15）代入式（19.13）得

$$Q=\left(\frac{2}{3}\right)^{3/2}\sqrt{g}(b-2\delta_1)\left(H_0-\frac{C}{b-2\delta_1}\right)^{3/2} \tag{19.16}$$

$$H_0=H+Q^2/(2gA_0^2) \tag{19.17}$$

式中：H 为量水槽前行近渠道的水深；A_0 为行近渠道的过水断面面积。将式（19.17）代入式（19.16）得流量的迭代式为

$$Q=\left(\frac{2}{3}\right)^{3/2}\sqrt{g}(b-2\delta_1)\left(H+\frac{Q^2}{2gA_0^2}-\frac{C}{b-2\delta_1}\right)^{3/2} \tag{19.18}$$

由式（19.18）可以看出，在计算 U 形渠道直壁式量水槽的流量时，U 形渠道的直径、量水槽的喉道宽度、收缩比和量水槽的喉道长度是已知的，可用式（19.8）计算出边界层的位移厚度 δ_1，用式（19.14）计算常数 C，用测得的量水槽前的水深 H，求得槽前水尺处的面积 A_0，即可用式（19.18）迭代计算出流量。

对于 U 形渠道断面，行近渠道的几何参数如图 19.7 所示。由图中可以看出，当渠道中水深处于圆弧断面内时，即 $H<T$ 时

$$A_0=(R^2/2)(\theta_i-\sin\theta_i) \tag{19.19}$$

$$\theta_i=\arctan(2H/W_i) \tag{19.20}$$

$$W_i=2\sqrt{2RH-H^2} \tag{19.21}$$

$$T=R\left(1-\cos\frac{\theta}{2}\right) \tag{19.22}$$

当渠内水深 $H>T$ 时

$$A_0=\frac{R^2}{2}(\theta-\sin\theta)+(H-T)\left[2R\sin\frac{\theta}{2}+(H-T)\cot\frac{\theta}{2}\right] \tag{19.23}$$

$$W=2\left[R\sin\frac{\theta}{2}+(H-T)\cot\frac{\theta}{2}\right] \tag{19.24}$$

式中：W 为行近渠道的水面宽度；θ_i 为 U 形渠道水深所对应的圆心角；θ 为 U 形渠道圆弧与直线段相切点的圆心角；T 为圆弧底部到直线段切点处的高度。

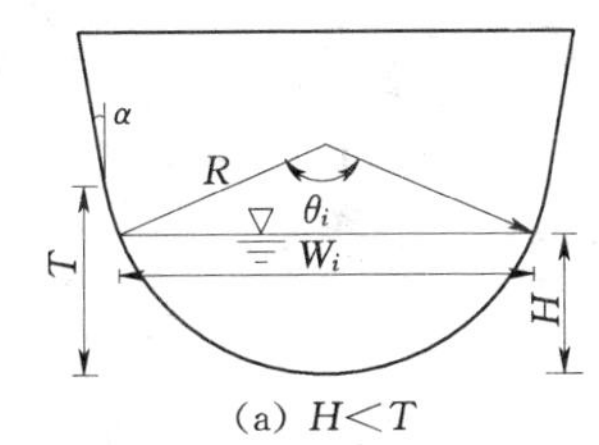

(a) $H<T$

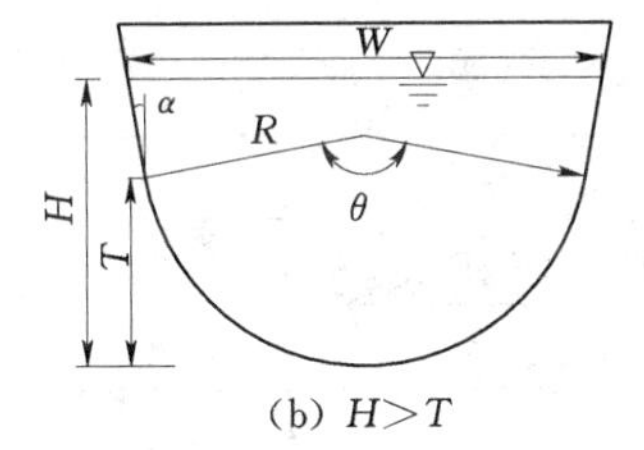

(b) $H>T$

图 19.7 U 形渠道几何参数

19.2.6 实验方法和步骤

(1) 记录有关参数，如量水槽水尺处槽底部的测针读数、矩形量水堰顶部测针读数、U 形渠道的直径 D、量水槽的喉道宽度 b 和长度 L，计算收缩比 λ。

(2) 打开水泵和压力管道上的上水阀门，让水流通过稳水前池流入 U 形渠道和量水槽。当水流流过量水槽时，观察量水槽的水流流态。

(3) 待水流稳定后，用水位测针测量 U 形渠道直壁式量水槽水尺处的水面测针读数和矩形量水堰堰上的水面测针读数，计算 U 形渠道直壁式量水槽前水尺处的水深 H 和矩形量水堰前的水深 H_1，记录在相应的表格中，并用式 (19.25) 计算矩形量水堰的流量。

$$Q=(1.782+0.24H_1/P)B(H_1+0.0011)^{1.5} \tag{19.25}$$

式中：B 为量水堰的宽度；P 为量水堰的高度。在用式 (19.25) 计算流量时，式中的参数 B、P 和 H_1 的单位均用 m，流量的单位为 m^3/s。

(4) 调节上水阀门，改变流量，重复第 (3) 步 N 次。

(5) 实验结束后将仪器恢复原状。

19.2.7 数据处理和成果分析

实验设备名称：　　　　　　　　　　　　　　　　　仪器编号：

同组学生姓名：

已知数据：量水槽喉道宽度 $b=$　　　cm；渠道直径 $D=$　　　cm；收缩比 $\lambda=$　　　；

量水槽喉道长度 $L=$　　cm；量水槽底部测针读数=　　cm；

边界层位移厚度 $\delta_1=$　　cm；常数 $C=$　　cm^2；

矩形量水堰宽度 $B=$　　cm；堰高 $P=$　　cm；堰顶测针读数=　　cm

1. 实验数据及计算成果

实验数据及计算成果见表 19.2。

表 19.2　实验数据及计算成果

测次	矩形量水堰测量参数		流量 Q /(cm^3/s)	U 形渠道直壁式量水槽测量参数				$Q/Q_{计}$ /%
	水面测针读数 /cm	堰上水深 H_1 /cm		水面测针读数 /cm	槽前水深 H /cm	面积 A_0 /cm^2	$Q_{计}$ /(cm^3/s)	

实验日期：　　　　学生签名：　　　　指导教师签名：

2. 成果分析

(1) 根据渠道的圆心角，用式 (19.22) 计算 T。

(2) 用实测 H，由式 (19.19) 或式 (19.23) 计算 A_0。

(3) 用已知 L 由式 (19.8) 求边界层的位移厚度 δ_1。

(4) 用已知的 R、λ 和 δ_1 由式 (19.14) 求 C。

(5) 将 H、A_0、C、b、δ_1 代入式 (19.18) 迭代求流量 $Q_{计}$。

(6) 根据矩形量水堰的实测堰上水深 H_1，由式 (19.25) 计算实测流量 Q。

(7) 将实测流量与计算流量进行比较，求出误差。

19.2.8　实验中应注意的问题

(1) 每次测量时水流一定要恒定，即在调节上水阀门后须等待一定的时间，待水流稳定后方能测读数据。

(2) 量水槽上的水深不可太小，水深太小所需的稳定时间很长，否则测量误差可能很大。

(3) 测量时要保证量水槽在自由出流状况下工作。

思　考　题

(1) 工程中应用的堰如何分类。影响堰流流量系数的因素有哪些？

(2) WES 曲线堰的流量系数与堰上水头有何变化规律?

(3) 宽顶堰水流(自由流)为什么会有二次跌落?

(4) 量水槽和量水堰有何异同?

(5) 宽顶堰前面如修成流线型,是否可以用边界层理论计算流量?

(6) 为什么说短喉道量水槽不能用边界层理论计算水位流量关系。

第 20 章 闸孔出流实验

20.1 实验目的和要求

（1）观察闸孔出流现象。
（2）了解闸孔出流的类型。
（3）测量实用堰或宽顶堰上闸孔出流的流量系数，掌握闸孔出流的流量测量方法。

20.2 实验原理

20.2.1 闸孔出流现象

闸是水利水电工程中的常用建筑物。当流经水闸的水流受闸门控制时，水流从闸门下缘泄出，其水面是不连续的，这种水流称为闸孔出流。

闸孔出流按照闸门底部建筑物的形式分为平底闸孔出流和曲线形实用堰上的闸孔出流，如图 20.1 和图 20.2 所示。按照闸后水流是否受下游水位影响又分为闸孔自由出流和闸孔淹没出流。

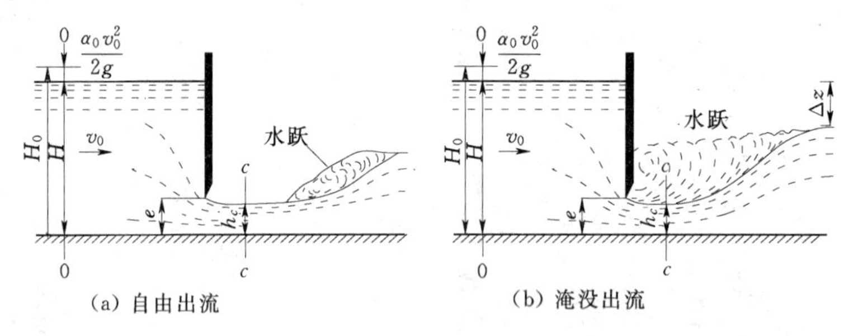

图 20.1 平底闸孔出流

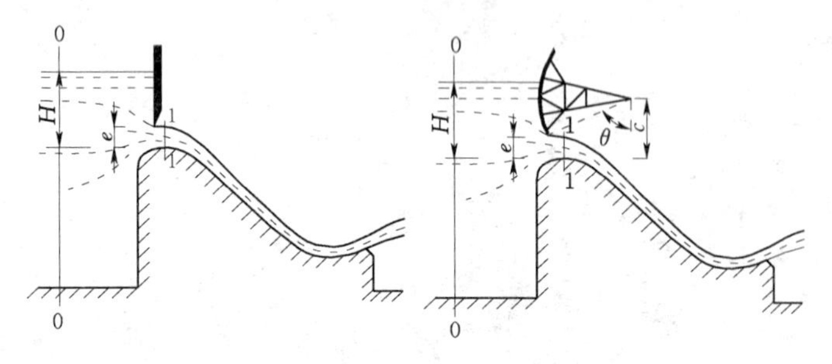

图 20.2 曲线形实用堰上的闸孔出流

闸孔出流的判别条件是闸门开度 e 与闸前水深 H 的比值 e/H。对于平底闸孔出流，

$e/H \leqslant 0.65$，对于曲线形实用堰上的闸孔出流，$e/H \leqslant 0.75$。当闸门开度达到一定数值时，即 e/H 大于闸孔出流的判别条件时，闸门下缘与水面脱离，闸门对水流不起控制作用，这时已不是闸孔出流而是堰流了。由于堰流与闸孔出流的流态特征不同，流量公式也不一样，所以在进行计算时，首先要判断出流特征，以便选择正确的计算公式。

在实际工程中，水流从闸孔流出后，可能出现两种水流状况，一是水流在闸后形成水跃，水跃距闸门有一定的距离；另一种是水跃直接靠近闸门。但无论是哪一种情况，当水流从闸孔泄出时，在距闸门（2～3）e 的地方形成收缩断面。以收缩断面为界，水跃的表面旋滚不盖住收缩断面的称为自由出流［图 20.1（a）］，否则称为淹没出流［图 20.1（b）］。

20.2.2 闸孔出流的流量公式

以图 20.1 的平底闸孔出流为例，来分析闸孔出流的流量公式。以渠底为基准面，对断面 0—0 和收缩断面 c—c 写能量方程，得

$$H+\frac{\alpha_0 v_0^2}{2g}=h_c+\frac{\alpha_c v_c^2}{2g}+\zeta\frac{v_c^2}{2g} \tag{20.1}$$

式中：h_c 为收缩断面的水深；H 为闸前水深；v_0、v_c 分别为闸前和收缩断面的平均流速；ζ 为局部阻力系数。令 $H+\alpha_0 v_0^2/(2g)=H_0$，则由式（20.1）解出

$$v_c=\frac{1}{\sqrt{\alpha_c+\zeta}}\sqrt{2g(H_0-h_c)} \tag{20.2}$$

令 $\varphi=1/\sqrt{\alpha_c+\zeta}$，另外，收缩断面水深 h_c 与闸孔开度 e 有关，引入比例系数 ε，则 $h_c=\varepsilon e$，代入式（20.2）得

$$v_c=\varphi\sqrt{2g(H_0-\varepsilon e)} \tag{20.3}$$

式中：φ 为闸孔出流的流速系数；ε 为垂直收缩系数。通过闸孔的流量 $Q=A_c v_c$，A_c 为收缩断面的面积，$A_c=bh_c=b\varepsilon e$，由此得流量公式为

$$Q=\varphi b\varepsilon e\sqrt{2g(H_0-\varepsilon e)} \tag{20.4}$$

为了应用方便，将式（20.4）改写成

$$Q=\mu_0 be\sqrt{2gH_0} \tag{20.5}$$

比较式（20.4）和式（20.5）得

$$\mu_0=\varphi\varepsilon\sqrt{1-\varepsilon e/H_0} \tag{20.6}$$

式中：μ_0 即为闸孔出流的流量系数。对于垂直收缩系数，茹考夫斯基通过理论分析提出了等宽渠道锐缘平板闸门的 ε 与 e/H 的关系，结果见表 20.1，在用表 20.1 查算垂直收缩系数时，需要内插，因此，文献［6］对表中的数据进行了拟合，得

$$\varepsilon=0.6159-0.0343\frac{e}{H}+0.1923\left(\frac{e}{H}\right)^2 \tag{20.7}$$

表 20.1　垂直收缩系数 ε 与相对闸门开度 e/H 的关系

e/H	0.025	0.05	0.10	0.15	0.20	0.25	0.30	0.35
ε	0.612	0.613	0.615	0.617	0.619	0.622	0.625	0.628
e/H	0.40	0.45	0.50	0.55	0.60	0.65	0.70	0.75
ε	0.633	0.639	0.645	0.652	0.661	0.673	0.687	0.703

20.2.3 闸孔出流流量系数的经验公式和理论公式

1. 平底闸孔出流

(1) 平板闸门。平底平板闸门的闸孔出流流量系数有很多经验公式，现仅列举两个作为参考。当水流与闸孔垂直时

$$\mu_0 = 0.60 - 0.18e/H \tag{20.8}$$

当水流与闸孔有一定的夹角时

$$\mu_0 = a\left(\frac{e}{H}\right)^2 + b\left(\frac{e}{H}\right) + c \tag{20.9}$$

式中

$$\left.\begin{aligned} a &= -0.0002\alpha^2 + 0.0121\alpha - 0.0464 \\ b &= -0.0002\alpha^2 - 0.0049\alpha - 0.2102 \\ c &= 4\times10^{-5}\alpha^2 + 0.0121\alpha + 0.6073 \end{aligned}\right\} \tag{20.10}$$

式中：α 为闸孔与上游主干渠道的夹角。

式（20.10）的适应范围为 $\alpha = 0° \sim 20°$。

(2) 弧形闸门。弧形闸门自由出流的流量系数不仅与闸门的相对开度 e/H 有关，而且还与弧形闸门底缘切线与水平线的交角有关。μ_0 可按下述经验公式计算：

$$\mu_0 = \left(0.97 - 0.258\frac{\pi}{180}\theta\right) - \left(0.56 - 0.258\frac{\pi}{180}\theta\right)\frac{e}{H} \tag{20.11}$$

式中：θ 以度计，$25° < \theta < 90°$；$0 < e/H < 0.65$。θ 可用式（20.12）计算：

$$\theta = \arccos\frac{c-e}{R} \tag{20.12}$$

式中：c 为弧形闸门旋转轴高度；R 为弧形门的半径。

对于平底闸孔出流，文献［9］根据边界层理论提出了计算方法。将式（20.1）写成

$$H_0 = h_c + \frac{v_c^2}{2g\varphi^2} \tag{20.13}$$

在势流区，能量方程还可以写成

$$H_0 = h_c + \frac{U^2}{2g} \tag{20.14}$$

式中：U 为势流流速。根据边界层理论，单位宽度的连续方程为

$$q = U(h - \delta_1) \tag{20.15}$$

式中：δ_1 为边界层的位移厚度；h 为断面水深，对于收缩断面 $h = h_c$；q 为单宽流量。将式（20.15）代入式（20.14），注意到 $q = v_c h_c$，则

$$H_0 = h_c + \frac{v_c^2}{2g}\frac{h_c^2}{(h_c - \delta_1)^2} \tag{20.16}$$

比较式（20.13）和式（20.16）得

$$\varphi = 1 - \delta_1/h_c \tag{20.17}$$

式（20.17）即为用边界层的位移厚度表示的流速系数 φ 的计算式。将式（20.17）代入式（20.4）得

$$Q = (\varepsilon e - \delta_1)b\sqrt{2g(H_0 - \varepsilon e)} \tag{20.18}$$

边界层厚度可按雅林（Yalin，M.S）的公式计算，即

$$\delta=0.0334\Delta e^{\left(\lg 66.1\frac{\Delta}{x}\right)^{5/4}} \tag{20.19}$$

式中：Δ为壁面粗糙度，对于混凝土壁面，一般取 $\Delta=0.0006$m；x 为闸孔距收缩断面的距离，取为（2～3）e。δ 为边界层厚度。边界层的位移厚度可用式（20.20）计算

$$\delta_1=\frac{\delta}{\ln(30\delta/\Delta)} \tag{20.20}$$

2. 曲线形实用堰上的闸孔出流

曲线形实用堰上的闸孔出流的流量系数与实用堰上的闸门形式有关，还与闸门所处的位置有关。对于闸门位置处于堰的顶点的情况，有下列经验公式

（1）平板闸门

$$\mu_0=0.745-0.274e/H \tag{20.21}$$

（2）弧形闸门

$$\mu_0=0.685-0.19e/H \tag{20.22}$$

式（20.21）和式（20.22）的适应条件为 $0.1<e/H<0.75$。

20.3 实验设备和仪器

实验设备和仪器如图20.3所示。实验设备为自循环实验水槽，包括供水箱、水泵、开关、压力管道、上水阀门、消能罩、稳水道1、稳水道2、实验水槽、实用堰（或平底堰）、弧形闸门（或平板闸门）、下游水位调节闸门、回水系统。实验仪器为水位测针、钢板尺、量水堰或电磁流量计。

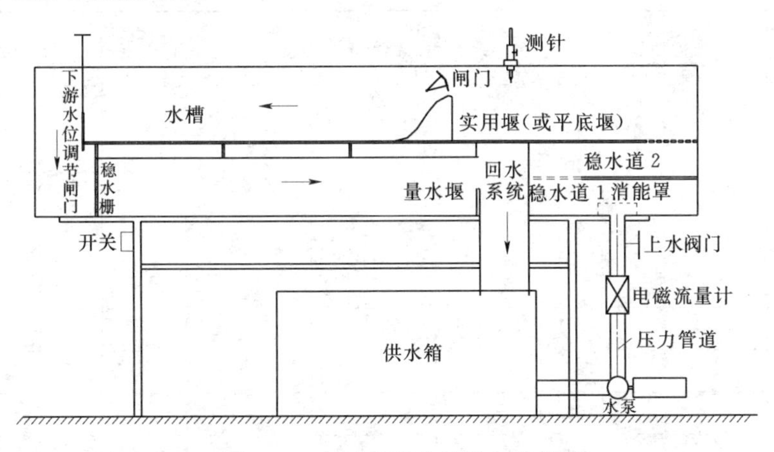

图20.3 闸孔出流实验设备和仪器

20.4 实验方法和步骤

（1）记录有关参数，如闸孔宽度 b、闸底距渠底的高度 P_1、闸底测针读数、闸底形式、量水堰宽度 B、堰高 P_2、堰顶测针读数，并将测量结果记录在有关表格中。如果用电磁流量计测量流量，打开电磁流量计电源，将仪器预热15min。

(2) 确定闸门开度 e，并做好记号。

(3) 打开水泵开关，并逐渐打开上水阀门，使水流从闸孔流过，这时需注意上水阀门不可开得太大，以防水流从水槽翻出。

(4) 待水流稳定后，用测针测量闸前水深 H，用量水堰或电磁流量计测量流量。

(5) 调节上水阀门改变流量，重复第 (4) 步的测量步骤 N 次。

(6) 实验结束后将仪器恢复原状。

此实验结束后，可以改变闸底形式或闸门形式，重复上面的实验过程，测量闸孔出流的流量系数，并与经验公式进行比较。

20.5　数据处理和成果分析

实验设备名称：　　　　　　　　　　　　　　仪器编号：

同组学生姓名：

已知数据：闸门宽度 b=　　cm；闸底测针读数　　cm；闸底距渠底高度 P_1=　　cm；

闸门开度 e=　　cm；闸底形式　　；闸门形式　　；

量水堰宽度 B=　　cm；高度 P_2=　　cm；堰顶测针读数　　cm；

粗糙度 Δ=　　cm；量水堰流量公式：

1. 实验数据及计算成果

实验数据及计算成果见表20.2和表20.3。

表20.2　　平底闸孔出流流量系数测定

测次	量水堰参数		流量 Q /(cm³/s)	闸孔出流流量系数计算							边界层理论计算		
	水面测针读数 /cm	堰上水深 /cm		闸前水面读数 /cm	闸前水深 /cm	v_0 /(cm/s)	$\frac{v_0^2}{2g}$ /cm	H_0 /cm	$be\sqrt{2gH_0}$ /(cm³/s)	μ_0	δ_1 /cm	φ	Q /(cm³/s)

实验日期：　　　　　　　　学生签名：　　　　　　　　指导教师签名：

表 20.3　　曲线形实用堰上闸孔出流流量系数测定

测次	量水堰参数		流量 Q /(cm³/s)	闸孔出流流量系数计算						
	水面测针读数 /cm	堰上水深 /cm		闸前水面测针读数 /cm	闸前水深 /cm	v_0 /(cm/s)	$v_0^2/(2g)$ /cm	H_0 /cm	$be\sqrt{2gH_0}$ /(cm³/s)	μ_0

实验日期：　　　　学生签名：　　　　指导教师签名：

2. 成果分析

(1) 用实测流量 Q、闸前水深 H、闸底距水槽高度 P_1 和闸宽计算闸前行近流速 $v_0=Q/[b(H+P_1)]$。

(2) 计算闸前水头 $H_0=H+v_0^2/(2g)$；由表 20.1 或式 (20.7) 计算 ε。

(3) 将 Q、b、e、H_0 代入式 (20.5) 反求流量系数 μ_0。

(4) 将 μ_0、e、H_0、ε 代入式 (20.6) 求流速系数 φ。

(5) 点绘流量系数 μ_0 与闸前相对水头 e/H 的关系。

(6) 将实测的流量系数与经验公式计算的流量系数比较。对于平底闸孔出流，将实测流量与边界层理论计算的流量进行比较，分析其变化规律。

20.6 实验中应注意的问题

(1) 一定要准确测量闸孔开度 e，并保证在测量过程中闸门开度保持不变。

(2) 闸孔开度小时，过流能力小，在调节流量时要缓慢调节上水阀门，以防止水溢出水槽。

(3) 闸孔出流的稳水时间较长，在实验时一定要等待水流稳定后方能测量，否则将会引起很大的误差。

思 考 题

(1) 闸孔出流的条件是什么？闸孔出流与堰流有什么区别？

(2) 影响闸孔出流过流能力的因素是什么？

(3) 测量闸孔出流的上游水位时，测针应放在何处读数。

第21章　达西渗透定律实验

21.1　实验目的和要求

（1）测定均质沙的渗透系数 k 值。

（2）测定通过沙体的渗透流量与水头损失的关系，验证达西定律。

（3）确定水流通过沙体的雷诺数，判别达西定律的适用范围。

21.2　实验原理

21.2.1　渗流的达西定律

1856年法国工程师H. Darcg在装满沙的圆筒中进行实验。实验设备如图21.1所示。在上端开口的直立圆筒侧壁上装两支（或多支）测压管，在筒底以上一定距离处安装一块滤板C，在这上面装颗粒均一的沙体。水从上端注入圆筒，并以溢水管B使筒内维持一个恒定水位。渗透过沙体的水从短管T流入容器V中，并由此来计算渗流量 Q。因为渗流流速极为微小，所以流速水头可以忽略不计。因此总水头 H 可以用测压管水头 h 来表示。水头损失 h_w 可以用测压管水头差来表示，水力坡度 J 可用测压管水头坡度来表示，即

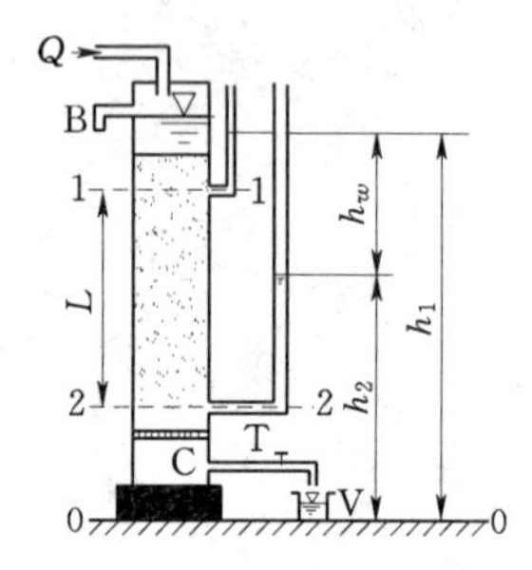

图21.1　达西渗流实验装置

$$H=h=z+p/\gamma \tag{21.1}$$

$$h_w=h_1-h_2 \tag{21.2}$$

$$J=\frac{h_w}{L}=\frac{h_1-h_2}{L} \tag{21.3}$$

达西分析了大量的实验资料，认为渗流量 Q 与圆筒断面面积 A 及水头损失 h_w 成正比，与断面间距 L 成反比，并和土壤的透水性有关，达西得到了如下基本关系式：

$$Q=kAJ=kA\frac{h_1-h_2}{L} \tag{21.4}$$

$$v=\frac{Q}{A}=kJ=k\frac{h_1-h_2}{L} \tag{21.5}$$

$$k=Q/(AJ) \tag{21.6}$$

式中：v 为渗流的断面平均流速；$h_1=z_1+p_1/\gamma$，$h_2=z_2+p_2/\gamma$，k 为反映孔隙介质透水性能的一个综合系数，即渗透系数。

式（21.4）～式（21.6）所表示的关系称为达西定律，它是渗流的基本定律。由式（21.5）可以看出，渗透速度 v 与水力坡度 J 成线性关系，所以达西定律又称为线性渗流

定律。

渗透系数 k 是反映土壤透水性的一个综合指标，其大小主要取决于土壤颗粒的形状、大小、均匀程度以及地质构造等孔隙介质的特性，同时也和流体的物性如黏滞性和重度等有关。因此 k 值将随孔隙介质的不同而不同；对于同一介质，也因流体的不同而有差别；即使同一流体，当温度变化时重度和黏滞系数也有所变化，因而 k 值也有所变化。

21.2.2 渗流流态的判别

地下水的运动也存在层流和紊流两种流态。判别渗流流态的方法很多，但常用的还是用雷诺数（Reynolds）来判别，最常用的公式为

$$Re=vd/\nu \tag{21.7}$$

式中：d 为代表颗粒的“有效”粒径，有的取含水层颗粒的平均粒径，有的取 d_{10}，d_{10} 为直径比它小的颗粒占全部土重的 10%时的土壤粒径；ν 为液体的运动黏滞系数。

另外还有巴甫洛夫的雷诺数表达式，即

$$Re=\frac{1}{0.75n+0.23}\frac{vd_{10}}{\nu} \tag{21.8}$$

式中：n 为含水层的孔隙度。

如果求得的雷诺数小于临界雷诺数，则渗流运动处于层流状态；若大于临界雷诺数则为紊流状态。对于渗流，用实验方法求临界雷诺数比较困难。不同作者的结果也不尽相同，有的作者求得临界雷诺数为 150～300，有的求得该值为 60～150，有的认为雷诺数的上限值是 100，为安全起见，在用式（21.7）计算雷诺数时，一般可按 $Re=1$ 作为渗流线性定律适用范围的上限值。巴甫洛夫的式（21.8）求得的临界雷诺数为 7～9。

21.3 实验设备和仪器

实验设备为自循环实验系统，如图 21.2 所示。可以看出，实验设备由底座、盛沙筒和进水系统组成。

盛沙筒为圆形，用透明有机玻璃制作。在盛沙筒底部设进水管，底部以上一定距离处安装滤板 1，在滤板 1 上部装实验沙，在实验沙的上部装入另一块滤板 2，滤板 2 的上部一定距离处设一矩形帽，矩形帽的底部为出水孔，出水孔的水流流入下部的量杯中。在圆筒的侧面设 3 根测压管，以测量测压管水头和渗流的水力坡度。

进水系统由供水箱、水泵、支架、移动盛水盒和出水管组成。支架的作用是支撑移动盛水盒和测压管。在盛水盒中设上水管、溢流板、溢流管和出水管。上水管与水泵相连接、为了调节移动盛水盒中的流量，在移动盛水盒与水泵之间设上水阀门。溢流管与供水箱相连接。出水管与盛沙筒底部的进水管相连接，为了调节进入盛沙筒的流量，还在出水管与进水管之间设进水阀门，以改变流量的大小。

测量仪器为量筒、秒表、测尺和温度计。在量筒的下方装有水管，水管与供水箱相同，水管上装有放水阀门。

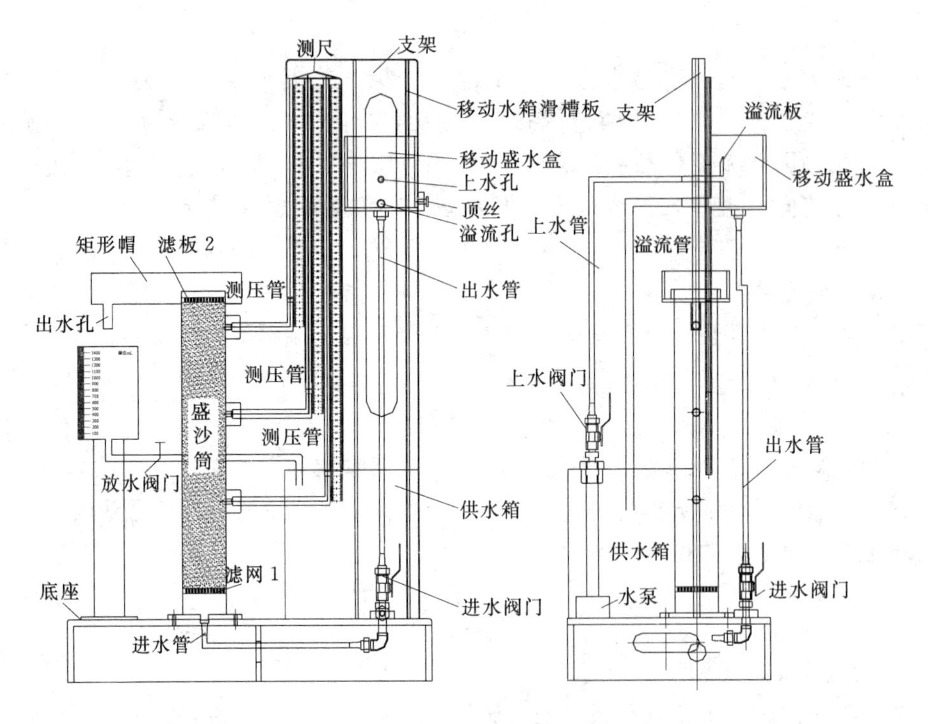

图 21.2　达西渗透定律实验仪

21.4　实验方法和步骤

（1）记录已知数据，如盛沙圆筒的直径 D、测压孔间距 L、沙样的平均粒径 d 或 d_{10}、土壤孔隙率 n 等。

（2）在盛沙圆筒中装入实验沙。在装实验沙时边装边用温开水浸泡，以便将实验沙中的空气排出。

（3）将移动盛水盒放在适当位置，打开水泵，使移动盛水盒盛满水，并保持溢流状态。

（4）打开通往盛沙圆筒的进水阀门和通往供水箱的放水阀门，使水流通过进水管进入盛沙筒，并从盛沙筒上部溢出，经矩形帽下部的出水孔流入量筒中，再由量筒底部的放水管流入供水箱，等待水流的稳定。

（5）待水流稳定后，关闭通往供水箱的放水阀门，等水流刚刚进入量筒的底部时用秒表开始记录时间，用测压管测量两测压管的压差，用温度计测量水温。等到量筒中的水面达一定值时按下秒表，记录量筒中的水的体积，则流量为体积除以时间。

（6）打开量筒底部的放水阀门，使量筒中的水流入供水箱，并准备下一次测量。

（7）调节移动盛水盒的高度或通往盛沙筒的进水阀门，改变流量，重复第（5）步和第（6）步 N 次。

（8）实验结束将仪器恢复原状。

21.5　数据处理和成果分析

实验设备名称：　　　　　　　　　　　　　　　　仪器编号：

同组学生姓名：

已知数据：盛沙圆通直径 $D=$　　cm；面积 $A=$　　cm^2；测压管距离 $L=$　　cm；

水温　$t=$　　℃；　黏滞系数 $\nu=$　　cm^2/s；孔隙率 $n=$

1. 实验数据及计算成果

实验数据及计算成果见表 21.1。

表 21.1　　　　　　　　　　实验数据及计算成果

测次	h_1 /cm	h_2 /cm	差压 Δh /cm	体积 /cm^3	时间 /s	Q /(cm^3/s)	J	v /(cm/s)	k /(cm/s)	Re

实验日期：　　　　　　　　　　学生签名：　　　　　　　　　　指导教师签名：

2. 成果分析

(1) $h_1=z_1+p_1/\gamma$，$h_2=z_2+p_2/\gamma$，$\Delta h=h_1-h_2$，$Q=$体积/时间，$v=Q/A$，$J=(h_1-h_2)/L$，Re 用式 (21.7) 或式 (21.8) 计算。

(2) 渗透系数 k 用式 (21.6) 计算。

(3) 点绘 v-J 的关系曲线，其斜率即为渗透系数 k。

(4) 求雷诺数，判断渗流是否符合达西渗透定律。

21.6　实验中应注意的问题

(1) 当渗流量为零时，两测压管水面应保持水平，如不水平，可能是测压管中有空气或测压管漏水，应排除空气或排除漏水后再实验。

(2) 实验时流量不能过大，流量过大可能会使沙土浮动，也可能使雷诺数较大而超出达西渗透实验的范围。

(3) 实验时要始终保持移动盛水盒中的溢流板上有水流溢出，以保证水头为恒定流。

（4）测量流量时，关闭放水阀门一定要等到量筒中的水面刚刚到达量筒的底部时开始记录时间，按下秒表时要同时记录量筒中的体积，否则可能会引起较大的测量误差。

思 考 题

（1）如何通过实验判别达西定律的适用范围？

（2）达西定律适用的雷诺数范围是多少？

（3）为什么说达西定律为线性定律？

第 22 章　渗流的电模拟实验

22.1　实验目的和要求

(1) 了解用电模拟实验来研究渗流问题的原理和方法。

(2) 用电模拟实验仪测量坝基渗流的等电位线（等势线），再根据流网的性质绘出流线。

(3) 利用流网求解渗流要素。

22.2　实验原理

由于渗流和电流现象符合相同的数学物理方程，通过测量电流现象中的有关物理量可以解答渗流问题，这种方法叫做水电比拟实验法，也叫电模拟实验法。电模拟实验研究渗流问题的原理是地下水在多孔介质中的流动和导电介质中电流的流动具有相似性。渗流场和电流场的相似关系见表 22.1。这种相似性不仅表现在两种物理现象之间的数学模拟可以用同一形式的数学方程式（拉普拉斯方程）来表示，而且又支配着有关物理定律和各种物理量间的联系。

表 22.1　　渗流场与电流场的比拟

渗　流　场	电　流　场
水头 H	电位 V
水头函数的拉普拉斯方程 $\frac{\partial^2 H}{\partial x^2}+\frac{\partial^2 H}{\partial y^2}+\frac{\partial^2 H}{\partial z^2}=0$	电位函数的拉普拉斯方程 $\frac{\partial^2 V}{\partial x^2}+\frac{\partial^2 V}{\partial y^2}+\frac{\partial^2 V}{\partial z^2}=0$
等水头线（等势线）H＝常数	等电位线 V＝常数
渗流流速 u	电流密度 i
达西渗流定律 $u_x=-k\frac{\partial H}{\partial x}$ $u_y=-k\frac{\partial H}{\partial y}$ $u_z=-k\frac{\partial H}{\partial z}$	电流密度的欧姆定律 $i_x=-\sigma\frac{\partial V}{\partial x}$ $i_y=-\sigma\frac{\partial V}{\partial y}$ $i_z=-\sigma\frac{\partial V}{\partial z}$
渗透系数 k	导电系数 σ

续表

渗　流　场	电　流　场
连续性方程(质量守恒) $\frac{\partial u_x}{\partial x}+\frac{\partial u_y}{\partial y}+\frac{\partial u_z}{\partial z}=0$	克希荷夫定律（电荷守恒） $\frac{\partial i_x}{\partial x}+\frac{\partial i_y}{\partial y}+\frac{\partial i_z}{\partial z}=0$
在不透水边界上 $\partial H/\partial n=0$ （n为不透水边界的法线）	在绝缘边界上 $\partial V/\partial n=0$ （n为绝缘边界的法线）

从表中可以看出，如果用导体来做渗流区的模型，以电场模型代替按一定比例缩小的渗流区域，做到几何相似和边界条件相似，则导体中的等电位线就相当于渗流区的等水头线，导体中的电流密度就相当于渗透流速，导体中的电流强度就相当于渗流的流量。这就是电模拟实验的实质。

为了得到这种相似并正确反映实际渗流情况，在设计模型时必须满足下列条件。

（1）模型电场和渗流场的几何相似。实验时，根据渗流区的外部边界按一定比例做成一个几何相似的盘子，盘底以透明平板绝缘玻璃做成，并使玻璃板水平放置。盘的周界用不透水的绝缘材料做成几厘米高的边墙，围成一个和渗流场几何相似的区域，再在盘内盛以均匀的导电溶液，这样就在盘内形成了一个几何相似的均匀导电的模型电场。如图22.1（a）所示。

（2）模型电场和渗流场的边界条件相似。渗流的各种边界条件必须相似，其模拟方法为：不透水边界可用绝缘材料模拟；透水边界为一等势线，可用等电位的导电板模拟，如图22.1（b）所示。

（3）渗流区域为均质岩层时，模型也应是均质的。而且模型内代表不同岩层所用的导电材料的导电系数与相对应的岩层渗透系数的比值应当是常数。

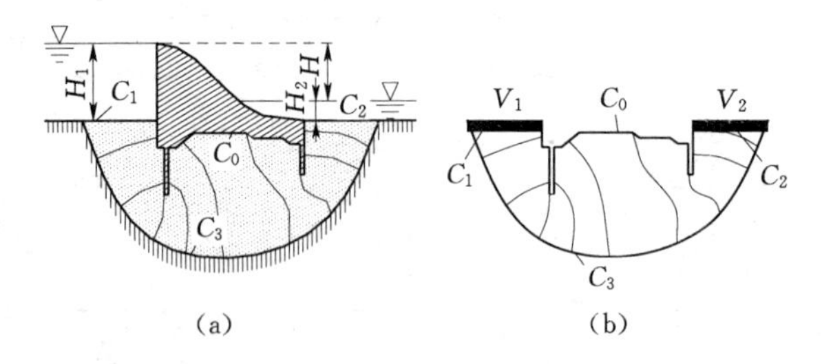

图22.1　渗流实验模型

22.3　实验设备和仪器

模拟渗流区域的导电体有固体和液体两种。固体有在石墨粉中加入滑石粉或其他附加剂（如大理石粗粒粉，石英砂粗粒等）加水拌和成的可塑性混合物和特制的导电纸等。液体有硫酸铜溶液和氯化钠溶液，有时也用自来水和甘油溶液。在用液体时，为了保证渗流区域各处的导电率相同，液体厚度必须各处相同，液体厚度通常以 1～2cm 为宜。

模型的绝缘边界常用石蜡、木材浸蜡、胶木或玻璃、油灰等绝缘材料制作。模型等势线的汇流板常用 0.2～1.0mm 的黄铜或紫铜片制作。

模型中的设备包括电源、电模拟实验仪和电模拟实验盘三部分，如图 22.2 所示。实验时将电源与实验盘相连接，用探针测量等电位线，就是所要求的渗流等势线。

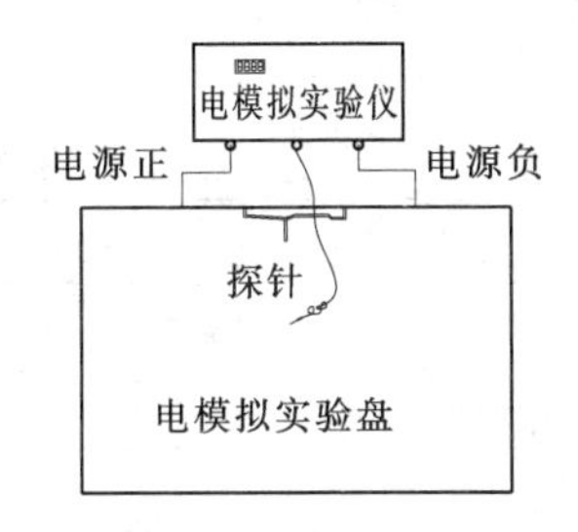

图 22.2　渗流实验的量测设备

有了等势线，即可根据流网的性质绘出流线，亦可用电模拟仪器直接测量流线，其方法是将原来的不透水边界改为透水边界，透水边界改为不透水边界，这样测得的等势线即为要求的流线。

22.4　实验方法和步骤

（1）在电模拟盘中放入一定浓度的导电溶液，溶液厚度一般为 1～2cm，为保证溶液厚度均匀，须将电模拟盘调整水平。

（2）连接仪器线路，经检验接线正确方可接上电源，将电模拟的测试探针一端放入上游，另一端放入下游，调试供给电压为 0～10V。

（3）用探针在电模拟盘中测试电压为某一值（点电压的百分数）的各个点，并点绘在坐标纸上，将这些点用光滑曲线连接起来，即为一条等势线（或等水头线）。同样方法，可测绘出其他等势线。

（4）测出等势线后，将原来的透水边界改为不透水边界，不透水边界改为透水边界，重复第（2）步和第（3）步，即可测出流线。

（5）实验完后将仪器恢复原状。

22.5　数据处理和成果分析

实验设备名称：　　　　　　　　　　　　　　　仪器编号：

同组学生姓名：

1. 实验数据记录及计算成果

实验数据记录及计算成果见表 22.2。

2. 成果分析

（1）根据所测得的等势线和流线绘制流网，或根据流网的性质，测出等势线后，绘出流线即构成流网。

（2）由流网计算渗透压强和渗透速度。

表 22.2　　实验数据记录及计算成果

等势线 \ 坐标 \ 测点		1	2	3	4	5	6	7	8	9	10	11
0.1H	x											
	y											
0.2H	x											
	y											
0.3H	x											
	y											
0.4H	x											
	y											
0.5H	x											
	y											
0.6H	x											
	y											
0.7H	x											
	y											
0.8H	x											
	y											
0.9H	x											
	y											

实验日期：　　　　学生签名：　　　　指导教师签名：

22.6　实验中应注意的问题

（1）使用仪表时应注意其量程及其测试挡。

（2）测试探针要求保持铅垂，以免接触电阻造成误差。

思　考　题

（1）电模拟测量渗流的原理是什么？

（2）流网的性质是什么？如何根据所测出的等势线绘制流网？

（3）用电模拟实验仪测量渗流参数时，为了正确反映实际渗流，设计模型应满足什么条件？

第23章　地下河槽渐变渗流浸润曲线实验

23.1　实验目的和要求

（1）掌握测量地下河槽渐变渗流单宽流量的方法。

（2）掌握测量地下河槽渐变渗流浸润曲线的方法，并将测量结果与计算结果进行比较，分析其变化规律。

（3）确定水流通过沙体的渗透系数。

23.2　实验原理

位于不透水地基上的孔隙区域内具有自由表面的渗流，称为地下河槽渗流。该渗流为无压渗流，渗流与大气相接触的自由表面称为浸润面。地下河槽渗流与地面明槽流类似，亦可分为棱柱体、非棱柱体地下河槽，顺坡、平坡、逆坡河槽，渗流可分为恒定均匀渗流和恒定渐变渗流。本章主要研究符合达西定律的恒定均匀渗流和恒定渐变渗流浸润曲线问题。

1. 地下河槽的均匀渗流

设一恒定均匀渗流在渠底坡度为 i（$i>0$）的地下河槽中流动，因为是均匀流，水深沿程不变，断面平均流速在各断面上是相等的，水力坡度 J 和底坡 i 相等，如果令 h_0 为均匀渗流的正常水深，b 为地下河槽的宽度，过水断面面积 $A_0=bh_0$，由达西定律得

$$v=kJ=ki \tag{23.1}$$

通过过水断面的渗流量为

$$Q=kibh_0 \tag{23.2}$$

通过地下河槽的单宽渗流量为

$$q=kih_0 \tag{23.3}$$

式中：v 为断面平均流速；Q 为流量；i 为地下河槽的底坡；k 为渗透系数；h_0 为地下河槽的正常水深。

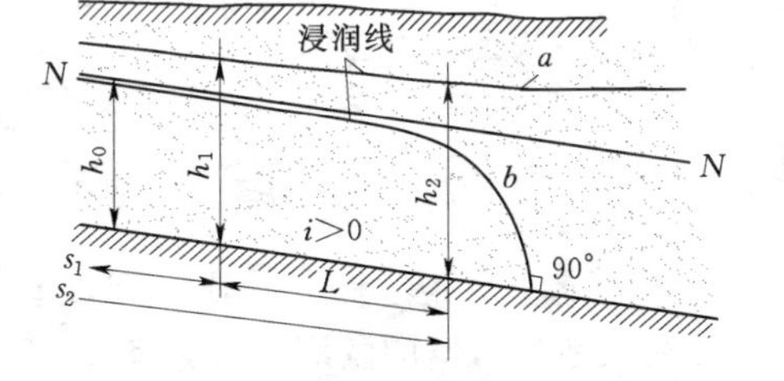

图 23.1　$i>0$ 地下河槽的浸润曲线

2. 正坡（$i>0$）地下河槽的浸润曲线

正坡地下河槽的浸润曲线如图 23.1 所示。渐变渗流的基本微分方程为

$$Q=kA(i-\mathrm{d}h/\mathrm{d}s) \tag{23.4}$$

令 $Q=bq$，$A=bh$，代入式（23.4）得

$$\frac{dh}{ds}=i-\frac{q}{kh} \tag{23.5}$$

对式（23.5）分离变量，并积分得渐变渗流的单宽流量为

$$q=\frac{ki(Li-h_2+h_1)}{\ln[(kih_2-q)/(kih_1-q)]} \tag{23.6}$$

式中：L 为渗流水槽实验段长度；h_1、h_2 分别为两个测量断面的水深。对于任意断面 x，其水深为 h，单宽流量亦可表示为

$$q=\frac{ki(xi-h+h_1)}{\ln[(kih-q)/(kih_1-q)]} \tag{23.7}$$

由式（23.7）可解出 x 为

$$x=\frac{1}{i}\left(h-h_1+\frac{q}{ki}\ln\frac{kih-q}{kih_1-q}\right) \tag{23.8}$$

用式（23.8）可以计算正坡地下河槽任意断面的水深，并可绘出浸润曲线。

3. 平坡（$i=0$）地下河槽的浸润曲线

将 $i=0$ 代入基本微分方程（23.4）式得

$$\frac{dh}{ds}=-\frac{Q}{kA} \tag{23.9}$$

因平底地下河槽中不可能发生均匀流，不存在正常水深，浸润曲线仅有一种唯一的形式，如图 23.2 所示。

平底地下河槽的单宽流量和浸润曲线为

$$q=\frac{k}{2L}(h_1^2-h_2^2) \tag{23.10}$$

$$h=\sqrt{h_1^2-\frac{x}{L}(h_1^2-h_2^2)} \tag{23.11}$$

式中：h_1、h_2 分别为任意两断面的水深。

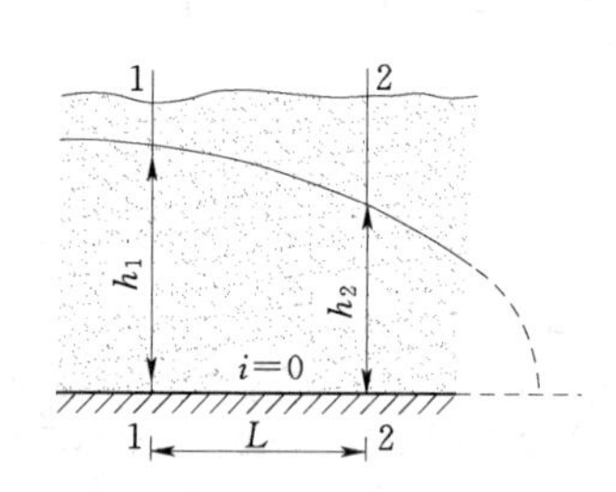

图 23.2　平坡地下河槽浸润曲线

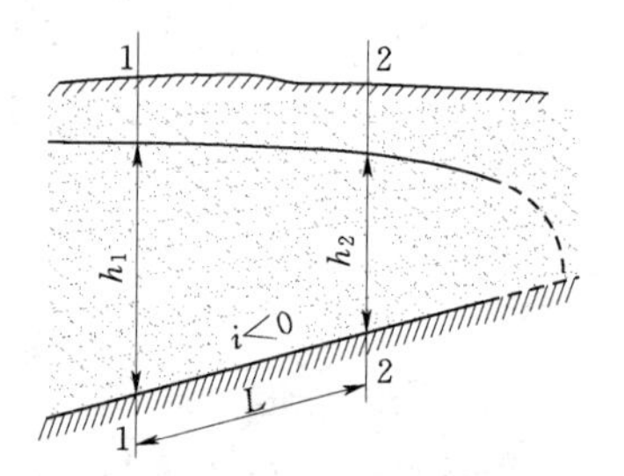

图 23.3　逆坡河槽的浸润曲线

4. 逆坡（$i<0$）地下河槽的浸润曲线

逆坡地下河槽的浸润曲线如图 23.3 所示。逆坡地下河槽也没有正常水深线，因此没有均匀渗流。单宽流量和浸润曲线的计算公式为

$$q=\frac{ki'(Li'+h_2-h_1)}{\ln[(ki'h_2+q)/(ki'h_1+q)]} \tag{23.12}$$

式中：i'为逆坡河槽的底坡。对于任意断面水深 h 和该断面距断面 1—1 的距离 x，式（23.12）可改写为

$$q=\frac{ki'(xi'+h-h_1)}{\ln[(ki'h+q)/(ki'h_1+q)]} \tag{23.13}$$

比较式（23.12）和式（23.13）得

$$x=\frac{1}{i'}\left(h_1-h+\frac{q}{ki'}\ln\frac{ki'h+q}{ki'h_1+q}\right) \tag{23.14}$$

式（23.12）～式（23.14）是计算逆坡地下河槽单宽渗流量和浸润曲线的基本公式。

23.3　实验设备和仪器

实验设备为自循环实验系统，如图 23.4 所示。可以看出，实验设备由两部分组成：一部分为渗流水槽系统，另一部分为供水和测量系统。

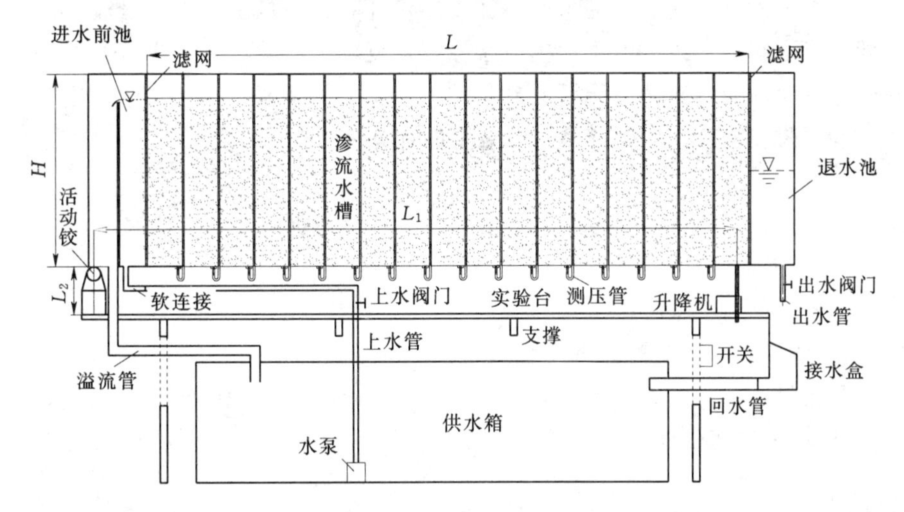

图 23.4　渗流实验水槽

渗流水槽系统由实验台、支撑、开关、渗流水槽、渗流水槽左端的进水前池、右端的退水池、在进水前池的右端和退水池的左端设滤网，实验沙装在两个滤网之间。在渗流水槽的底部每隔 10～15cm 装一测压管，测压管进口设滤网，以防沙子堵塞测压管。在渗流水槽底部的左端设活动铰，右端设升降机，用以改变渗流水槽的底坡。

供水和测量系统由供水箱、水泵、上水管、上水阀门组成，上水管与渗流水槽之间用软连接，便于渗流水槽底坡的调整。在进水前池中设与供水箱相接的溢流管，以保证进入渗流水槽的水流为恒定流。为了测量流量，在退水池底部设出水管，出水管上装出水阀门，在出水管下方设接水盒，水流通过接水盒后面的回水管流入供水箱。

测量仪器为量筒、秒表、测尺和洗耳球。

23.4　实验方法和步骤

（1）在渗流水槽中装入实验沙，沙的顶部表面为水平，沙面低于渗流水槽顶部 10～15cm。在装实验沙时，边装沙边用温水浸泡，以便密实并将沙中的空气排出。

（2）实验前一天将实验沙浸泡湿润。

（3）记录已知数据，如渗流水槽两个滤网之间的实验段长度 L、渗流水槽宽度 b、测压孔间距。

（4）确定渗流水槽的底坡。活动铰底部距渗流水槽底部的距离为 L_2，打开升降机，当升降机的升降杆顶部距实验台面的距离为 L_2 时，渗流水槽处于水平状态。

（5）打开水泵，逐渐打开上水阀门，使进水前池充满水，并保持溢流状态。

（6）将出水阀门打开一部分，使水流通过沙体，当水流将实验沙全部浸泡时，关闭出水阀门，用洗耳球将测压管中的空气排出，并检验空气是否排完，检验的方法是出水阀门关闭时，各测压管的液面应水平。

（7）打开出水管上的出水阀门为合适开度，调节退水池中的水深为 30cm 左右，待水流稳定后，用测尺读取各测压管的水面读数，用量杯和秒表从出水管测量流量。

（8）调节出水阀门，改变退水池中的水深，重复第（7）步 1～2 次。

（9）改变渗流水槽的底坡。设活动铰距升降机之间的距离为 L_1，调节升降机，使渗流水槽的一端下降或上升某一距离 Δ，则坡度的计算公式为

$$\alpha=\arctan(\Delta/L_1)$$

式中：Δ 可以直接用测尺测量。当渗流水槽上升时，升降机处渗流水槽底部距实验台的距离减去 L_2 即为上升的高度 Δ；当渗流水槽下降时，用 L_2 减去渗流水槽底部距实验台面的距离即为下降的高度 Δ。

（10）渗流水槽底坡改变后，重复第（4）～（8）步的实验步骤，测量各底坡的测压管水面读数和流量。

（11）实验结束后将仪器恢复原状。

23.5　数据处理和成果分析

实验设备名称：　　　　　　　　　　　　　　　　仪器编号：

同组学生姓名：

已知数据：渗流水槽实验段长度 L=　　　cm；渗流水槽宽度 b=　　　cm

1. 流量测量

数据记录见表 23.1。

表 23.1　　　　　流量测量数据记录

测次	底坡 i	进水前池水深 /cm	退水池中水深 /cm	体积 /cm^3	时间 /s	Q /(cm^3/s)	q /(cm^2/s)

2. 测压管读数测量

数据记录见表23.2。

表 23.2 **测压管读数测量记录**

测压管距进水前池滤网距离/cm	$i=$ ，$q=$ cm^2/s			$i=$ ，$q=$ cm^2/s			$i=$ ，$q=$ cm^2/s		
	测压管编号	测压管读数/cm	计算水面线/cm	测压管编号	测压管读数/cm	计算水面线/cm	测压管编号	测压管读数/cm	计算水面线/cm

实验日期： 学生签名： 指导教师签名：

注 第一根测压管读数为进水前池的水面读数，最后一根测压管读数为退水池的水面读数。

3. 成果分析

(1) 单宽流量 $q=Q/b$。

(2) 根据实测的流量、h_2、h_1 和已知的 L 和 i 计算渗透系数 k，对于正坡渠道用式(23.6)计算；对于平坡渠道用式(23.10)计算；对于逆坡渠道用式(23.12)计算。

(3) 水面线计算可以根据坡度选用公式。对于正坡渠道用式(23.8)计算；对于平坡用式(23.11)计算；对于逆坡用式(23.14)计算。

(4) 根据各测压管水面读数及计算的水面线在方格纸上绘出浸润曲线，对结果进行对比分析。

23.6 实验中应注意的问题

(1) 实验时要逐渐开启上水阀门，流量不能过大，流量过大可能会使沙土浮动，也可能使雷诺数较大而超出达西渗透实验的范围。

(2) 要始终保持溢流板上有水流溢出，以保证进水前池的水头为恒定水头。

(3) 退水池中的水深不一定按实验要求的去控制，可根据实际情况任意控制。

思　考　题

(1) 地下河槽渗流与地面明槽流有何相似之处?

(2) 在地下河漕渗流中存在缓坡、陡坡、临界坡、急流、缓流、临界流吗?

(3) 渗流的浸润曲线与明渠水面曲线有何区别。

(4) 如何确定地下河槽中的渗透系数。

第24章　潜水完整井渗透系数和浸润曲线实验

24.1　实验目的和要求

(1) 掌握测量潜水完整井流量的方法。

(2) 掌握测量潜水完整井浸润曲线的方法，并将测量结果与理论计算结果进行比较，分析其变化规律。

(3) 确定潜水完整井的渗透系数。

24.2　实验原理

具有自由液面的地下水称为无压地下水或潜水。在潜水中修建的井称为潜水井或无压井。潜水井分为两类，井底深达不透水层的井称为完整井，井底未达不透水层的称为非完整井。本章只讨论完整井的渗透系数。

设有一潜水抽水完整井如图24.1所示。设 h 为距井轴 r 处的浸润线高度，半径为 r 的过水断面面积为 $2\pi rh$，又设地下水为渐变流，则此圆柱面上各点的水力坡度为 $J=\mathrm{d}h/\mathrm{d}r$，根据渐变流的裘布衣公式，断面上的平均流速和流量为

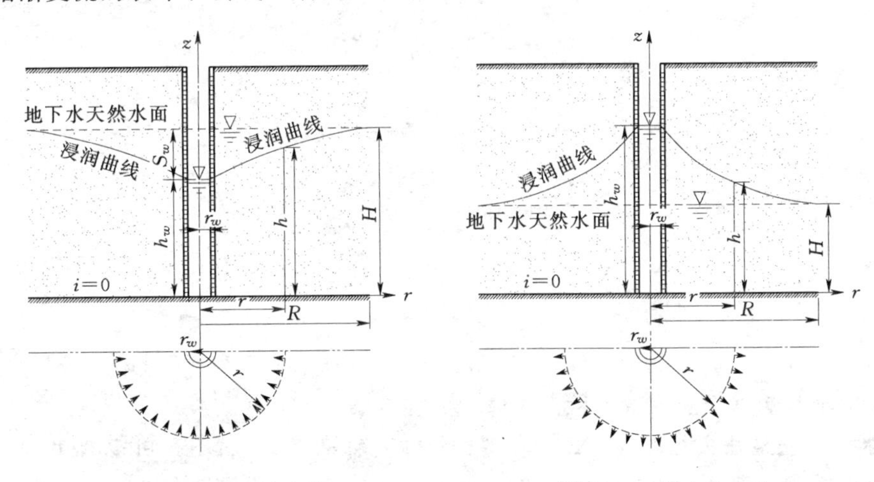

图24.1　潜水抽水井　　　　图24.2　潜水注水井

$$v=k\frac{\mathrm{d}h}{\mathrm{d}r} \tag{24.1}$$

$$Q=Av=2\pi krh\frac{\mathrm{d}h}{\mathrm{d}r} \tag{24.2}$$

对式（24.2）分离变量并积分得　$h^2=\frac{Q}{\pi k}\ln r+C$　（24.3）

利用边界条件 $r=r_w$ 时，$h=h_w$，$r=R$ 时，$h=H$，代入式（24.3）得

$$h^2-h_w^2=\frac{Q}{\pi k}\ln\frac{r}{r_w} \tag{24.4}$$

$$h^2-H^2=\frac{Q}{\pi k}\ln\frac{r}{R} \tag{24.5}$$

由式（24.4）可得潜水井的浸润线方程为

$$h=\sqrt{h_w^2+\frac{Q}{\pi k}\ln\frac{r}{r_w}} \tag{24.6}$$

用式（24.5）减去式（24.4）可得

$$Q=\frac{\pi k}{\ln R/r_w}(H^2-h_w^2) \tag{24.7}$$

式（24.7）称为潜水井的裘布衣公式。

式中：R 为井的影响半径；r_w 为井的半径；k 为渗透系数；H 为潜水含水层厚度；h_w 为井中的水深。

如果将水注入潜水完整井，称为潜水注水井，用于回灌地下水和测量水文地质参数。注水井中的水深 h_w 大于含水层的水深 H。如图 24.2 所示。此时出水量为负值，则式（24.7）变为

$$Q=\frac{\pi k}{\ln R/r_w}(h_w^2-H^2) \tag{24.8}$$

注水完整井的水面曲线用式（24.9）计算：

$$h=\sqrt{h_w^2-\frac{Q}{\pi k}\ln\frac{r}{r_w}} \tag{24.9}$$

24.3　实验设备和仪器

24.3.1　潜水抽水完整井实验设备和仪器

潜水抽水完整井实验设备为自循环实验系统，如图 24.3 所示。可以看出，实验设备由两部分组成：一部分为渗流水槽系统，另一部分为供水和测量系统。

渗流水槽系统由实验台、支撑、渗流水槽、渗流水槽左、右两端的进水池、渗流水槽与进水池之间用滤网隔开，实验沙装在两个滤网之间。在渗流水槽的中部装潜水抽水完整井，潜水抽水完整井用四周有穿孔的有机玻璃管制作，在潜水井的底部装有出水管。在渗流水槽的底部每隔 10～15cm 装一测压管，测压管进口设滤网，以防沙子堵塞测压管。在

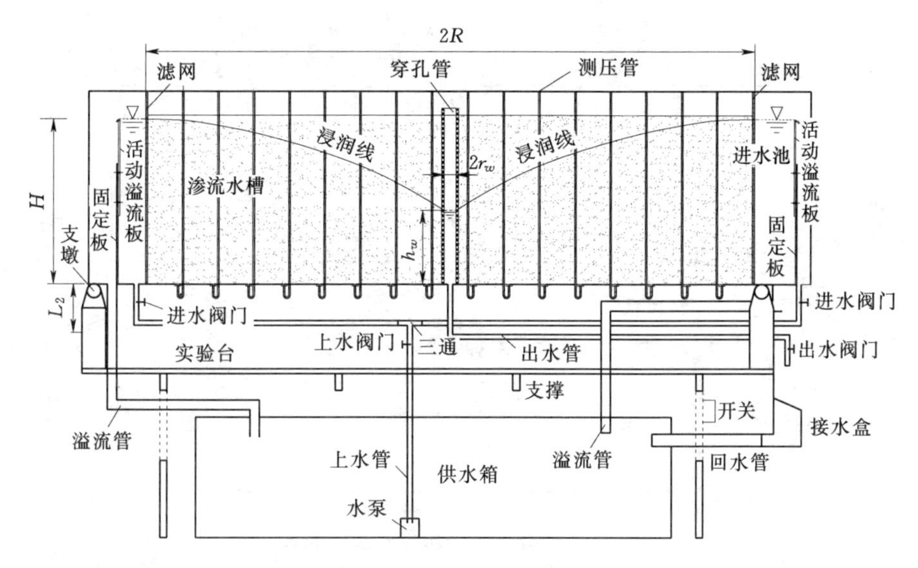

图 24.3 潜水抽水完整井实验装置

渗流水槽底部设支墩，支墩底部固定在实验台上。

供水和测量系统由供水箱、水泵、开关、上水阀门、上水管组成，上水管上设三通，用管道通向两端的进水池，在管道的两端设进水阀门，以调节进入进水池的流量。在进水池中设活动溢流板来稳定水位，活动溢流板可以上下调节，以调节进水池的水位。为了测量流量，在出水管上装出水阀门，在出水管下方设接水盒，水流通过接水盒后面的回水管流入供水箱。

测量仪器为量筒、秒表、测尺和洗耳球。

24.3.2 潜水注水完整井实验设备和仪器

潜水注水完整井实验设备如图 24.4 所示。与潜水抽水完整井不同点在于水泵直接将水流送入潜水注水完整井，经入渗后向水槽两端流动，两端的进水池变成了出水池，在出水池一端设溢流管和溢流阀门，在两端的出水池底部设出水管，出水管上设出水阀门，以控制出水池的水位和调节流量，水流从两端的出水管流入下方的接水盒，再通过回水管流入供水箱。

测量仪器仍为量筒、秒表、测尺和洗耳球。

24.4 实验方法和步骤

24.4.1 潜水抽水完整井实验方法和步骤

（1）在渗流水槽中装入实验沙，沙的顶部表面为水平，沙面低于渗流水槽顶部 10～15cm。

（2）记录已知数据，如实验渗流水槽两个滤网之间的实验段长度 L、渗流水槽宽度 b、测压孔间距、井的半径 r_w、影响半径 R。

（3）将进水池中的活动溢流板调节到适当位置，关闭出水阀门。

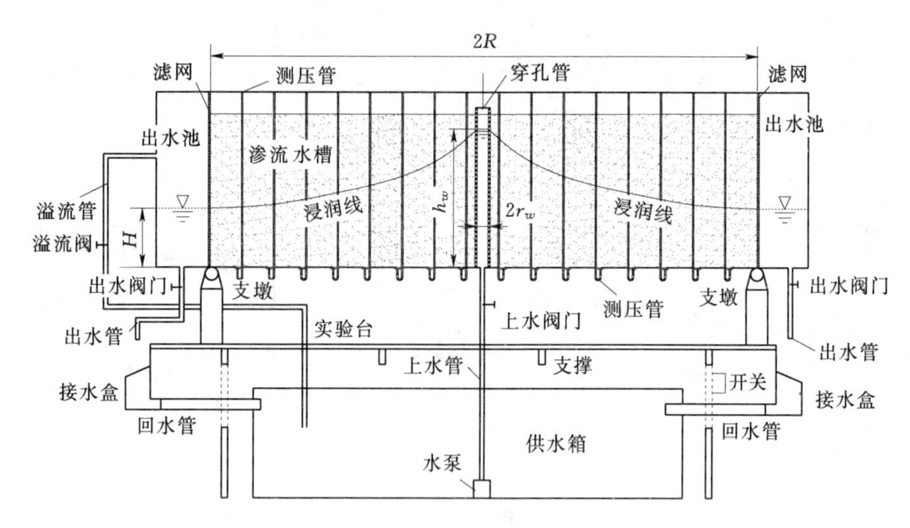

图 24.4　潜水注水完整井实验装置

（4）打开水泵，打开上水阀门和两端的进水阀门，使进水前池充满水，并保持溢流状态，两端进水池的水位应保持一致。

（5）用洗耳球将测压管中的空气排出，并检验空气是否排完，检验的方法是出水阀门关闭时，各测压管的液面应水平。

（6）打开出水管上的出水阀门，使水流从两端进水池渗入潜水抽水完整井。

（7）调节出水阀门，控制潜水抽水完整井中的水深，待水流稳定后，用测尺读取各测压管的水面读数，用量杯和秒表从出水阀门下面的管中测量流量。

（8）用出水阀门调节潜水抽水完整井中的水深，重复第（7）步 N 次。

（9）实验结束后将仪器恢复原状。

24.4.2　潜水注水完整井实验方法和步骤

（1）在渗流水槽中装入实验沙，沙的顶部表面为水平，沙面低于渗流水槽顶部 10～15cm。在装实验沙时，边装沙边用温水浸泡，以便密实并将沙中的空气排出。

（2）记录已知数据，如渗流水槽两个滤网之间的实验段长度 L、渗流水槽宽度 b、测压孔间距、井的半径 r_w、影响半径 R。

（3）关闭两端的出水阀门，打开溢流管上的溢流阀。

（4）打开水泵，打开上水阀门，调节潜水注水完整井中的水位在适当位置，使水流从注水井向两边的沙子渗透，并从溢流管流出，保持出水池水位恒定。

（5）用洗耳球将测压管中的空气排出，并检验空气是否排完，检验的方法是出水阀门关闭时，各测压管的液面应水平。

（6）打开出水管上的出水阀门，调节出水阀门使两端出水池中的水位相等。

（7）待水流稳定后，用测尺读取各测压管的水面读数，用量杯和秒表从两端出水阀门下面的管中测量流量。

（8）用上水阀门调节潜水注水完整井中的水深，或用出水阀门改变出水池中的水深，重复第（7）步 N 次。

(9) 实验结束后将仪器恢复原状。

24.5 数据处理和成果分析

实验设备名称： 仪器编号：

同组学生姓名：

已知数据：渗流水槽实验段长度 $L=$ cm；渗流水槽宽度 $b=$ cm；

井半径 $r_w=$ cm；影响半径 $R=$ cm

1. 潜水抽水完整井测压管读数测量

数据记录见表 24.1。

表 24.1 潜水抽水完整井测压管读数测量记录

测压管编号	x_i /cm	$H=$ cm $h_w=$ cm $q=$ cm^2/s		$H=$ cm $h_w=$ cm $q=$ cm^2/s		$H=$ cm $h_w=$ cm $q=$ cm^2/s		$H=$ cm $h_w=$ cm $q=$ cm^2/s	
		测压管读数 /cm	计算水面线 /cm	测压管读数 /cm	计算水面线 /cm	测压管读数 /cm	计算水面线 /cm	测压管读数 /cm	计算水面线 /cm

实验日期： 学生签名： 指导教师签名：

2. 潜水注水完整井测压管读数测量

数据记录见表 24.2。

表 24.2　　潜水注水完整井测压管读数测量记录

测压管编号	x_i /cm	$H=$ cm $h_w=$ cm $q=$ cm^2/s		$H=$ cm $h_w=$ cm $q=$ cm^2/s		$H=$ cm $h_w=$ cm $q=$ cm^2/s		$H=$ cm $h_w=$ cm $q=$ cm^2/s	
		测压管读数 /cm	计算水面线 /cm	测压管读数 /cm	计算水面线 /cm	测压管读数 /cm	计算水面线 /cm	测压管读数 /cm	计算水面线 /cm

实验日期：　　　　　　学生签名：　　　　　　指导教师签名：

3. 成果分析

(1) 根据实测的流量 Q、水头 H、井中水深 h_w 和已知的影响半径 R、井半径 r_w，计算渗透系数 k。对于潜水抽水完整井，用式 (24.7) 反求渗透系数，对于潜水注水完整井，用式 (24.8) 反求渗透系数。

(2) 根据实测的井中水深 h_w、井半径 r_w、流量 Q 和计算的渗透系数 k，计算潜水含水层的浸润线。对于潜水抽水完整井，用式 (24.6) 计算水面线，对于潜水注水完整井，用式 (24.9) 计算水面线。

(3) 根据各测压管水面读数及计算的浸润线，在方格纸上绘出浸润曲线，并对计算和实测结果进行对比分析。

24.6 实验中应注意的问题

(1) 实验时要逐渐开启上水阀门，流量不能过大，流量过大可能会使沙土浮动。

(2) 对于潜水抽水完整井，在实验时要始终保持溢流管上有水流溢出，以保证进水池的水头为恒定水头。

(3) 对于潜水注水完整井，在实验时要关闭溢流阀，同时要细心调整两端的出水阀门，使两端出水池中的水位相等。

(4) 不管是抽水井还是注水井，在调节流量时，均需缓慢调整，并需等水流稳定后才能进行参数的测量。

思 考 题

(1) 潜水抽水完整井与潜水注水完整井在用途上有何不同?

(2) 试推导潜水注水完整井的流量和水面曲线的计算公式。

(3) 潜水抽水完整井的浸润曲线与潜水注水完整井的浸润曲线有何不同?

(4) 如何确定潜水完整井的渗透系数?

第 25 章　承压完整井渗透系数和浸润曲线实验

25.1　实验目的和要求

（1）掌握测量承压完整井流量的方法。

（2）掌握测量承压完整井浸润曲线的方法，并将测量结果与理论计算结果进行比较，分析其变化规律。

（3）确定承压完整井的渗透系数。

25.2　实验原理

当含水层位于两个不透水层之间时，含水层中的地下水处于承压状态。如果凿井穿过上面的不透水层直达另一不透水层，则称为承压含水井或承压井。

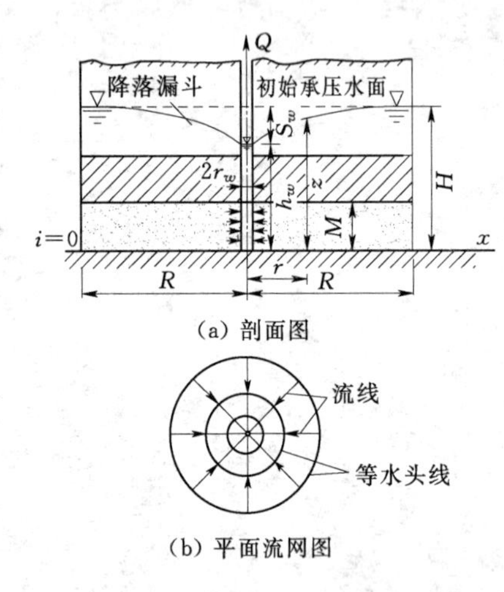

(a) 剖面图

(b) 平面流网图

图 25.1　承压水井示意图

设有一承压水井如图 25.1 所示。当未从井中抽水时，井中水面与原地下水面齐平。抽水后，井中水面下降，四周地下水汇流入井，周围地下水面逐步下降而形成降落漏斗形的浸润面。随着抽水的延续，降落漏斗不断扩展以供给井的抽水量。经过一段时间后，当补给量等于抽水量时，地下水的运动达到恒定状态，井中水位比原水位下降 S_w。

取距水井中心为 r 的渗流过水断面，当承压水井为稳定流时，由渐变渗流的特性知断面上各点的水力坡度相同，即 $J=\mathrm{d}z/\mathrm{d}r$，根据裘布依公式，过水断面的平均流速为 $v=kJ=k\mathrm{d}z/\mathrm{d}r$，该断面的面积为 $A=2\pi rM$，因此得

$$Q=2\pi rkM\frac{\mathrm{d}z}{\mathrm{d}r} \tag{25.1}$$

式中：r 为距水井中心的距离；k 为渗透系数；M 为含水层厚度；Q 为流量。

对式（25.1）变形为

$$\mathrm{d}z=\frac{Q}{2\pi rkM}\mathrm{d}r \tag{25.2}$$

对式（25.2）积分得

$$z=\frac{Q}{2\pi kM}\ln r+c \tag{25.3}$$

式中：c 为积分常数，由边界条件确定。当 $r=R$ 时，$z=H$，当 $r=r_w$ 时，$z=h_w$，将边界条件代入式（25.3）得

$$H=\frac{Q}{2\pi kM}\ln R+c \tag{25.4}$$

$$h_w=\frac{Q}{2\pi kM}\ln r_w+c \tag{25.5}$$

由式（25.5）解出 c，代入式（25.3）可得承压水井的浸润线方程为

$$z=h_w+\frac{Q}{2\pi kM}\ln\frac{r}{r_w} \tag{25.6}$$

由式（25.4）和式（25.5）相减消去 c 得

$$S_w=H-h_w=\frac{Q}{2\pi kM}\ln\frac{R}{r_w} \tag{25.7}$$

式中：S_w 为井水位降深；R 为影响半径。由式（25.7）解出流量 Q 为

$$Q=\frac{2\pi kMS_w}{\ln R/r_w} \tag{25.8}$$

式（25.8）称为承压水井的裘布衣公式。

25.3 实验设备和仪器

承压抽水完整井实验设备为自循环实验系统，如图 25.2 所示。可以看出，实验设备由两部分组成：一部分为实验水槽系统，另一部分为供水和测量系统。

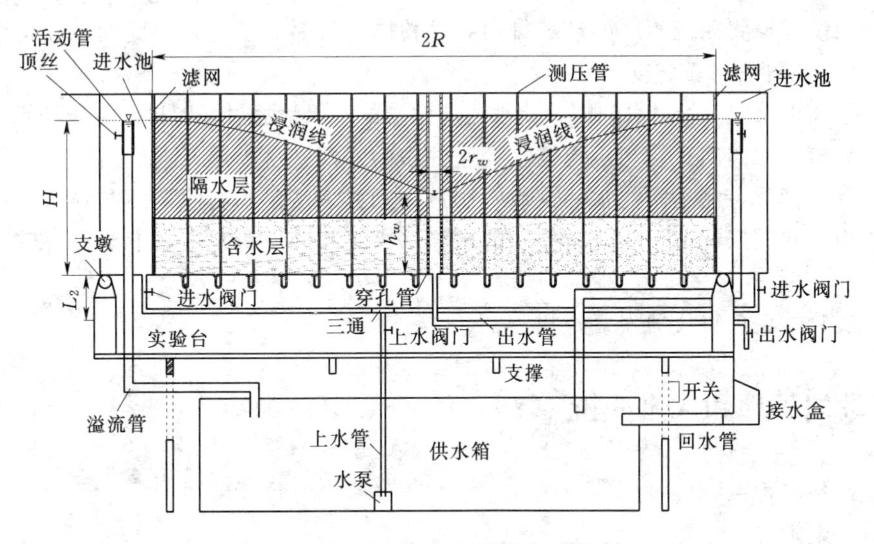

图 25.2 承压抽水完整井实验模型

实验水槽系统由实验台、支撑、开关、钢化玻璃实验水槽、实验水槽左、右两端的进水池、实验水槽与进水池之间的下部含水层部分用滤网隔开，上部为不透水层，实验沙装在两个滤网之间。在实验水槽的中部装承压抽水完整井，承压抽水完整井与含水层接触的

部分用四周有穿孔的有机玻璃管制作，上部隔水层四周不打孔。在承压井的底部装出水管。在实验水槽的底部每隔 10～15cm 装一测压管，测压管进口设滤网，以防沙子堵塞测压管。在实验水槽底部设支墩，支墩底部固定在实验台上。

供水和测量系统由供水箱、水泵、上水阀门、上水管组成，上水管上设三通，用管道通向两端的进水池，在管道的两端设进水阀门，以调节进入进水池的流量。在进水池中设溢流管来稳定水位，溢流管的顶部设活动管，活动管用顶丝固定，以调节进水池的水位。为了测量流量，在出水管上装出水阀门，在出水管下方设接水盒，水流通过接水盒后面的回水管流入供水箱。

测量仪器为量筒、秒表、测尺和洗耳球。

25.4　实验方法和步骤

（1）在实验水槽的含水层中装入实验沙，沙的顶部表面为水平，在沙面以上用不透水的材料做成隔水层，隔水层顶面低于实验水槽顶部 10～15cm。在装实验沙时，边装沙边用温水浸泡，以便密实并将沙中的空气排出。

（2）记录已知数据，如实验水槽两个滤网之间的实验段长度 L、实验水槽宽度 b、测压孔间距、井半径 r_w、影响半径 R。

（3）将进水池中的活动管调节到适当位置（两个管的顶面应一样高），并用顶丝固定，关闭出水阀门。

（4）打开水泵，打开上水阀门和两端的进水阀门，使进水前池充满水，并保持溢流状态，两端进水池的水位应保持一致。

（5）用洗耳球将测压管中的空气排出，并检验空气是否排完，检验的方法是出水阀门关闭时，各测压管的液面应水平。

（6）打开出水管上的出水阀门，使水流从两端的进水池通过滤网进入承压抽水完整井。

（7）调节出水阀门，控制承压抽水完整井中的水深在含水层以上适当位置，待水流稳定后，用测尺读取各测压管的水面读数，用量杯和秒表从出水阀门下面的管中测量流量。

（8）用出水阀门调节承压完整井中的水深（水深需高于含水层高度），重复第（7）步 N 次。

（9）实验结束后将仪器恢复原状。

25.5　数据处理和成果分析

实验设备名称：　　　　　　　　　　　　　　仪器编号：

同组学生姓名：

已知数据：实验水槽实验段长度 $L=$ 　　　cm；实验水槽宽度 $b=$ 　　　cm；

井半径 $r_w=$ 　　cm；影响半径 $R=$ 　　cm；含水层厚度 $M=$ 　　cm

1. 承压抽水完整井测压管读数测量

实验记录见表 25.1。

表 25.1　　承压抽水完整井测压管读数测量记录

测压管编号	x_i /cm	$H=$ cm $h_w=$ cm $q=$ cm^2/s		$H=$ cm $h_w=$ cm $q=$ cm^2/s		$H=$ cm $h_w=$ cm $q=$ cm^2/s		$H=$ cm $h_w=$ cm $q=$ cm^2/s	
		测压管读数 /cm	计算水面线 /cm	测压管读数 /cm	计算水面线 /cm	测压管读数 /cm	计算水面线 /cm	测压管读数 /cm	计算水面线 /cm
实验日期：				学生签名：			指导教师签名：		

2. 成果分析

(1)根据实测的流量 Q、水头 H、井中水深 h_w 和已知的影响半径 R、井半径 r_w，含水层厚度 M，用式(25.7)或式(25.8)计算渗透系数 k。

(2)根据实测的井中水深 h_w、井半径 r_w、流量 Q 和计算的渗透系数 k，用式(25.6)计算承压水井的水面曲线。

(3)根据各测压管水面读数及计算的水面线，在方格纸上绘出浸润曲线，并对计算和实测结果进行对比分析。

25.6　实验中应注意的问题

(1)实验时要逐渐开启上水阀门，流量不能过大，流量过大可能会使沙土浮动。

(2)在实验时要始终保持溢流管上有水流溢出，以保证进水池的水头为恒定水头。

(3)在调节流量时需缓慢调节，并需等水流稳定后才能进行参数的测量。

思　考　题

(1)承压抽水完整井与潜水完整井有何不同？

(2)试用拉普拉斯方程推导承压完整井的流量和水面曲线的计算公式。

(3)如何确定承压完整井的渗透系数和水位降深？

(4)通过实验和计算，简述承压抽水完整井计算公式的误差，并分析为什么？

第 26 章 集水廊道渗透系数和浸润曲线实验

26.1 实验目的和要求

（1）掌握测量集水廊道流量的方法。

（2）掌握测量集水廊道浸润曲线的方法，并将测量结果与理论计算结果进行比较，分析其变化规律。

（3）确定集水廊道的渗透系数。

26.2 实验原理

集水廊道可以用来取水，也可以用来降低地下水位，如图 26.1 所示。集水廊道的渗流计算仍可用渐变渗流的方法计算渗流量和浸润曲线。当隔水层为水平时，渗流量和浸润线仍为平底地下河槽的计算公式，即

$$q=\frac{k}{2L}(h_1^2-h_2^2) \tag{26.1}$$

$$h=\sqrt{h_1^2-\frac{x}{L}(h_1^2-h_2^2)} \tag{26.2}$$

式中：h_1、h_2 分别为任意两断面的水深。将 $h_1=H$，$h_2=h_0$ 代入以上两式，得集水廊道流量和浸润线方程为

$$q=\frac{k}{2L}(H^2-h_0^2) \tag{26.3}$$

$$h=\sqrt{H^2-\frac{x}{L}(H^2-h_0^2)} \tag{26.4}$$

式中：h_0 为集水廊道的水深；q 为集水廊道一侧的单宽流量；L 为集水廊道一侧的长度；H 为距廊道 L 处的水深；k 为渗流系数。

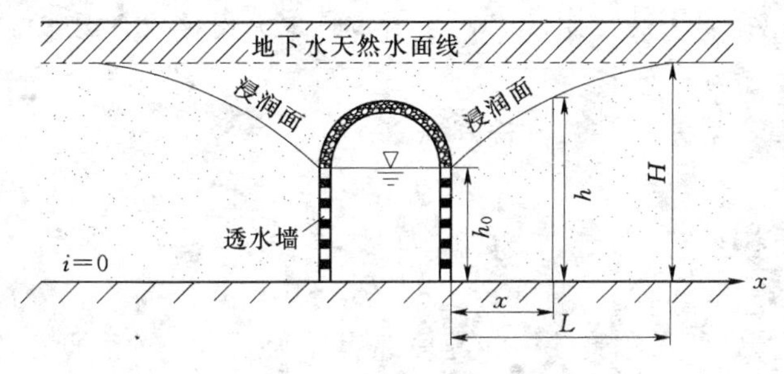

图 26.1 集水廊道浸润线示意图

集水廊道两侧的总流量为

$$Q=2lq \tag{26.5}$$

式中：l 为集水廊道的长度（即垂直于纸面的长度）。

26.3　实验设备和仪器

实验设备为自循环实验系统，如图 26.2 所示。可以看出，实验设备由两部分组成：一部分为渗流水槽系统，另一部分为供水和测量系统。

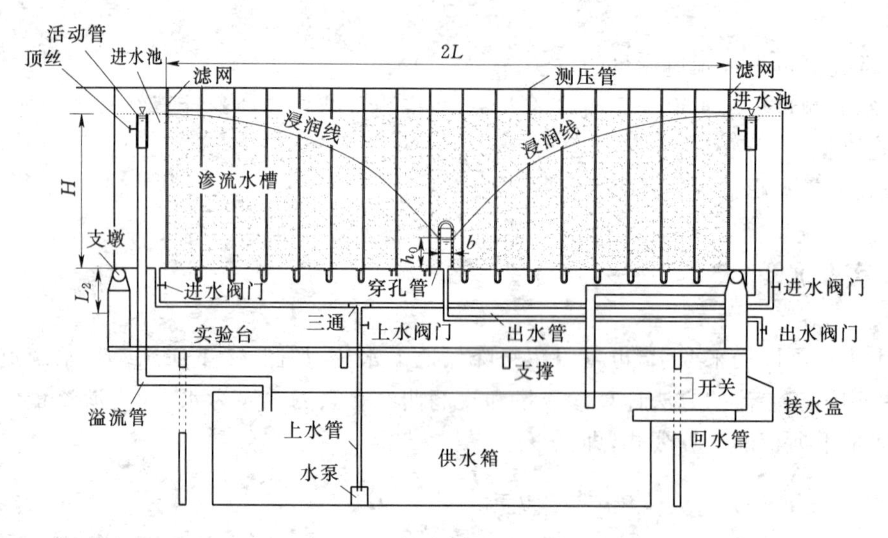

图 26.2　集水廊道实验模型

渗流水槽系统由实验台、支撑、开关、渗流水槽、渗流水槽左、右两端的进水池、渗流水槽与进水池之间用滤网隔开，实验沙装在两个滤网之间。在渗流水槽的中部设集水廊道，集水廊道的侧壁用穿孔的有机玻璃制作，上面顶盖用不透水材料制作。在集水廊道的底部装出水管。在渗流水槽的底部每隔 10～15cm 装一测压管，测压管进口设滤网，以防沙子堵塞测压管。在渗流水槽底部设支墩，支墩底部固定在实验台上。

供水和测量系统由供水箱、水泵、上水阀门、上水管组成，上水管上设三通，用管道通向两端的进水池，在管道的两端设进水阀门，以调节进入进水池的流量。在进水池中设溢流管来稳定水位，溢流管的顶部设活动管，活动管用顶丝固定，以调节进水池的水位。为了测量流量，在出水管上装出水阀门，在出水管下方设接水盒，水流通过接水盒后面的回水管流入供水箱。

测量仪器为量筒、秒表、测尺和洗耳球。

26.4　实验方法和步骤

（1）在渗流水槽中装入实验沙，沙的顶部表面为水平，沙面低于渗流水槽顶部 10～15cm。在装实验沙时，边装沙边用温水浸泡，以便密实并将沙中的空气排出。

（2）记录已知数据，如渗流水槽两个滤网之间的实验段长度 $2L$、测压孔间距，集水廊道的长度 l。

（3）将进水池中的活动管调节到适当位置（注意两边的管顶应同高），并用顶丝固定，关闭出水阀门。

（4）打开水泵，打开上水阀门和两端的进水阀门，使进水前池充满水，并保持溢流状态，两端进水池的水位应保持一致。

（5）用洗耳球将测压管中的空气排出，并检验空气是否排完，检验的方法是出水阀门关闭时，各测压管的液面应水平。

（6）打开出水管上的出水阀门，使水流从两端进水池渗入集水廊道。

（7）调节出水阀门，控制集水廊道中的水深，待水流稳定后，用测尺读取各测压管的水面读数，用量杯和秒表从出水阀门下面的管中测量流量。

（8）用出水阀门调节集水廊道中的水深，重复第（7）步 N 次。

（9）实验结束后将仪器恢复原状。

26.5　数据处理和成果分析

实验设备名称：　　　　　　　　　　　　　　　仪器编号：

同组学生姓名：

已知数据：渗流水槽实验段半长度 $L=$　　　　cm；集水廊道宽度 $l=$　　　　cm

1. 测压管读数测量

数据记录见表 26.1。

表 26.1　　　　　　　　　　**测压管读数测量记录**

测压管编号	x_i /cm	$H=$　cm $h_0=$　cm $q=$　cm^2/s		$H=$　cm $h_0=$　cm $q=$　cm^2/s		$H=$　cm $h_0=$　cm $q=$　cm^2/s		$H=$　cm $h_0=$　cm $q=$　cm^2/s	
		测压管读数 /cm	计算浸润线 /cm	测压管读数 /cm	计算浸润线 /cm	测压管读数 /cm	计算浸润线 /cm	测压管读数 /cm	计算浸润线 /cm

实验日期：　　　　　　　　　　　　学生签名：　　　　　　　　　　　　指导教师签名：

2. 成果分析

(1) 根据实测的流量 Q、水头 H、集水廊道中水深 h_0 和已知的 L、用式 (26.5) 计算单宽流量 q，用式 (26.3) 计算渗透系数 k。

(2) 根据实测的 h_0 和流量 Q 和 H，用式 (26.4) 计算潜水含水层的浸润线。

(3) 根据各测压管水面读数及计算的浸润线，在方格纸上绘出浸润曲线，并对计算和实测结果进行对比分析。

26.6　实验中应注意的问题

(1) 实验时要逐渐开启上水阀门，流量不能过大，流量过大可能会使沙土浮动。

(2) 在实验时要始终保持溢流管上有水流溢出，以保证进水池的水头为恒定水头。

(3) 调节流量时需缓慢调节，并需等水流稳定后才能进行参数的测量。

思　考　题

(1) 集水廊道的作用是什么?

(2) 如何确定集水廊道的渗透系数?

(3) 集水廊道实验与潜水完整井实验有何异同?

第 27 章　均值土坝渗透系数和浸润曲线实验

27.1　实验目的和要求

（1）掌握测量均质土坝渗流量的方法。

（2）掌握测量均质土坝浸润曲线的方法，并将测量结果与理论计算结果进行比较，分析其变化规律。

（3）确定均质土坝的渗透系数。

27.2　实验原理

土坝是水利工程中常见的挡水建筑物之一。其渗流计算的主要任务是确定经过坝体的渗流量，浸润曲线和流速等，来验证坝体的稳定性和水量损失。

设有一筑于水平不透水地基上的均质土坝如图 27.1 所示。上、下游水头分别为 H_1 和 H_2，上游液体将通过边界 AB 渗入坝体，在坝体形成浸润线 AC 并在 C 点逸出，C 点称为逸出点。CH 的垂直高度 a_0 称为逸出高度。ABDC 区域为渗流区。

土坝渗流常采用分段法计算，并且有三段法和两段法两种计算方法，两段法的计算相对比较简单，下面介绍两段法的计算方法。

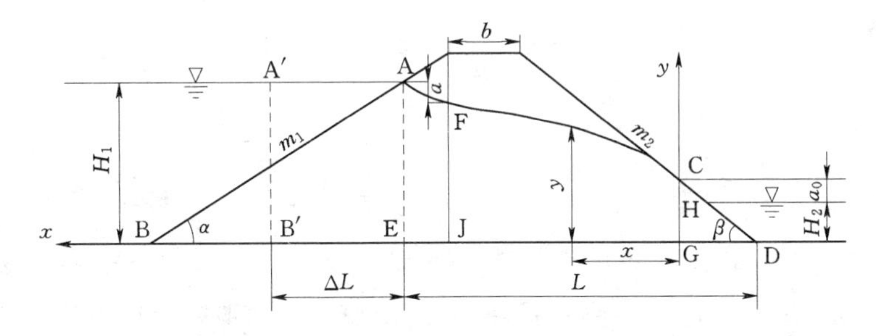

图 27.1　两段法计算不透水地基均质土坝渗流

两段法计算土坝渗流的基本思路是把上游的楔形体 ABE 用一个矩形体 AEB′A′代替，如图 27.1 所示。而矩形坝体的宽度 ΔL 的确定，使在保持原来的上游水头 H_1 和单宽渗流量 q 的条件下，通过矩形楔体到达 FJ 断面上的水头损失 a 相等，由试验分析得到等效的矩形体的宽度 ΔL 由式（27.1）确定：

$$\Delta L=\frac{m_1}{1+2m_1}H_1 \tag{27.1}$$

式中：m_1 为上游坝坡；H_1 为上游水深；ΔL 为等效矩形体的宽度。

这样，整个渗流区就由两段组成，即上游渗流段 A′B′GC 和下游段 CGD。这样简化以后，上游段的水力坡度为

$$J=\frac{H_1-(a_0+H_2)}{L+\Delta L-m_2(a_0+H_2)} \tag{27.2}$$

由裘布衣公式得

$$v=kJ=k\frac{H_1-(a_0+H_2)}{L+\Delta L-m_2(a_0+H_2)} \tag{27.3}$$

单宽渗流量为

$$q=\frac{k}{2}\frac{H_1^2-(a_0+H_2)^2}{L+\Delta L-m_2(a_0+H_2)} \tag{27.4}$$

式中：m_2 为下游坝坡；H_2 为下游水深；a_0 为逸出高度；v 为流速；k 为渗透系数；J 为水力坡度；q 为单宽流量；L 为入渗点 A 距下游坝脚 D 点的距离。

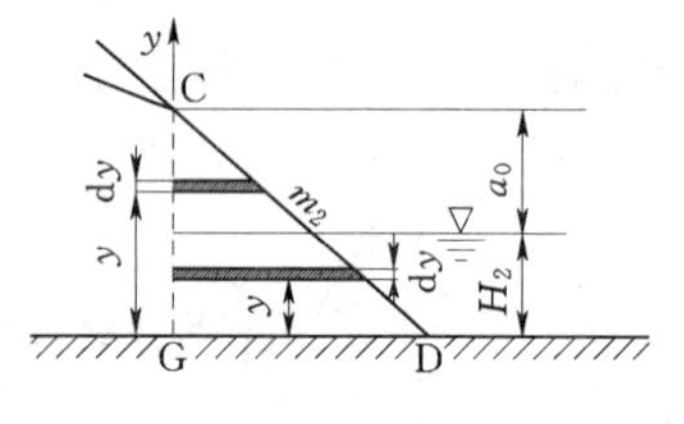

图 27.2　下游楔形段

对于下游楔形段如图 27.2 所示。该段下游水深为 H_2，逸出点距下游水面的高度为 a_0。由图 27.2 可见，下游水面以上为无压区，水面以下为有压流，需要分开计算。计算时仍假设下游段内渗流的流线为水平线。

对于下游水面以上的无压区，设在距坝底为 y 处取一水平微小流束，通过该微小流束的单宽流量为 $\mathrm{d}q_1$，水力坡度 J 为 $1/m_2$，则

$$\mathrm{d}q_1=kJ\mathrm{d}y=\frac{k}{m_2}\mathrm{d}y \tag{27.5}$$

对式（27.5）积分得

$$q_1=\int_0^{a_0}\frac{k}{m_2}\mathrm{d}y=\frac{ka_0}{m_2} \tag{27.6}$$

对水面以下的有压区，同样可以写出

$$\mathrm{d}q_2=kJ\mathrm{d}y \tag{27.7}$$

式中 $J=a_0/(m_2y)$，代入式（27.7）并积分得

$$q_2=\frac{ka_0}{m_2}\ln\frac{a_0+H_2}{a_0} \tag{27.8}$$

下游楔形段泄出的总单宽流量为

$$q=q_1+q_2=\frac{ka_0}{m_2}\left(1+\ln\frac{a_0+H_2}{a_0}\right) \tag{27.9}$$

式（27.4）和式（27.9）可以求解两个未知数 q 和 a_0，浸润曲线可以取以点 G 为坐标原点的一组直角坐标系来进行研究，如图 27.1 所示，x 轴以向左为正，这里我们不加推导地直接写出浸润曲线方程为

$$y=\sqrt{\frac{x}{\Delta L+L-m_2(a_0+H_2)}[H_1^2-(a_0+H_2)^2]+(a_0+H_2)^2} \tag{27.10}$$

假定一系列 x 值，即可由式（27.10）算得相应的 y 值，从而描绘出坝内浸润曲线，由式（27.10）可见，当 $x=0$ 时，$y=(a_0+H_2)$，当 $x=\Delta L+L-m_2(a_0+H_2)$ 时，$y=H_1$。

但从式（27.10）计算的浸润曲线是从 A′点开始的，而实际上入渗点应在点 A，故 A′F 段的曲线应加以修正。在实用上把 A 点作为曲线的上游端起点，再用光滑曲线与 F 点连接即可。

27.3 实验设备和仪器

均质土坝渗流实验设备为自循环实验系统，如图 27.3 所示。可以看出，实验设备由两部分组成：一部分为渗流水槽系统，另一部分为供水和测量系统。

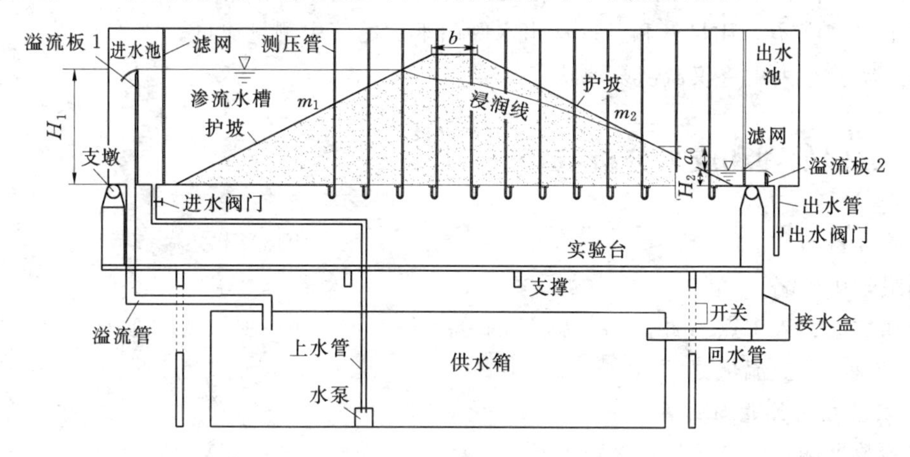

图 27.3 均质土坝渗流实验模型

渗流水槽系统由实验台、支撑、开关、渗流水槽、渗流水槽左进水池和右端的出水池、渗流水槽与进水池和出水池之间用滤网隔开，均质土坝装在两个滤网之间。土坝的上下游用透水不易冲材料护坡，上下游护坡之间装均质泥沙。在均质土坝的底部装测压管，测压管位置的设置原则是：在上游设一到两根测压管，上游土坝与水面接触的断面以及浸润线出口断面各设一根测压管，在土坝内部设若干根测压管，测压管进口设滤网，以防沙子堵塞测压管。在渗流水槽底部设支墩，支墩底部固定在实验台上。

供水和测量系统由供水箱、水泵、上水管、进水阀门组成，上水管通向进水池，在进水池中设溢流板 1 来稳定水位，在进水池的底部设溢流管，溢流管通向供水箱。在土坝的下游设出水池，出水池中设溢流板 2，以稳定下游水位。为了测量流量，在出水池底部设出水管，出水管上装出水阀门，在出水管下方设接水盒，水流通过接水盒后面的回水管流入供水箱。

测量仪器为量筒、秒表、测尺和洗耳球。

27.4 实验方法和步骤

(1) 在渗流水槽的适当部位装均质土坝，土坝的上下游用透水不易冲材料护面。坝顶部低于渗流水槽顶部 10～15cm。

(2) 记录已知数据，如坝顶宽度 b，坝的入水点 A 距下游坝脚 D 的距离 L、测压孔位置及间距。

(3) 打开水泵，缓慢打开上水管上的进水阀门，关闭下游出水管上的出水阀门，使进水前池充满水，并使水流从溢流板 1 上溢流，保持上游水位的恒定。

(4) 用洗耳球将测压管中的空气排出，并检验空气是否排完，检验的方法是出水阀门关闭时，各测压管的液面应水平。

(5) 缓慢打开出水管上的出水阀门，使水流通过坝体流向下游，并从出水池中的溢流板 2 流出，保持下游水位的恒定。

(6) 待水流稳定后，用测尺读取各测压管的水面读数，上游水头 H_1、下游水头 H_2、水流逸出点高度 a_0，用量杯和秒表从出水阀门下面的管中测量流量。

(7) 实验结束后将仪器恢复原状。

27.5　数据处理和成果分析

实验设备名称：　　　　　　　　　　　　　　仪器编号：

同组学生姓名：

已知数据：入水点 A 距下游坝脚 D 的距离 $L=$　　cm；坝顶宽度 $b=$　　cm；

溢流坝宽度 $B=$　　cm

1. 实验数据测量与计算

实验数据测量与计算见表 27.1。

表 27.1　　　　　　　　实验数据测量与计算

<table>
<tr><th rowspan="2">测压管编号</th><th rowspan="2">x_i
/cm</th><th colspan="3">$H_1=$　　cm，$H_2=$　　cm，$a_0=$　　cm，$Q=$　　cm^3/s</th></tr>
<tr><th>测压管读数
/cm</th><th>计算浸润线
/cm</th><th>计算单宽流量 q
/(cm^2/s)</th></tr>
<tr><td></td><td></td><td></td><td></td><td rowspan="5"></td></tr>
<tr><td></td><td></td><td></td><td></td></tr>
<tr><td></td><td></td><td></td><td></td></tr>
<tr><td></td><td></td><td></td><td></td></tr>
<tr><td></td><td></td><td></td><td></td></tr>
<tr><td></td><td></td><td></td><td></td><td rowspan="2">计算渗透系数 k
/(cm/s)</td></tr>
<tr><td></td><td></td><td></td><td></td></tr>
<tr><td></td><td></td><td></td><td></td><td rowspan="5"></td></tr>
<tr><td></td><td></td><td></td><td></td></tr>
<tr><td></td><td></td><td></td><td></td></tr>
<tr><td></td><td></td><td></td><td></td></tr>
<tr><td></td><td></td><td></td><td></td></tr>
</table>

实验日期：　　　　　　　　　　学生签名：　　　　　　　　　　指导教师签名：

2. 成果分析

(1) 根据已知的上游水头 H_1，用式 (27.1) 计算等效的矩形体的宽度 ΔL。

(2) 根据实测的上游水头 H_1、下游水头 H_2 和已知入水点 A 距下游坝脚 D 的距离 L、ΔL、下游坝坡 m_2，联立式 (27.4) 和式 (27.9) 求单宽流量 q 和逸出点高度 a_0。

（3）用式（27.2）计算水力坡度 J。

（4）用式（27.4）或式（27.9）求渗透系数 k。

（5）用式（27.10）计算浸润曲线。

（6）根据各测压管水面读数及计算的浸润线，在方格纸上绘出浸润曲线，并对计算和实测结果进行对比分析。

（7）实测的单宽流量为 $q=Q/B$。Q 为实测的总流量；B 为均质土坝的宽度（及实验水槽的宽度）。将实测结果与理论计算结果进行比较。

（8）根据实测的 a_0、H_1、H_2、L、ΔL 和下游坝坡 m_2，用式（27.2）计算水力坡度 J，并与理论计算结果进行比较。

（9）根据实测的 a_0、H_2 和下游坝坡 m_2 以及实测流量 q，用式（27.9）反求渗透系数 k，并与计算结果进行比较。

（10）用式（27.3）计算渗流速度 v。

27.6　实验中应注意的问题

（1）实验时要逐渐开启进水阀门，流量不能过大，流量过大可能会使沙土浮动。

（2）在实验时要始终保持上下游溢流板上有水流溢出，以保证进水池和出水池的水头为恒定水头。

（3）实验时需等水流稳定后才能进行参数的测量。

思　考　题

（1）实测均质土坝的浸润曲线、流量、水力坡度与计算的浸润曲线、流量和水力坡度有什么不同？

（2）在计算土坝渗流时，还可以用三段法，试推导三段法的计算公式。

第 28 章　设计性实验 1　管道水流实验

28.1　实验目的和要求

（1）让学生了解流体构件，锻炼组装流体构件的能力。

（2）能根据不同的流体构件，让学生自己动手，自行设计出流体构件的任意组合形式，并测量出所需的水力参数。

（3）锻炼学生编写实验报告的能力。

28.2　实验原理

流体的流动可以分为两种：一是封闭管道的流动，二是明渠流动。封闭管道的流动也叫管流流动，最常见的是圆形管道的流动。当水流在管道中流动时，由于管路中安装各种阻力阀门，或者管路的管径发生变化，或者管路中装有节流流量计，如文丘里流量计、孔板流量计，或者管道分岔、管道收缩、管道放大，或者管道的位置发生变化，或者管路中流动突然变化，如阀门的突然关闭、突然开启等。在以前的水力学实验中，只是对上述某一种水流现象进行单个的实验和研究。本设计性实验是将各种不同的流体构件按照不同的方式组合起来，构成各种不同的水流流动现象，让学生根据所学的水力学理论和实验知识，运用能量守恒、动量守恒和质量守恒原理，分析水流的运动规律，并与实验结果进行对比。

能量方程为

$$z_1+\frac{p_1}{\gamma}+\frac{\alpha_1 v_1^2}{2g}=z_2+\frac{p_2}{\gamma}+\frac{\alpha_2 v_2^2}{2g}+h_{w1-2} \tag{28.1}$$

动量方程为

$$\sum F=\rho Q(\beta_2 v_2-\beta_1 v_1) \tag{28.2}$$

连续方程为

$$A_1 v_1=A_2 v_2 \tag{28.3}$$

28.3　实验设备和仪器

实验设备如图 28.1 和图 28.2 所示。由图可见，管道实验设备由固定部分和活动部分组成。固定的部分为供水箱、水泵、开关、上水管、下水管、进出水调节阀门、法兰和测压排组成。活动部分由流体构件组成。流体构件有 8 件，其中图 28.2（a）所示的7件可以显示沿程水流变化、局部突然扩大和突然缩小的水流变化、由于管道位置变化而产生的水流空化现象、管道的分叉流动、水流局部突缩与水流渐缩的流动现象、水流通过孔板流量计、文丘里流量计的水流现象、水流逐渐放大与水流沿程变化的流动现象、水流通过闸阀、弯道的流动现象等。图28.2（b）所示的1件为家用简易洗澡装置，该装置由水泵、凉水箱、热水箱、凉水管、热水管、喷头以及安装在凉水管道上的文丘里管组成。

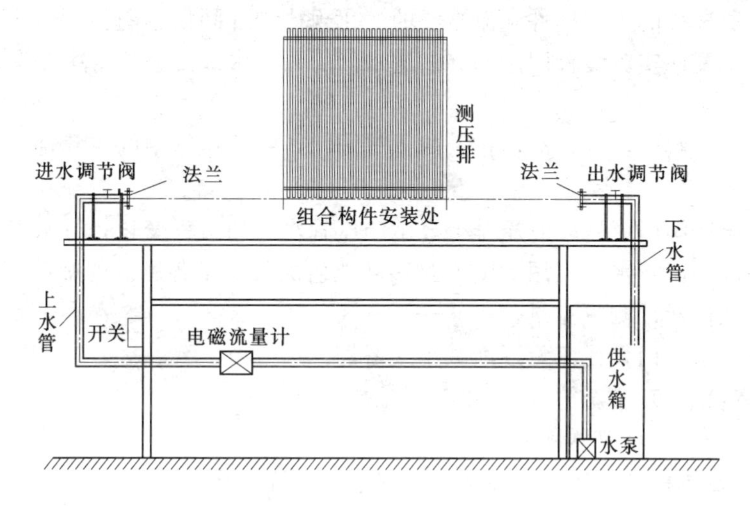

图28.1 设计性实验台

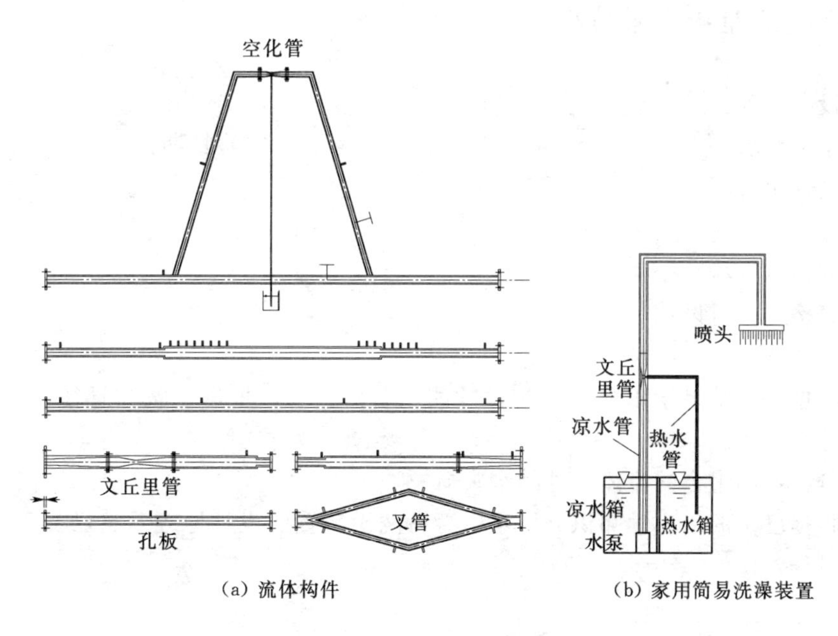

图28.2 流体构件

除以上流体构件外，学生还可以根据自己的设想设计其他构件形式。

测量仪器为电磁流量计、DJ800型多功能监测仪、测压管、钢板尺、温度计和洗耳球。

28.4　实验方法和步骤

（1）熟悉管道水流实验设备和流体构件的组成。

（2）选择实验所需的流体构件组合形式安装到预留的活动空间中。

（3）记录所选择的流体构件各变化断面的直径、变化形式。

（4）分析所选择的流体构件水流沿程的变化规律，并画出草图。

（5）打开水泵和实验装置固定部分的进水阀门和出水阀门，使管中充满水，将管道中的空气排出。

（6）关闭出水阀门，打开测压排上的排气阀门，将测压管中的空气排出，并检查空气是否排完。

（7）打开出水阀门，这时测压排上显示测压管水头的沿程变化，待水流稳定后，用钢尺测量各测点的测压管水头，用 DJ800 型多功能监测仪测量各测点的脉动压强。

（8）用电磁流量计测量流量。

（9）调节出水阀门，使流量逐渐减小或增加。

（10）重复第（7）步至第（9）步 N 次。

（11）实验结束后将仪器恢复原状。

（12）重换流体构件，按照上述实验步骤重新进行实验。

28.5　数据处理和成果分析

实验设备名称：　　　　　　　　　　　　　　　仪器编号：

同组学生姓名：　　　　　　　　　　　　　　　实验日期：

流体构件组合形式：

1. 实验记录

已知数据（自填）

实验表格（自行设计）

2. 成果分析

（1）根据实验结果绘出各流体构件的测压管水头线。根据流量和管径，求出速度水头，绘制总水头线。

（2）分析不同组合的流体构件的水头损失。

（3）根据已学的水力学知识分析家用简易洗澡装置的设计原理，自己动手设计一个，写出设计过程。

28.6　实验中应注意的问题

（1）流体构件选定以后，在安装时，一定要按照要求小心对接，以防损坏流体构件。

（2）在实验时，一定要按照操作步骤进行实验，否则实验数据可能不对。

思 考 题

（1）试述所选定的流体构件沿程测压管水头的变化规律，并用能量方程解释之。

（2）管道位置的变化对压强有何影响？

（3）在你看到的空化管实验中，位于桌面上量杯中的水为什么会自动下降？

（4）请你根据自己的设想和实践，设计出其他的流体构件。

第 29 章　设计性实验 2　底流消力池实验

29.1　实验目的和要求

（1）了解消力池的消能作用。

（2）设计消力池，观测不同弗劳德数情况下消力池中的水跃形态，检验消力池的设计尺寸。

29.2　实验原理

在水跃实验中已经讲过，当水流通过泄水建筑物时，在建筑物下游可能会出现三种水跃衔接形式，即远驱水跃、临界水跃和淹没水跃。从水工和消能的观点看，远驱水跃最为不利，因为在此情况下，建筑物与跃前断面之间还存在相当长的急流段，此段流速高，对河床冲刷大，河床要求保护段长；临界水跃所要求的保护段短，但临界水跃不稳定，受上下游水位影响较大；所以在实际工程中，要求下游产生一定程度的淹没水跃，这时护坦长度较小，消能效果也较好。因此，当泄水建筑物下游产生远驱水跃或临界水跃衔接时，就必须设法加大建筑物的下游水深，使水跃控制在紧靠建筑物处，并形成淹没程度不大的水跃，这种消能措施叫做消力池或消能塘。

加大下游水深的工程措施有三种：一是降低下游护坦高程形成消力池；二是在护坦末段修建消力坎来壅高下游水位，使坎前形成消力池；三是上面两种方法兼而用之。

29.2.1　降低下游护坦高程形成消力池

已知条件：堰上水头 H，溢流堰高度 P，堰宽 b，设计流量 Q，以下游河床面算起的下游水深 h_t，如图 29.1 所示。

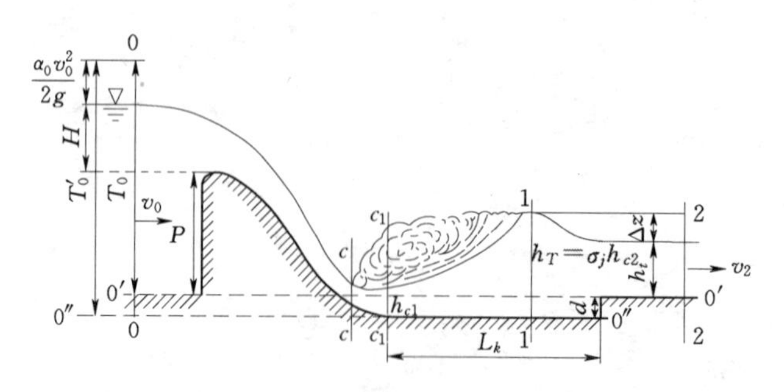

图 29.1　消力池池深计算简图

1. 判断是否需要修建消力池

设图 29.1 中 0′—0′线为原河床地面线，T_0 为原河床地面线以上总水头，列断面 0—0 和断面 c—c 的能量方程可得

$$T_0=h_c+\frac{q^2}{2g\varphi^2 h_c^2} \tag{29.1}$$

式中：h_c 为跃前断面的水深；q 为单宽流量；φ 为流速系数。T_0、φ 可用式（29.2）计算：

$$T_0=P+H+\frac{q^2}{2g(H+P)^2} \tag{29.2}$$

$$\varphi=1-0.0155\frac{P}{H} \tag{29.3}$$

式中：P 为下游河床以上堰高；H 为堰上水深。式（29.3）适用于 $P/H<30$。

对于已知的单宽流量 $q=Q/b$（b 为溢流堰宽度）、堰上水深 H 和堰高 P，可用式（29.2）和式（29.3）求出 T_0 和 φ，代入式（29.1）求出 h_c，h_c 的显式计算式为

$$h_c=\left[\frac{1}{3}+\frac{2}{3}\sin\left(\frac{\pi}{6}-\frac{\theta}{3}\right)\right]T_0 \tag{29.4}$$

式中，$\theta=\arccos\left(-1+\frac{27}{2}\eta\right)$，$\eta=\frac{q^2}{2g\varphi^2 T_0^3}$。

跃后水深为

$$h_c''=\frac{h_c}{2}\left(\sqrt{1+\frac{8q^2}{gh_c^3}}-1\right) \tag{29.5}$$

由式（29.5）求出 h_c''，比较 h_c''与下游水深 h_t，如果 $h_c''>h_t$，下游将发生远驱水跃，需要修建消力池。

2. 消力池深度的计算

设消力池深度为 d，修建消力池后跃前水深为 h_{c1}，跃后水深为 h_{c2}，则以消力池底部算起的总水头为

$$T_0'=T_0+d=h_{c1}+\frac{q^2}{2g\varphi^2 h_{c1}^2} \tag{29.6}$$

考虑稍有淹没的跃后水深为

$$h_T=\sigma_j h_{c2}=\frac{\sigma_j h_{c1}}{2}\left(\sqrt{1+\frac{8q^2}{gh_{c1}^3}}-1\right) \tag{29.7}$$

式中：σ_j 为消力池的淹没系数，一般取 1.05～1.10。

当水流由消力池进入下游河床时，水流流态类似于宽顶堰的水流流态，水面具有一定的落差 Δz，消力池的池末水深实际上比下游水深大了 $d+\Delta z$，即

$$h_T=h_t+d+\Delta z \tag{29.8}$$

$$\Delta z=\frac{q^2}{2g}\left(\frac{1}{\varphi'^2 h_t^2}-\frac{1}{h_T^2}\right) \tag{29.9}$$

式中：φ'为消力池出口的流速系数，一般取 $\varphi'=0.95$。

在用式（29.4）～式（29.9）计算消力池深度时，一般用试算法，计算比较麻烦。下面给出简化迭代公式。

由式（29.6）和式（29.8）中解出 d，并将式中的 Δz 用式（29.9）代入得

$$h_{c1}+\frac{q^2}{2g(\varphi h_{c1})^2}=\sigma_j h_{c2}+\frac{q^2}{2g(\sigma_j h_{c2})^2}+T_0-h_t-\frac{q^2}{2g}\frac{1}{(\varphi' h_t)^2} \tag{29.10}$$

根据跃前和跃后断面共轭水深的关系，跃前水深可以写成

$$h_{c1}=\frac{h_{c2}}{2}\left(\sqrt{1+\frac{8q^2}{gh_{c2}^3}}-1\right) \tag{29.11}$$

令 $1+8q^2/(gh_{c2}^3)=x^2$，略去繁琐的推导过程，可得 x 的迭代公式为

$$x=1+\frac{4\sigma_j^2(x+1)}{\varphi^2[16B\sigma_j^2(x^2-1)^{1/3}+16\sigma_j^3+(x^2-1)-8\sigma_j^2(x-1)]} \tag{29.12}$$

式中 $B=\{T_0-h_t-q^2/[2g(\varphi' h_t)^2]\}/(8q^2/g)^{1/3}$ 为已知，流速系数 φ 可根据公式（29.3）计算；淹没系数 σ_j 取 1.05～1.10。对于迭代初值可在 1～3 之间任意选择。

求得 x 后，跃后水深 h_{c2} 用下式计算：

$$h_{c2}=\left[\frac{8q^2}{g(x^2-1)}\right]^{1/3} \tag{29.13}$$

消力池深度为

$$d=\sigma_j h_{c2}+\frac{q^2}{2g}\frac{1}{(\sigma_j h_{c2})^2}-\left[h_t+\frac{q^2}{2g}\frac{1}{(\varphi' h_t)^2}\right] \tag{29.14}$$

跃前水深 h_{c1} 用式（29.11）计算。

3. 消力池长度计算

消力池长度为

$$L_k=(0.7\sim0.8)L_j \tag{29.15}$$

式中：L_j 为自由水跃的水跃长度，可按式（18.11）计算。

算例 1　某溢流堰下泄的单宽流量 $q=0.030534\text{m}^2/\text{s}$，上游堰高 $P_1=0.1\text{m}$，下游堰高从河床算起 $P_2=0.16\text{m}$，流量系数 $m_0=0.48$，下游水深 $h_t=0.06\text{m}$，试设计一挖深式消力池。

1. 判断是否需要修建消力池

求堰顶以上总水头 H_0：

$$H_0=\left(\frac{q}{m_0\sqrt{2g}}\right)^{2/3}=\left(\frac{0.030534}{0.48\times\sqrt{2\times9.8}}\right)^{2/3}=0.0591(\text{m})$$

求以下游河床面算起的下游总水头 T_0：

$$T_0=P_2+H_0=0.16+0.0591=0.2191(\text{m})$$

求堰上水深 H：

$$H=H_0-\frac{q^2}{2g(H+P_1)^2}=0.0591-\frac{0.030534^2}{2\times9.8\times(H+0.1)^2}$$

由上式迭代得

$$H=0.057175\text{m}$$

求流速系数 φ：

$$\varphi=1-0.0155\frac{P_2}{H}=1-0.0155\times\frac{0.16}{0.057175}=0.9566$$

$$\eta=\frac{q^2}{2g\varphi^2T_0^3}=\frac{0.030534^2}{2\times9.8\times0.9566^2\times0.2191^3}=4.94224\times10^{-3}$$

$$\theta=\arccos\left(-1+\frac{27}{2}\eta\right)=\arccos\left(-1+\frac{27}{2}\times4.94224\times10^{-3}\right)=0.88307\pi$$

求跃前断面水深 h_c：

$$h_c=\left[\frac{1}{3}+\frac{2}{3}\sin\left(\frac{\pi}{6}-\frac{\theta}{3}\right)\right]T_0=\left[\frac{1}{3}+\frac{2}{3}\sin\left(\frac{\pi}{6}-\frac{0.88307\pi}{3}\right)\right]\times 0.2191=0.016(\mathrm{m})$$

$$h_c''=\frac{h_c}{2}\left(\sqrt{1+\frac{8q^2}{gh_c^3}}-1\right)=\frac{0.016}{2}\left(\sqrt{1+\frac{8\times 0.030534^2}{9.8\times 0.016^3}}-1\right)=0.10134(\mathrm{m})$$

因为 $h_c''>h_t$，所以需要修建消力池。

2. 计算消力池的深度

$$T_0-h_t-\frac{q^2}{2g}\frac{1}{(\varphi' h_t)^2}=0.2191-0.06-\frac{0.030534^2}{2\times 9.8\times(0.95\times 0.06)^2}=0.144459(\mathrm{m})$$

$$B=\frac{T_0-h_t-q^2/[2g(\varphi' h_t)^2]}{(8q^2/g)^{1/3}}=\frac{0.144459}{(8\times 0.030534^2/9.8)^{1/3}}=1.582226$$

将 $\varphi=0.9566$、$\sigma_j=1.05$、$B=1.582226$ 代入式（29.12）得

$$x=1+\frac{4\times 1.05^2(x+1)}{0.9566^2[16\times 1.582226\times 1.05^2(x^2-1)^{1/3}+16\times 1.05^3+(x^2-1)-8\times 1.05^2(x-1)]}$$

由上式迭代得 $x=1.27035$，则

$$h_{c2}=\left(\frac{8q^2}{g}\right)^{1/3}\frac{1}{(x^2-1)^{1/3}}=\left(\frac{8\times 0.030534^2}{9.8}\right)^{1/3}\frac{1}{(1.27035^2-1)^{1/3}}=0.107433(\mathrm{m})$$

$$\begin{aligned}d&=\sigma_j h_{c2}+\frac{q^2}{2g}\frac{1}{(\sigma_j h_{c2})^2}-h_t-\frac{q^2}{2g}\frac{1}{(\varphi' h_t)^2}\\&=1.05\times 0.107433+\frac{0.030534^2}{2\times 9.8(1.05\times 0.107433)^2}-0.06-\frac{0.030534^2}{2\times 9.8(0.95\times 0.06)^2}\\&=0.0419(\mathrm{m})\end{aligned}$$

用试算法亦求得消力池深度为 $d=0.0419\mathrm{m}$。

$$h_{c1}=\frac{h_{c2}}{2}\left(\sqrt{1+\frac{8q^2}{gh_{c2}^3}}-1\right)=\frac{0.107433}{2}\left(\sqrt{1+\frac{8\times 0.030534^2}{9.8\times 0.107433^3}}-1\right)=0.014522(\mathrm{m})$$

3. 消力池长度计算

$$Fr=\sqrt{q^2/(gh_{c1}^3)}=\sqrt{0.030534^2/(9.8\times 0.014522^3)}=5.57354$$

自由水跃的水跃长度为

$$L_j=10.55h_{c1}(Fr-1)^{0.9416}=10.55\times 0.014522\times(5.57354-1)^{0.9416}=0.6412(\mathrm{m})$$

则消力池长度为

$$L_k=(0.7\sim 0.8)L_j\approx 0.75L_j=0.481(\mathrm{m})$$

29.2.2 护坦末端修建消力坎形成消力池

消力坎的作用是局部壅高下游水位来形成消力池。水力计算的主要问题是确定消力坎的高度和池长。

如图 29.2 所示，在消力池后建消力坎使得水流受坎的壅阻，池末水深 h_c'' 大于下游水深 h_t，池内形成水跃。水流经坎顶流入下游时属于实用堰流。消力池水力计算的步骤如下。

1. 判断是否需要修建消力池

判断方法与挖深式消力池相同。

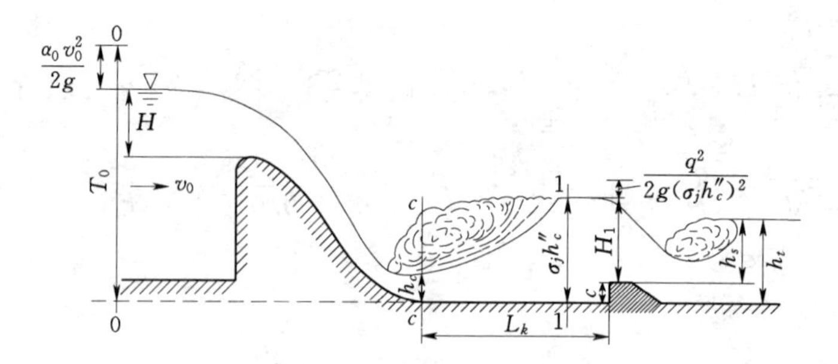

图 29.2　护坦末端修建消力坎形成消力池

2. 消力坎高度 c 的计算

(1) 过坎水流为自由溢流的情况。

判别标准：以消力坎顶部算起的下游水深 h_s 与坎顶以上总水头 H_{10} 之比小于或等于 0.45，则为自由出流，即

$$\frac{h_s}{H_{10}}=\frac{h_t-c}{H_{10}}\leqslant 0.45 \tag{29.16}$$

式中：c 为消力坎高度；h_s 为坎顶以上的下游水深；H_{10} 为坎顶以上总水头，用式 (29.17) 计算

$$H_{10}=\left(\frac{Q}{mb\sqrt{2g}}\right)^{2/3}=\left(\frac{q}{m\sqrt{2g}}\right)^{2/3} \tag{29.17}$$

式中：b 为消力池的宽度；m 为过坎水流的流量系数，过坎水流的水流流态为实用堰流态，流量系数近似地取 $m=0.42$。

坎高 c 由图 29.2 中的几何关系得

$$c=\sigma_j h''_c-H_1 \tag{29.18}$$

式中：H_1 为坎上水深，可由堰流公式求得

$$H_1=H_{10}-\frac{q^2}{2g(\sigma_j h''_c)^2}=\left(\frac{q}{m\sqrt{2g}}\right)^{2/3}-\frac{q^2}{2g(\sigma_j h''_c)^2} \tag{29.19}$$

将式 (29.19) 代入式 (29.18) 得

$$c=\sigma_j h''_c-\left(\frac{q}{m\sqrt{2g}}\right)^{2/3}+\frac{q^2}{2g(\sigma_j h''_c)^2} \tag{29.20}$$

坎高算出后，需判断消力坎下游水流衔接流态，判断方法为

1) 计算消力坎前总水头 E_{10}

$$E_{10}=c+H_{10}=c+\left(\frac{q}{m\sqrt{2g}}\right)^{2/3} \tag{29.21}$$

2) 取消力坎的流速系数 $\varphi'=0.9\sim0.95$，求消力坎后收缩断面水深为

$$h_{c0}=\left[\frac{1}{3}+\frac{2}{3}\sin\left(\frac{\pi}{6}-\frac{\theta}{3}\right)\right]E_{10} \tag{29.22}$$

其中：

$$\theta=\arccos\left(-1+\frac{27}{2}\eta\right)$$

$$\eta=\frac{q^2}{2g\varphi'^2E_{10}^3}$$

由上式求出 h_{c0} 后，则可由式（29.5）求出 h''_{c0}，如果 $h''_{c0}>h_t$，则需修建第二级消力坎。第二级消力坎的计算方法与上面的计算方法相同。

（2）过坎水流为淹没出流的情况。

判别标准：

$$\frac{h_s}{H_{10}}=\frac{h_t-c}{H_{10}}>0.45 \tag{29.23}$$

对于淹没出流，仍用式（29.4）计算 h_c，由式（29.5）计算 h''_c，坎顶以上总水头 H_{10} 用下式计算

$$H_{10}=\left(\frac{Q}{\sigma_s mb\sqrt{2g}}\right)^{2/3}=\left(\frac{q}{\sigma_s m\sqrt{2g}}\right)^{2/3} \tag{29.24}$$

式中：σ_s 为消力坎的淹没系数，可查表 29.1。

表 29.1　　消力坎淹没系数表

h_s/H_{10}	≤0.45	0.50	0.55	0.60	0.65	0.70	0.72	0.74	0.76	0.78
σ_s	1.000	0.990	0.985	0.975	0.960	0.940	0.930	0.915	0.900	0.885
式（29.25）计算 σ_s	0.99501	0.99100	0.98463	0.97487	0.96037	0.93923	0.92837	0.91582	0.90134	0.88462
误差/%	0.5	−0.101	−0.0378	−0.1927	−0.0382	0.0818	0.1756	−0.0896	−0.1486	0.04327
h_s/H_{10}	0.80	0.82	0.84	0.86	0.88	0.90	0.92	0.95	1.00	
σ_s	0.865	0.845	0.815	0.785	0.750	0.710	0.651	0.535	0.000	
式（29.25）计算 σ_s	0.86529	0.84291	0.81690	0.78651	0.75073	0.70812	0.65650			
误差/%	0.0338	0.2472	−0.2330	−0.1923	−0.0972	0.2645	−0.8455			

由于查表比较麻烦，而消力坎只需要稍有淹没，一般淹没度较小，为了简化计算，对表中 $0.45\leqslant h_s/H_{10}\leqslant 0.92$ 的数据进行拟合得

$$\sigma_s=\left[1-\left(\frac{h_s}{H_{10}}\right)^{5.57}\right]^{0.425} \tag{29.25}$$

由式（29.25）计算的淹没系数亦列于表 29.1，可以看出，最大误差为 0.8455%。由表 29.1 中还可以看出，如果用式（29.25）求得的淹没系数大于或等于 0.995，淹没系数应取为 1.0。

消力坎高 c 由式（29.26）计算：

$$c=\sigma_j h''_c-\left(\frac{q}{\sigma_s m\sqrt{2g}}\right)^{2/3}+\frac{q^2}{2g(\sigma_j h''_c)^2} \tag{29.26}$$

由式（29.24）、式（29.26）和表 29.1 可求解 H_{10}、σ_s 和 c 三个未知数，一般需用试算法。但计算过程较繁琐，现给出一种简化计算方法。

由式（29.25）得

$$H_{10}=\frac{h_s}{(1-\sigma_s^{1/0.425})^{1/5.57}}=\frac{h_t-c}{(1-\sigma_s^{1/0.425})^{1/5.57}} \tag{29.27}$$

令式（29.27）和式（29.24）相等得

$$c=h_t-(1-\sigma_s^{1/0.425})^{1/5.57}\left(\frac{q}{\sigma_s m\sqrt{2g}}\right)^{2/3} \tag{29.28}$$

联立式（29.18）、式（29.19）和式（29.28），并注意将式（29.19）中的 H_{10} 用式（29.24）代替，得淹没系数的迭代公式为

$$\sigma_s=\left[1-\left(1-\frac{\sigma_s^{2/3}}{A}\right)^{5.57}\right]^{0.425} \tag{29.29}$$

$$A=\frac{[q/(m\sqrt{2g})]^{2/3}}{\sigma_j h_c''+q^2/[2g(\sigma_j h_c'')^2]-h_t} \tag{29.30}$$

式（29.29）的迭代初值可取为 1.0。

当单宽流量 q、下游水深 h_t、跃后水深 h_c''、$\sigma_j=1.05\sim1.1$、$m=0.4\sim0.42$ 一定时，A 为常数，代入式（29.29）即可迭代出淹没系数 σ_s。有了淹没系数，即可由式（29.28）或式（29.26）求出坎高 c。

算例 2　已知某溢流堰上游堰高 $P_1=0.1$m，下游堰高 $P_2=0.2$m，溢流堰的流量系数 $m_0=0.48$，下游水深 $h_t=0.085$m，设计单宽流量 $q=0.030534\text{m}^2/\text{s}$，试设计一消力坎式消力池，取消力坎的流量系数 $m=0.42$，消力池的淹没系数 $\sigma_j=1.05$。

1. 判断是否需要修建消力池

由降低下游护坦高程形成消力池的计算已知堰上水头 $H_0=0.0591$m，堰上水深 $H=0.057175$m。

求消力池底板以上总水头 T_0：

$$T_0=P_2+H_0=0.2+0.0591=0.2591(\text{m})$$

求流速系数 φ：　$$\varphi=1-0.0155\frac{P_2}{H}=1-0.0155\frac{0.2}{0.057175}=0.9458$$

$$\eta=\frac{q^2}{2g\varphi^2T_0^3}=\frac{0.030534^2}{2\times9.8\times0.9458^2\times0.2591^3}=3.057106\times10^{-3}$$

$$\theta=\arccos\left(-1+\frac{27}{2}\eta\right)=\arccos\left(-1+\frac{27}{2}\times3.057106\times10^{-3}\right)=0.90823\pi$$

$$h_c=\left[\frac{1}{3}+\frac{2}{3}\sin\left(\frac{\pi}{6}-\frac{\theta}{3}\right)\right]T_0=\left[\frac{1}{3}+\frac{2}{3}\sin\left(\frac{\pi}{6}-\frac{0.90823\pi}{3}\right)\right]\times0.2591=0.014752(\text{m})$$

$$h_c''=\frac{h_c}{2}\left(\sqrt{1+\frac{8q^2}{gh_c^3}}-1\right)=\frac{0.014752}{2}\left(\sqrt{1+\frac{8\times0.030534^2}{9.8\times0.014752^3}}-1\right)=0.10643(\text{m})$$

$h_c''>h_t$，需要修建消力池。

2. 求消力坎高度 c

$$\begin{aligned}A&=\frac{[q/(m\sqrt{2g})]^{2/3}}{\sigma_j h_c''+\dfrac{q^2}{2g(\sigma_j h_c'')^2}-h_t}\\&=\frac{[0.030534/(0.42\times\sqrt{2\times9.8})]^{2/3}}{1.05\times0.10643+\dfrac{0.030534^2}{2\times9.8\times(1.05\times0.10643)^2}-0.085}\\&=2.1140305\end{aligned}$$

$$\sigma_s=[1-(1-\sigma_s^{2/3}/A)^{5.57}]^{0.425}=[1-(1-\sigma_s^{2/3}/2.1140305)^{5.57}]^{0.425}$$

由上式迭代得 $\sigma_s=0.98739$。

$$c=h_t-(1-\sigma_s^{1/0.425})^{1/5.57}\left(\frac{q}{\sigma_s m\sqrt{2g}}\right)^{2/3}$$

$$=0.085-(1-0.98739^{1/0.425})^{1/5.57}\left(\frac{0.030534}{0.98739\times0.42\times\sqrt{2\times9.8}}\right)^{2/3}$$

$$=0.05039(\mathrm{m})$$

3. 消力池长度计算

$$Fr=\sqrt{q^2/(gh_c^3)}=\sqrt{0.030534^2/(9.8\times0.014752^3)}=5.4437$$

自由水跃的水跃长度为

$$L_j=10.55h_c(Fr-1)^{0.9416}=10.55\times0.014752\times(5.4437-1)^{0.9416}=0.6339(\mathrm{m})$$

则消力池长度为

$$L_k=(0.7\sim0.8)L_j\approx0.75L_j=0.4754(\mathrm{m})$$

29.2.3 综合式消力池

有时单纯降低池深，开挖量很大；如单纯建造消力坎，坎又太高。这时可以采用适当降低池深，同时建造不太高的消力坎来满足消能要求，这种消力池称为综合式消力池。

综合式消力池的主要问题是求坎高 c、池深 d 和池长 L_k。

综合式消力池如图 29.3 所示。求综合式消力池水力参数的基本思路是：先假定消力池内和消力坎的下游河槽内均发生临界水跃，求得所需的池深 d 及坎高 c，然后求临界水跃转变为淹没水跃所需的池深和坎高。

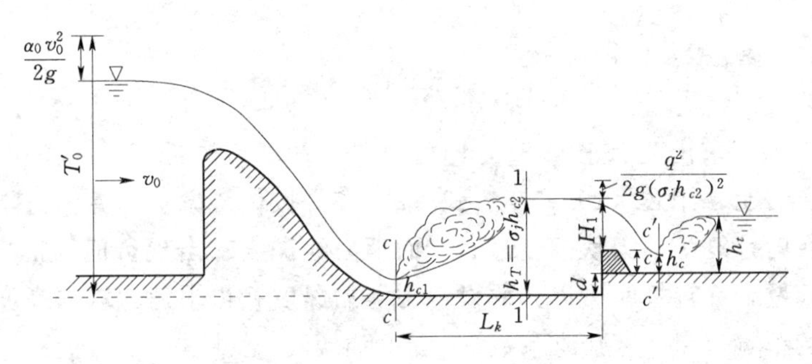

图 29.3 综合式消力池计算简图

1. 求坎高 c

(1) 假定消力坎后形成二次水跃，跃后水深为下游水深 h_t，跃前水深用式（29.31）计算：

$$h_c'=\frac{h_t}{2}\left(\sqrt{1+8\frac{q^2}{gh_t^3}}-1\right) \tag{29.31}$$

(2) 求消力坎后跃前断面的总水头 T_{10}：

$$T_{10}=h_c'+\frac{q^2}{2g\varphi'^2h_c'^2} \tag{29.32}$$

式中：φ'为消力坎的流速系数。

(3) 取 $m=0.42$，用式（29.17）求坎顶以上总水头 H_{10}。

(4) 求坎高 c：

$$c=T_{10}-H_{10} \tag{29.33}$$

当求出坎高 c 之后，为安全起见，可使坎高较求出的坎高稍低一些，使坎后形成稍有淹没的水跃。

2. 求消力池的深度 d

为了使消力池内形成稍有淹没的水跃，由图 29.3 可得

$$h_T=\sigma_j h_{c2}=H_1+c+d \tag{29.34}$$

$$H_1=H_{10}-\frac{q^2}{2g(\sigma_j h_{c2})^2} \tag{29.35}$$

跃前水深和跃后水深仍用式（29.4）和式（29.5）计算，计算时要注意式（29.4）中的 T_0 用 T_0'代替，T_0'为消力池底板以上的总水头；h_c''用 h_{c2} 代替，h_{c2} 为挖深后消力池的跃后水深。H_{10}用式（29.24）计算，注意公式中的淹没系数 σ_s 是根据选取的实际坎高 c 求得的。

将式（29.35）代入式（29.34）变形得

$$H_{10}+c=\sigma_j h_{c2}+\frac{q^2}{2g\sigma_j^2 h_{c2}^2}-d \tag{29.36}$$

式（29.36）的等式左边为已知量，右边为消力池深 d 的函数，可由试算法求得。

下面给出简化计算方法。与挖深式消力池一样，设 $y=\sqrt{1+8q^2/(gh_{c2}^3)}=\sqrt{1+8Fr_{c2}^2}$ 略去推导过程可得 y 的迭代公式为

$$y=1+\frac{4\sigma_j^2(y+1)}{\varphi^2[16D\sigma_j^2(y^2-1)^{1/3}+16\sigma_j^3+(y^2-1)-8\sigma_j^2(y-1)]} \tag{29.37}$$

$$D=\left[T_0-\left(\frac{q}{\sigma_s m\sqrt{2g}}\right)^{2/3}-c\right]/(8q^2/g)^{1/3} \tag{29.38}$$

有了 y 值，即可求出跃后水深 h_{c2}，即可由式（29.36）求得消力池深度 d。

进一步研究表明，用式（29.31）～式（29.33）按传统方法计算消力坎的高度并不是总能成功的。有时计算的消力坎高度过高，而消力池深度却出现负值的情况（如算例 4）。如果出现上述问题，在计算时可以先假设消力池的深度，再求消力坎的高度。

根据已知的单宽流量 q、流速系数 φ、原河床以上总水头 T_0、$\sigma_j=1.05\sim1.1$、$m=0.4\sim0.42$，计算方法如下。

（1）假设一个消力池深度 d。

（2）求 $T_0'=T_0+d$。

（3）用式（29.4）求跃前水深 h_{c1}。

（4）用式（29.5）求跃后水深 h_{c2}。

（5）用式（29.39）求 A，即

$$A=\frac{[q/(m\sqrt{2g})]^{2/3}}{\sigma_j h_{c2}+q^2/[2g(\sigma_j h_{c2})^2]-h_t-d} \tag{29.39}$$

（6）将 A 代入式（29.29）求淹没系数 σ_s。

（7）用式（29.28）求坎高 c。

算例 3　仍为算例 1 的情况。已知 $q=0.030534\text{m}^2/\text{s}$、$T_0=0.2191\text{m}$、$\varphi=0.9566$、$\sigma_j=1.05$、$m=0.42$。消力坎的流速系数 $\varphi'=0.9$，$h_t=0.06\text{m}$。试计算消力坎的高度和池深。

$$h_c'=\frac{h_t}{2}\left(\sqrt{1+8\frac{q^2}{gh_t^3}}-1\right)=\frac{0.06}{2}\left(\sqrt{1+\frac{8\times0.030534^2}{9.8\times0.06^3}}-1\right)=0.033806(\mathrm{m})$$

$$T_{10}=h_c'+\frac{q^2}{2g\varphi'^2h_c'^2}=0.033806+\frac{0.030534^2}{2\times9.8\times0.9^2\times0.033806^2}=0.0852(\mathrm{m})$$

$$H_{10}=\left(\frac{q}{m\sqrt{2g}}\right)^{2/3}=\left(\frac{0.030534}{0.42\times\sqrt{2\times9.8}}\right)^{2/3}=0.0646(\mathrm{m})$$

$$c=T_{10}-H_{10}=0.0852-0.0646=0.0206(\mathrm{m})$$

取坎高 $c=0.02\mathrm{m}$。

下面根据实际所选的坎高求淹没系数。由式（29.27）和式（29.24）得

$$\left(\frac{q}{\sigma_s m\sqrt{2g}}\right)^{2/3}=\frac{h_t-c}{(1-\sigma_s^{1/0.425})^{1/5.57}}$$

由上式得

$$\sigma_s=\left\{1-\left\{\frac{\sigma_s^{2/3}}{[q/(m\sqrt{2g})]^{2/3}/(h_t-c)}\right\}^{5.57}\right\}^{0.425}=\left[1-\left(\frac{\sigma_s^{2/3}}{1.615142775}\right)^{5.57}\right]^{0.425}$$

由上式迭代得 $\sigma_s=0.973$。

$$H_{10}=\left(\frac{q}{\sigma_s m\sqrt{2g}}\right)^{2/3}=\left(\frac{0.030534}{0.973\times0.42\times\sqrt{2\times9.8}}\right)^{2/3}=0.0658(\mathrm{m})$$

$$D=\left[T_0-\left(\frac{q}{\sigma_s m\sqrt{2g}}\right)^{2/3}-c\right]/(8q^2/g)^{1/3}$$

$$=\left[0.2191-\left(\frac{0.030534}{0.973\times0.42\times\sqrt{2\times9.8}}\right)^{2/3}-0.02\right]/(8\times0.030534^2/9.8)^{1/3}$$

$$=1.46$$

$$y=1+\frac{4\sigma_j^2(y+1)}{\varphi^2[16D\sigma_j^2(y^2-1)^{1/3}+16\sigma_j^3+(y^2-1)-8\sigma_j^2(y-1)]}$$

$$=1+\frac{4\times1.05^2(y+1)}{0.9566^2[16\times1.46\times1.05^2(y^2-1)^{1/3}+16\times1.05^3+(y^2-1)-8\times1.05^2(y-1)]}$$

由上式迭代得 $y=1.2826$，则

$$h_{c2}=\left[\frac{8q^2}{g(y^2-1)}\right]^{1/3}=\left[\frac{8\times0.030534^2}{9.8\times(1.2826^2-1)}\right]^{1/3}=0.10567(\mathrm{m})$$

$$H_1=H_{10}-\frac{q^2}{2g(\sigma_j h_{c2})^2}=0.0658-\frac{0.030534^2}{2\times9.8\times(1.05\times0.10567)^2}=0.06193(\mathrm{m})$$

$$d=\sigma_j h_{c2}-H_1-c=1.05\times0.10567-0.06193-0.02=0.02902\ (\mathrm{m})$$

$$h_{c1}=\frac{h_{c2}}{2}\left(\sqrt{1+\frac{8q^2}{gh_{c2}^3}}-1\right)=\frac{0.10567}{2}\left(\sqrt{1+\frac{8\times0.030534^2}{9.8\times0.10567^3}}-1\right)=0.01493\ (\mathrm{m})$$

$$Fr=\sqrt{\frac{q^2}{gh_{c1}^3}}=\sqrt{\frac{0.030534^2}{9.8\times0.01493^3}}=5.3466$$

自由水跃的水跃长度为

$$L_j=10.55h_{c1}(Fr-1)^{0.9416}=10.55\times0.01493\times(5.3466-1)^{0.9416}=0.60515(\mathrm{m})$$

则消力池长度为

$$L_k = 0.75L_j = 0.75 \times 0.60515 = 0.4539(\text{m})$$

算例 4　仍为消力坎式消力池的算例。由于单纯式消力坎较高，现设计一综合式消力池。

已知 $q=0.030534\text{m}^2/\text{s}$、$T_0=0.2591\text{m}$、$h_t=0.085\text{m}$、$\varphi=0.9458$、$\sigma_j=1.05$、$\varphi'=0.9$、$m=0.42$。试用传统算法和假设消力池深度求坎高的方法分别计算坎高和池深。

1. 传统算法

假定消力坎后形成二次水跃，跃后水深为下游水深 h_t，跃前水深用式（29.31）计算：

$$h_c' = \frac{h_t}{2}\left(\sqrt{1+8\frac{q^2}{gh_t^3}}-1\right) = \frac{0.085}{2}\left(\sqrt{1+\frac{8\times 0.030534^2}{9.8\times 0.085^3}}-1\right) = 0.0211(\text{m})$$

$$T_{10} = h_c' + \frac{q^2}{2g\varphi'^2 h_c'^2} = 0.0211 + \frac{0.030534^2}{2\times 9.8\times 0.9^2\times 0.0211^2} = 0.15303(\text{m})$$

$$H_{10} = \left(\frac{q}{m\sqrt{2g}}\right)^{2/3} = \left(\frac{0.030534}{0.42\times\sqrt{2\times 9.8}}\right)^{2/3} = 0.064606(\text{m})$$

$$c = T_{10} - H_{10} = 0.15303 - 0.064606 = 0.08842(\text{m})$$

由以上计算可以看出，求得的坎高比下游水深还大，也比单纯式消力坎的高，这显然是不可能的，所以这种方法计算消力坎高度存在一定的问题。

2. 假设消力池深度求坎高

设消力池深度 $d=0.02\text{m}$，

$$T_0' = T_0 + d = 0.2591 + 0.02 = 0.2791(\text{m})$$

$$\eta = \frac{q^2}{2g\varphi^2 T_0'^3} = \frac{0.030534^2}{2\times 9.8\times 0.9458^2\times 0.2791^3} = 2.44587\times 10^{-3}$$

$$\theta = \arccos\left(-1+\frac{27}{2}\eta\right) = \arccos\left(-1+\frac{27}{2}\times 2.44587\times 10^{-3}\right) = 0.918\pi$$

$$h_{c1} = \left[\frac{1}{3}+\frac{2}{3}\sin\left(\frac{\pi}{6}-\frac{\theta}{3}\right)\right]T_0' = \left[\frac{1}{3}+\frac{2}{3}\sin\left(\frac{\pi}{6}-\frac{0.918\pi}{3}\right)\right]\times 0.2791 = 0.01417(\text{m})$$

$$h_{c2} = \frac{h_{c1}}{2}\left(\sqrt{1+\frac{8q^2}{gh_{c1}^3}}-1\right) = \frac{0.01417}{2}\left(\sqrt{1+\frac{8\times 0.030534^2}{9.8\times 0.01417^3}}-1\right) = 0.1090(\text{m})$$

$$A = \frac{[q/(m\sqrt{2g})]^{2/3}}{\sigma_j h_{c2} + \dfrac{q^2}{2g(\sigma_j h_{c2})^2} - h_t - d}$$

$$= \frac{[0.030534/(0.42\times\sqrt{2\times 9.8})]^{2/3}}{1.05\times 0.1090 + \dfrac{0.030534^2}{2\times 9.8\times(1.05\times 0.1090)^2} - 0.085 - 0.02}$$

$$= 4.9308$$

$$\sigma_s = [1-(1-\sigma_s^{2/3}/A)^{5.57}]^{0.425} = [1-(1-\sigma_s^{2/3}/4.9308)^{5.57}]^{0.425}$$

由上式迭代得 $\sigma_s = 0.8443$。

$$c = h_t - (1-\sigma_s^{1/0.425})^{1/5.57}\left(\frac{q}{\sigma_s m\sqrt{2g}}\right)^{2/3}$$

$$= 0.085 - (1-0.8443^{1/0.425})^{1/5.57}\left(\frac{0.030534}{0.8443\times 0.42\times\sqrt{2\times 9.8}}\right)^{2/3}$$

$=0.02578(m)$

3. 消力池长度计算

$$Fr=\sqrt{q^2/(gh_{c1}^3)}=\sqrt{0.030534^2/(9.8\times0.01417^3)}=5.784$$

自由水跃的水跃长度为

$$L_j=10.55h_c(Fr-1)^{0.9416}=10.55\times0.01417\times(5.784-1)^{0.9416}=0.6527(m)$$

则消力池长度为

$$L_k=(0.7\sim0.8)L_j\approx0.75L_j=0.4895(m)$$

由算例3和算例4可以看出，综合式消力池的传统算法不稳定，所以在设计时，最好先假设消力池的深度再求坎高。

29.3 实验设备和仪器

消力池实验设备和仪器如图29.4所示。实验设备为自循环实验水槽，包括供水箱、水泵、开关、压力管道、上水阀门、实用堰、下游水位调节阀门、回水系统。实验仪器为水位测针、钢板尺、电磁流量计或量水堰。

为了在水槽中形成消力池，预先制备了挖深式消力池和消力坎。同时还准备了一些材料和工具，学生也可以自己动手制作消力坎和挖深式消力池。

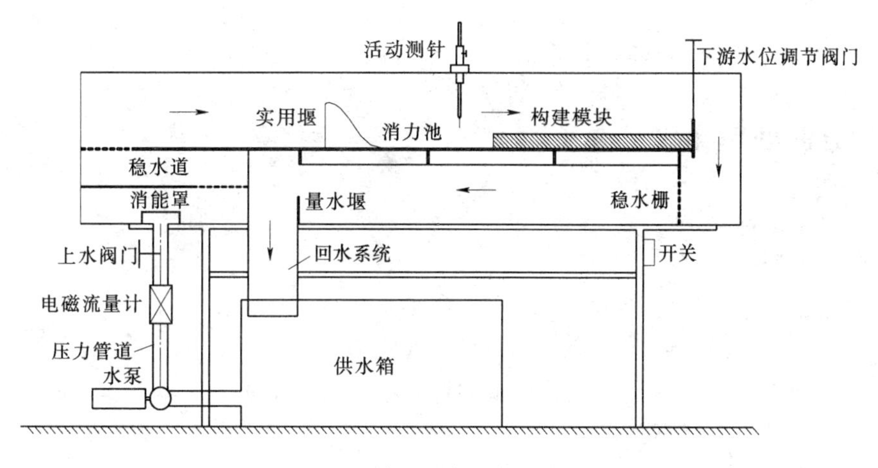

图29.4 消力池实验装置图

29.4 实验方法和步骤

1. 实验的准备工作

(1) 根据已知的设计流量、实用堰高，槽宽和下游水深，让学生自己设计一消力池，设计的方法和步骤见算例。

(2) 根据计算的降低下游护坦形成的消力池的池深和消力池长度，制备可拆装的消力池模块。

(3) 同样，根据计算的在护坦末端修建消力坎形成消力池或综合式消力池，计算坎高、池深和池长，制备可拆装的消力坎和消力池模块。

2. 实验方法和步骤

(1) 将制备好的消力池模块安装在实用堰下游的水槽中。

(2) 记录有关常数，如水槽宽度 b、上游堰高 P_1、下游堰高 P_2、堰顶测针读数和槽底测针读数，记录在相应的表格中。

(3) 通过水槽的流量用量水堰或电磁流量计测量。如用电磁流量计测量流量，打开电磁流量计电源，将仪器预热 15min。

(4) 打开水泵电源开关，并逐渐打开上水阀门，用电磁流量计或量水堰监控流量，使流量达到设计流量。

(5) 待水流稳定后，调节水槽尾部的下游水位调节阀门，使下游水深 h_t 达到设计水深。

(6) 仔细观察消力池的水流流态和池末出口处的水流流态，用水位测针测量跃前断面水深、跃后断面水深和下游水深，观测池末出口水面降落值 Δz。

(7) 用钢板尺测量水跃长度 L_k。

(8) 调节上水阀门改变流量，要求改变两个流量，一个流量小于设计流量，另一个流量大于设计流量，重复第 (5) ～ (7) 步的测量步骤进行测量，检验消力池的尺寸是否满足。

(9) 实验结束后将仪器恢复原状。

29.5　数据处理和成果分析

实验设备名称：　　　　　　　　　　　　　　仪器编号：

同组学生姓名：

已知数据：水槽宽度 b=　　cm；实用堰高 P_1=　　cm，P_2=　　cm；

　　　　　堰顶测针读数　　cm；量水堰宽 B=　　cm；

　　　　　堰高 P=　　cm；堰顶测针读数　　cm；

　　　　　流量计算公式：

1. 实验记录

实验记录表格自行设计。

2. 成果分析

(1) 对于降低护坦形成的消力池，在设计流量时，将实测消力池的跃前水深、跃后水深、跃后水面降落值与计算值进行比较，检验消力池的设计是否合适。当为其他流量时，检验消力池深度和池长是否合理。

(2) 对于护坦末端修建消力坎形成的消力池，比较分析在设计流量时跃前水深、跃后水深、消力坎上水深的实测值与计算值，检验消力坎的高度和池长是否合适。当为其他流量时，检验消力池的尺寸是否合理。

(3) 对于综合式消力池，测量跃前、跃后、消力坎上和消力坎后收缩断面水深，与计算值进行比较。检验消力坎的高度、池深和池长是否合适。当为其他流量时，检验消力池的尺寸是否合理。

（4）比较上述三种消力池在设计流量相同的情况下，消力池的长度是否一致。

29.6　实验中应注意的问题

（1）实验前可制成几种不同池深的挖深式消力池和不同坎高的消力坎，以备在实验中选用。

（2）水跃实验中由于水面剧烈波动，所以在测量跃前水深、跃后水深和水跃长度时多测几次取其平均值。

思　考　题

（1）底流消力池的设计有三种不同的形式，试说明这三种不同形式各自的优缺点。

（2）设计消力池的原则是什么？影响消力池设计和运行的主要因素是什么？

（3）为什么消力池要在稍有淹没的状况下工作？

（4）下游水位对消力池的运行有何影响。如果消力池运行多年后，下游河床冲刷使得床面降低，下游水位也会降低，可能会发生水跃冲出消力池。为防止这种现象的发生，在设计中应采取哪些措施？

（5）综合式消力池在设计中为什么会出现计算的坎高大于单纯消力坎式消力池的情况？

第 30 章　设计性实验 3　挑流消能实验

30.1　实验目的和要求

（1）观察挑流的水流流态，了解挑流消能的机理。

（2）测量挑流的挑距和下游冲刷坑的形态及深度。

（3）了解挑流消能的新进展。

30.2　实验原理

挑流消能是在泄水建筑物的下游采用挑流鼻坎将下泄的急流挑入空中，水流在空中扩散并受到空气阻力和水流内部摩擦阻力而消耗部分能量；当水流落入下游水面后，由于仍有较大的动能，使得水流冲刷河床形成冲刷坑；坑内水深随着坑深的增加而增大，从而形成较厚的水垫，水流在冲坑水垫中形成漩涡，产生极为强烈的紊动，从而消耗大量的余能。

挑流消能的水力计算主要是确定水舌的挑距、冲刷坑的位置、估算下游河床冲刷坑的深度和范围。

1. 挑流射距的计算

图 30.1 所示为一连续式挑流鼻坎，设挑流鼻坎的反弧半径为 R，挑角为 α，取射流出口断面中点为坐标原点，按自由抛射体理论估算挑流的射距。略去推导过程，给出挑流水平射距公式为

$$L_0=\frac{v_1^2\sin 2\alpha}{2g}\left(1+\sqrt{1+\frac{2g(z-s+0.5h_1\cos\alpha)}{v_1^2\sin^2\alpha}}\right) \tag{30.1}$$

式中：v_1 为鼻坎出口断面的平均流速；z 为上下游水位差；s 为上游水面至鼻坎顶的高度差；h_1 为坎顶水股厚度。

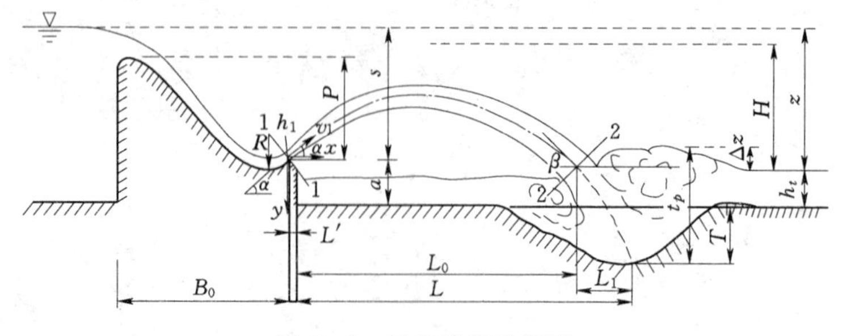

图 30.1　挑流消能示意图

水股落入下游水面后，已不做自由抛射运动，而属于淹没射流。这时可以认为水股入水后沿入射角 β 的方向运动，并近似地取淹没射流的中心点作为冲刷坑的最低点。水舌从水面至最深点的行程 L_1 为

$$L_1=t_p\cot\beta \tag{30.2}$$

式中：t_p 为冲刷坑水深。入射角 β 可近似地用式（30.3）计算：

$$\beta=\arccos\left(\sqrt{\frac{\varphi^2 s}{\varphi^2 s+z-s}}\cos\alpha\right) \tag{30.3}$$

式中：φ 为流速系数。东北勘测设计院根据国内九个工程的原型观测资料得出

$$\varphi=1-\frac{0.0077}{(q^{2/3}/S_0)^{1.15}} \tag{30.4}$$

式中：$S_0=\sqrt{P^2+B_0^2}$，称为坝面流程。P 为挑坎顶部以上的坝高；B_0 为溢流面的水平投影长度。式（30.4）的适应范围为 $q^{2/3}/S_0=0.025\sim0.25$，当 $q^{2/3}/S_0>0.25$ 时，可取 $\varphi=0.95$。

2. 下游冲刷坑的计算

冲刷坑水深 t_p 与挑流鼻坎上的单宽流量、水股厚度、水股扩散程度、水股入水倾角、入水流速及下游水深有关，更复杂的是它还与下游河床的地质情况有关。由于自然界河床地质情况千差万别，从理论上难以推求定量关系，所以目前多采用以单宽流量 q 和上下游水位差 z 为主要参数的冲刷坑水深的经验公式。对于一般的连续式鼻坎，入水角 β 为 $30°\sim50°$，t_p 可用下面的经验公式估算：

$$t_p=1.2q^{3/4}H^{1/8}/k_r \tag{30.5}$$

式中：H 为挑坎上的总水头与下游水面高程之差。k_r 为反映岩石的抗冲系数，可由表30.1查算。

表 30.1　　各类岩石河床的抗冲系数 k_r 值

岩石分类	河床岩石性质	k_r 值	
		范围	平均值
Ⅳ	岩性软弱，节理很发育，胶结很差，位于断层破碎带区域	0.85～1.1	1.05
Ⅲ	岩性强度较好，但节理裂隙较密，胶结较差，或夹有软弱层	1.3～1.7	1.5
Ⅱ	岩性坚硬，有中等程度的节理，胶结较好	1.8～2.05	1.9
Ⅰ	岩性致密坚硬，节理裂隙少的较完整的岩层	>2.1	

国内较普遍采用的冲刷坑水深计算公式为

$$t_p=Kq^{1/2}z^{1/4} \tag{30.6}$$

式中：K 是包括岩石性质和 q、z 以外的各种因素影响的一个综合的冲刷系数。

根据我国重力坝设计规范，对于坚硬完整的岩石，$K=0.9\sim1.2$；对于坚硬但完整性较差的岩石，$K=1.2\sim1.5$；对于软弱破碎、裂隙发育的岩石，$K=1.5\sim2.0$。

知道冲刷坑的水深 t_p 后，即可求出冲坑最低点至坝址的水平距离 L 和河床的冲刷坑深度 T 为

$$L=L_0+L_1 \tag{30.7}$$

$$T=t_p-\Delta z-h_t \tag{30.8}$$

式中：Δz 为冲坑水面与下游水面之差，初步估算时，Δz 可以忽略不计，所得的冲刷坑深度偏于安全。即取

$$T=t_p-h_t \tag{30.9}$$

冲坑最低点至坝址的水平距离是工程上最为关心的问题。工程上判断冲刷坑形成后是否影响建筑物的安全是用冲坑上游坡度 i 作为判别标准，$i=T/L<i_c$，i_c 称为安全临界坡度，根据国内外工程经验，一般取 $i_c=1/4\sim1/3$。

30.3 掺气分流墩新型挑流消能设施

连续式挑流鼻坎的优点是制作简单，但消能效果较差，下游冲坑较大。为了减小下游河床的冲刷，人们通过试验研究提出了一些设置在溢流坝面的新型挑流消能设施。这些设施主要有：掺气分流墩设施、窄缝式挑流消能、宽尾墩、高低坎大差动碰撞式挑流消能以及各种各样的扭曲鼻坎挑流消能等。这些消能工的共同特点是将水流沿纵向、横向、竖向拉开，使水流的入水面积增大，单宽流量减小，从而提高了消能率，减小了下游河床的冲刷。下面仅结合实验介绍一下掺气分流墩新型挑流消能设施。

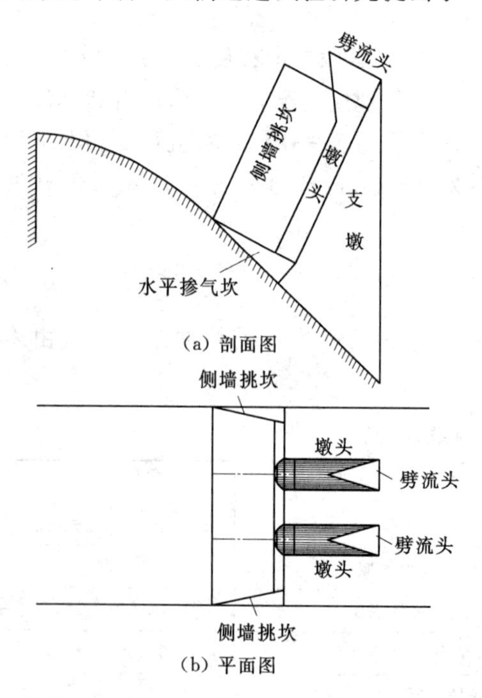

图 30.2 掺气分流墩设施

掺气分流墩设施如图 30.2 所示。它是由墩头、支墩、劈流头、侧墙挑坎及水平掺气坎等组成。掺气分流墩设置在溢流陡坡面上，其作用是将整体水流分割成多股水舌，促使多股水舌竖向、纵向扩散、掺气，增进空中消能量，并增大入水面积和水股与水垫的剪切面积，从而增进消能和掺气效果。掺气分流墩设施可与消力池联合泄洪消能，也可以独立设在溢流陡坡面以减轻对下游河床的冲刷。试验表明，设置掺气分流墩设施后，可以使水跃长度缩短 1/3，跃后水深降低 1/5，消能率提高 1/6；下游河床的冲刷可以减小 15%～20%；从而大大地节省了工程造价。同时由于池内掺气充分，在消力池中可以设置各种辅助消能设施，如 T 形墩、齿墩等，消力池不会发生空蚀破坏。

30.4 实验设备和仪器

挑流实验设备如图 30.3 所示，实验设备为自循环实验水槽，包括供水箱、水泵、开

关、压力管道、上水阀门、实用堰、下游水位调节板、尾水阀门、回水系统。实验仪器为水位测针、钢板尺、电磁流量计或量水堰。

在装实用堰的地方安装试验模型。实验的模型有挑流鼻坎（图 30.1）和掺气分流墩设施（图 30.2）。实验时，选择一种连续式挑流鼻坎（15°、25°和 30°）安装在溢流堰的下游。待挑流鼻坎的冲刷实验结束后，将掺气分流墩设施固定在实用堰面上再进行实验，比较两种挑流形式的实验结果。测量仪器为活动测针、细线绳、秒表、水准仪、照相机或摄像机。为了模拟河床冲刷，在挑坎下游床面铺设经过筛选的实验沙，厚度为 0.15～0.2m。

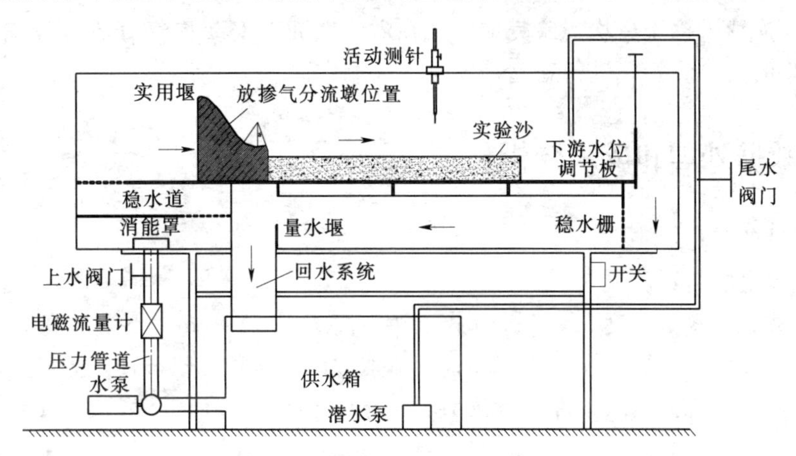

图 30.3　挑流消能实验模型

30.5　实验方法和步骤

1. 准备工作

（1）实验前，选择一种连续式挑流鼻坎安装在溢流堰面末端可活动安装的地方。

（2）在溢流堰挑流鼻坎下游的床面上铺设已筛分好的实验沙，厚度为 0.15～0.2m，并在实验沙上加盖板。

2. 实验方法和步骤

（1）按照选定的连续式挑流鼻坎，记录溢流堰的宽度 b、上游堰高 P_1 和下游堰高 P_2、鼻坎挑角 α、溢流堰顶的测针读数、挑流鼻坎顶测针读数、沙面顶部测针读数。

（2）确定堰上水头和下游河床的水深。

（3）将下游水位调节板提高到高于沙面 5cm 左右，打开潜水泵和尾水阀门，给下游充水，保持下游水位暂时高于设计的下游水位。

（4）打开水泵，打开上水阀门放水。放水时闸门由小到大慢慢开启，用电磁流量计或量水堰监控流量，同时调节下游水位调节板，使上下游水位达到所需的水位，并测量出流量。

（5）去掉实验沙上的盖板，关掉尾水阀门，记录开始进行冲沙的时间。

（6）透过水槽玻璃观察水股对床面的冲刷情况，了解挑流消能的过程。

(7) 待冲坑稳定后，将测针放在挑坎鼻坎顶部位置的水面上，读出水流表面的测针读数。然后再将测针放在冲坑处的水面上读出水流表面的测针读数。

(8) 用钢板尺测量挑流水股与水面相交处的水平距离。

(9) 待冲坑稳定后（历时约 2h），关闭上水阀门停水。用细线绳根据冲刷坑的水位摆置等高线，用测针或水准仪测量等高线的高程，并将高程用纸打印出来放在每条等高线上。用测针和钢板尺测量冲刷坑的纵剖面图、最大冲深值、冲坑最深点距挑坎的距离 L 以及堆丘形状，并用照相机或摄像机拍摄冲坑形状，在计算机上进行处理分析。

(10) 连续式挑流鼻坎实验完成后，在溢流堰面上安装掺气分流墩设施，重复第 (1) ～ (9) 步的实验步骤，进行新型消能工的冲刷实验。

30.6　数据处理和成果分析

实验设备名称：　　　　　　　　　　　　　　　仪器编号：

同组学生姓名：

已知数据：水槽宽度 $b=$　　cm；上游堰高 $P_1=$　　cm；下游堰高 $P_2=$　　cm；

鼻坎挑角 $\alpha=$　　cm；溢流堰顶测针读数　　cm；

挑流鼻坎顶部测针读数　　cm；沙面顶部测针读数　　cm；

实验沙的中值粒径 $d_{50}=$　　mm

1. 实验记录

实验记录表格自行设计。

2. 成果分析

(1) 根据冲刷结果，求最大冲坑深度、最大冲坑位置、最高堆积高度及位置。

(2) 用实测的挑流鼻坎上的水深和流量，计算挑坎出口的流速 v_1，将流速代入式 (30.1) 计算挑距 L_0，并与实测值进行比较。

(3) 用式 (30.5) 或式 (30.6) 计算冲刷坑水深 t_p 与实测值比较。也可由实测 t_p 求岩石的抗冲系数或综合系数。

(4) 用式 (30.8) 或式 (30.9) 计算冲刷坑深度与实测值比较。

(5) 确定冲坑最深点距挑坎出口的距离，用式 (30.7) 确定水舌从水面至最深点的行程 L_1，代入式 (30.2) 反求水舌入水角 β。

(6) 由式 (30.3) 反求流速系数 φ。

(7) 根据最大冲坑深度和位置，判断溢流坝的安全性。

30.7　实验中应注意的问题

(1) 在放水时，上游的调节阀门一定要慢慢开启，下游水位要保持一定的高度。当上游水位调好后，再将下游水位调节到需要的水位，这时才可以取掉盖在沙面上的盖板。

(2) 实验时，上下游水位要保持稳定，在测量其他参数时，不可人为地扰动水流和实验沙。

思　考　题

（1）影响挑流冲刷的因素是什么？

（2）挑流冲刷实验时，挑坎后水股下部空间为何要充分通气？通气不足会引起什么后果。

（3）冲刷时间与冲坑平衡有什么关系？

（4）通过实验，比较掺气分流墩设施与连续挑流鼻坎的优缺点。

第 31 章　设计性实验 4　戽流消能实验

31.1　实验目的和要求

（1）观察戽流的水流流态，了解戽流消能的机理。

（2）测量戽流的界线水深、涌浪高度和下游冲刷坑的形态及深度。

31.2　实验原理

31.2.1　消力戽的水流流态和参数选择

在泄水建筑物的出流部分造成一个具有较大反弧半径和较大挑角的凹面戽勺叫做消力戽，如图 31.1 所示。当下游有足够水深时，出流水股经戽坎挑起后形成涌浪，涌浪上游面的水体回跌形成戽旋滚，涌浪潜入下游水面处形成二次旋滚，而在戽后主流下面产生一个反向的底部旋滚，这就是典型的戽流流态，称为三滚一浪。显然，它是一种底流和面流混合的衔接形式。

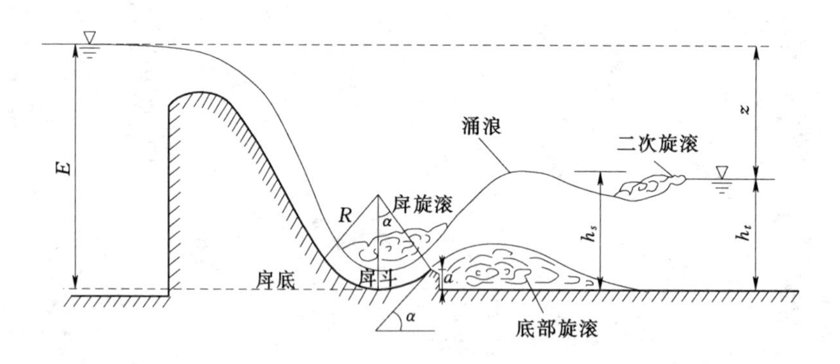

图 31.1　戽流消能示意图

形成戽流要有一定的下游水深。当戽斗的体型、尺寸及流量一定时，随着下游水深 h_t 的增加，会出现不同的流态演变过程，见表 31.1。

当下游水深较小时，戽上水流自由射出，出戽水流呈表 31.1 中序号Ⅰ的挑流状态。

当下游水深 h_t 逐渐增加，出戽水股受尾水顶遏，使得上仰角增大，待 h_t 增大到某个值 $h_{t\min}$ 时，水股上游一侧的部分水体向戽内翻跌，形成戽内旋滚。主流则继续沿戽面射出，在下游形成涌浪并伴生表面旋滚，涌浪之下形成底流旋滚，如序号Ⅱ，这就是戽流流态的起始状态，称为临界戽流，相应的下游水深 $h_{t\min}$ 称为戽流的下限水深。

表 31.1 **戽流衔接流态演变过程**

序号	流态示意图	流态名称	界限水深
Ⅰ	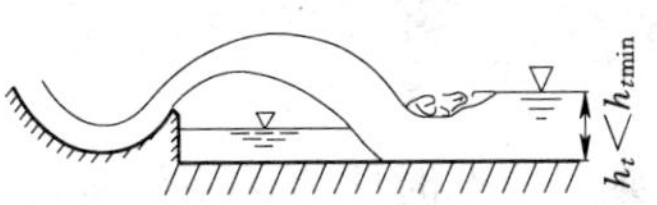 $h_t<h_{tmin}$	挑流	下限水深 h_{tmin}
Ⅱ	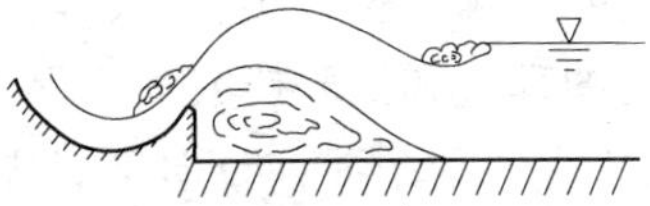	临界戽流	
Ⅲ	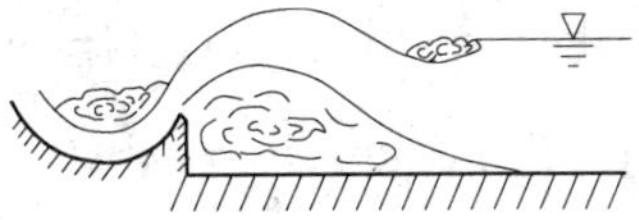	稳定戽流	上限水深 h_{t2}
Ⅳ	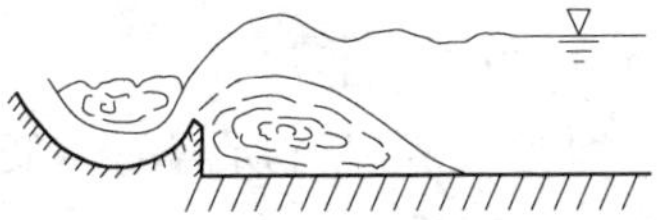	淹没戽流	
Ⅴ	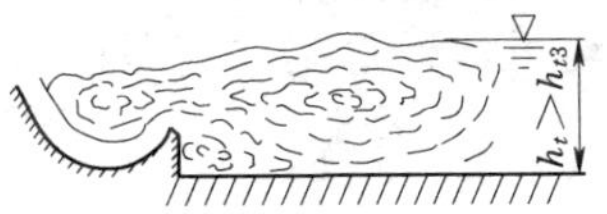 $h_t>h_{t3}$	回复底流	极限水深 h_{t3}

当 $h_t>h_{tmin}$ 继续增加，戽内旋滚和底部旋滚也继续增大，下游表面旋滚减小，形成如序号Ⅲ那样所谓“三滚一浪”的稳定戽流。

当 h_t 再增加到某个值 h_{t2} 时，戽旋滚进一步增大而下游表面旋滚消失为一系列的波浪，主流呈波状沿表面逐渐扩散，叫做淹没戽流，如序号Ⅳ所示。这种流态的临底流速比稳定戽流为小，而水面波动较为汹涌，h_{t2} 称为戽流的上限水深。

当 $h_t>h_{t2}$ 再增加，戽旋滚也随着增大，当 h_t 增大到某个值 h_{t3} 时，出戽水流突然下坠，底部水滚范围减小，而戽内外水流在主流上面连成一巨大的旋滚，如序号Ⅴ，这种流态称为回复底流，临底流速又变大，h_{t3} 称为戽流的极限水深。

从消能防冲角度看，有利的流态是稳定戽流，稳定戽流对河床的冲刷深度仅为挑流深度的 1/3～1/2。淹没戽流因底流速低也还允许出现，但下游水面波动较大，对河道两岸稳定造成影响。挑流和回复底流则因冲刷能力大而应避免。因此，工程应用的是稳定戽流和淹没戽流两种流态，相应的下游水深不仅要大于无戽斗时临界水跃的跃后水深，而且要满足 $h_{tmin}<h_t<h_{t2}$ 或 $h_{tmin}<h_t<h_{t3}$。

设计消力戽时，首先要对挑角、反弧半径、戽唇高度和戽底高程进行选择。

(1) 挑角 α。目前修建的工程，大多数采用挑角为 $\alpha=45°$，少数采用 $\alpha=30°\sim40°$，甚至有采用 $\alpha=15°$ 的。

(2) 反弧半径 R。反弧半径 R 的范围由 5m 到 30m 变化较大，还有采用 80m～90m 的，但目前大多数工程采用的实际尺寸大约在 10～25m。实验表明，R 与流能比 $K=q/(\sqrt{g}E^{1.5})$ 有关，一般选择范围为 $E/R=2.1\sim8.4$。E 为从戽底算起的上游能头。

(3) 戽唇高度 a。戽唇应高出河床，以防止泥沙入戽。对于标准设计的消力戽，戽唇

高度 $a=R(1-\cos\alpha)$，戽唇高度 a 一般取尾水深度的 1/6，高度不够时可用切线延长加高。

（4）戽底高程。戽底高程一般取与下游河床同高，其设置标准是以保证在各级下游水位条件下均能发生稳定戽流为原则。

31.2.2　消力戽消能的水力计算

消力戽的水力计算主要是确定发生典型流态时所需的下游水深。试验表明，最大界限水深 $h_{t\max}$，最小界限水深 $h_{t\min}$ 均与弗劳德数 Fr、鼻坎反弧半径 R、坎顶与河床的高差等因素有关。然而，由于戽流流态的复杂性，目前的理论和试验研究尚未得出较为一致的结论。

张志恒对消力戽的水力计算进行了研究，得出了戽跃计算的基本方程为

$$\eta=\left\{\frac{2R}{h_1}(1-\cos\alpha)\eta^2+\left[2Fr_1^2\cos\alpha+1-\frac{R^2}{h_1^2}(1-\cos\alpha)^2-\frac{R}{h_1}\sin^2\alpha\right]\eta-2Fr_1^2\right\}^{1/3} \tag{31.1}$$

式中：h_1 为戽底水深；Fr_1 为跃前断面的弗劳德数，$Fr_1^2=q^2/(gh_1^3)$；$\eta=h_{2k}/h_1$ 为戽跃的共轭水深比；q 为单宽流量。

式（31.1）为一迭代公式，其初值可取为 Fr_1 的值。

根据式（31.1）求得的跃后水深 h_{2k} 即为形成戽流所需的最低尾水深度，称为第一界限水深。如果下游实际水深小于 h_{2k}，将会出现挑流流态。

王文焰对消力戽做了系统的试验，给出计算 $\eta=h_{2k}/h_1$ 的经验公式为

$$\eta=0.5(\sqrt{1+8Fr_1^2}-1)+0.42 \tag{31.2}$$

式（31.2）的适应条件是下游固定床面与戽底高程同高。

戽底水深 h_1 可用式（31.3）计算，即

$$h_1=\left[\frac{1}{3}+\frac{2}{3}\sin\left(\frac{\pi}{6}-\frac{\theta}{3}\right)\right]E_0 \tag{31.3}$$

式中：$\theta=\arccos\left(-1+\dfrac{27}{2}\eta\right)$，$\eta=\dfrac{q^2}{2g\varphi^2E_0^3}$。$E_0$ 为戽底以上总水头；φ 为流速系数。

流速系数 φ，对于中、低坝用陈椿庭公式（31.4）计算；对于高坝，用麦登坝公式（31.5）计算，即

$$\varphi=(q^{2/3}/E)^{0.2} \tag{31.4}$$

$$\varphi=\sqrt{1-0.1E^{1/2}/q^{1/3}} \tag{31.5}$$

式中：E 为从戽底算起的上游能头。

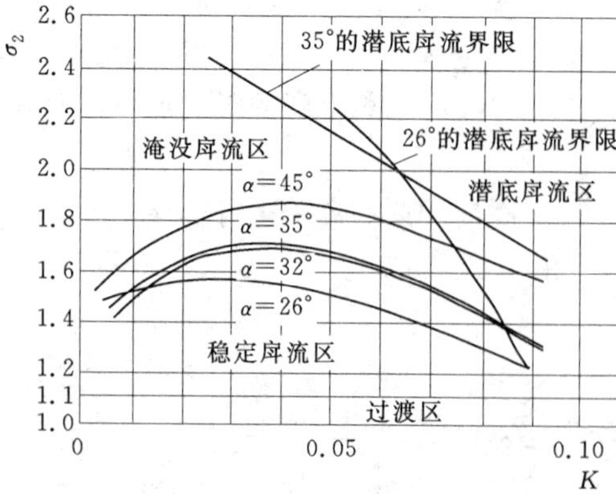

由式（31.1）求得的仅是临界戽流所需的最小水深，但从临界戽流到稳定戽流有一个过渡区，因此产生稳定戽流的界限水深 $h_{t\min}=\sigma_1 h_{2k}$，其中 σ_1 称为第一淹没系数，取值为 1.05～1.1。从稳定戽流进入淹没戽流的界限水深 $h_{t2}=\sigma_2 h_{2k}$，σ_2 称为第二淹没系数，其大小与流能比（$K=q/(\sqrt{g}E^{1.5})$）、挑角 θ、反弧半径 R 有关，可参照图 31.2 确定。为了保证产生稳定戽流，应使下游水深 h_t 满足 $h_{t\min}<h_t<h_{t2}$。如允

图 31.2　淹没系数与流能比关系图

许部分处于淹没戽流区运行，即允许 $h_t > h_{t2}$，但以不出现潜底戽流为限。

31.3 实验设备和仪器

实验设备和仪器如图 31.3 所示。实验设备为自循环实验水槽，包括供水箱、水泵、开关、压力管道、上水阀门、实用堰、消力戽、下游水位调节板、潜水泵、尾水阀门、回水系统。

测量仪器为活动测针、钢板尺、电磁流量计或量水堰、细线绳、秒表、水准仪、照相机或摄像机。为了模拟河床冲刷，在消力戽下游床面铺设经过筛选的实验沙。

31.4 实验方法和步骤

1. 准备工作

(1) 实验前，选择一种消力戽安装在溢流堰面末端可活动安装的地方。

(2) 确定实验流量、下游水深和戽底算起的上游能头 E。由式 (31.4) 或式 (31.5) 求流速系数 φ。将流速系数 φ 代入式 (31.3) 求戽底水深 h_1。由式 (31.1) 或式 (31.2) 求形成戽流所需的最低尾水深度 h_{2k}。判断是否能形成戽流流态。如不能形成戽流流态，则需调整下游水深，直到形成临界戽流为准。

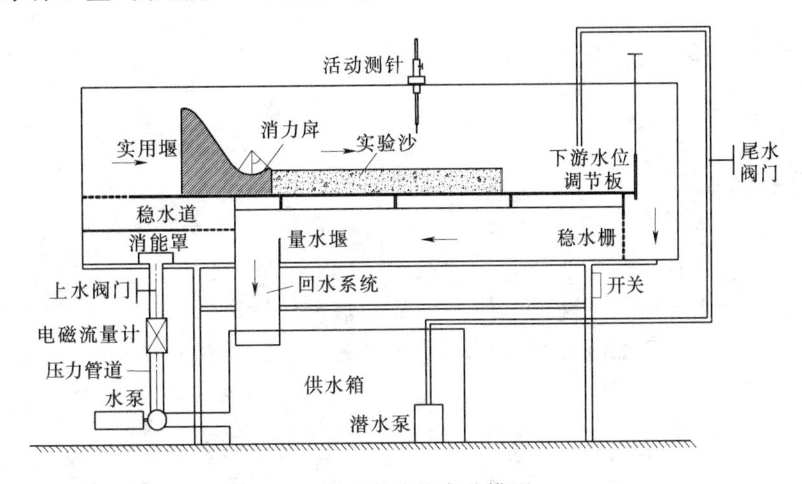

图 31.3 消力戽消能实验模型

(3) 在消力戽戽唇下游的床面上铺设已筛分好的实验沙，实验沙顶部高程略低于戽唇高程，并在实验沙上加盖板。

2. 实验方法和步骤

(1) 记录溢流堰的宽度 b、上游堰高 P_1、消力戽的半径 R、挑角 α、戽唇高度 a、溢流堰顶的测针读数、戽底测针读数和沙面顶部测针读数。

(2) 确定堰上水头和下游河床的水深。

(3) 将下游水位调节板提高到高于沙面 5cm 左右，打开潜水泵和尾水阀门，给下游充水，保持下游水位暂时高于设计的下游水位。

(4) 打开水泵，打开上水阀门放水。放水时闸门由小到大慢慢开启，用电磁流量计或量水堰监控流量，同时调节下游水位调节板，使上下游水位达到所需的水位，并测量出流量。

(5) 流量和上下游水位稳定后，去掉实验沙上的盖板，记录开始进行冲沙的时间。

(6) 透过水槽玻璃根据表 31.1 判断是否为消力戽的水流流态，如为消力戽的水流流态，观察河床冲刷情况，了解消力戽的消能过程。

(7) 待冲坑稳定后，将测针放在戽底位置的水面上读出水流表面的测针读数，该读数减去戽底测针读数即为戽底水深。

(8) 观测消力戽后涌浪的位置，然后再将测针放在涌浪位置的水面上读出水流表面的测针读数，用该读数减去戽底测针读数即为涌浪高度。

(9) 用钢板尺测量涌浪位置距消力戽出口的距离。

(10) 待冲坑稳定后（历时约 2h），关闭上水阀门停水。用细线绳根据冲刷坑的水位摆置等高线，用测针或水准仪测量等高线的高程，并将高程用纸打印出来放在每条等高线上。用测针和钢板尺测量冲刷坑的纵剖面图、最大冲深值、冲坑最深点距挑坎的距离 L 以及堆丘形状，并用照相机或摄像机拍摄冲坑形状，在计算机上进行处理分析。

(11) 实验结束将仪器恢复原状。

31.5　数据处理和成果分析

实验设备名称：　　　　　　　　　　　　　　　　仪器编号：

同组学生姓名：

已知数据：水槽宽度 $b=$ 　　cm；上游堰高 $P_1=$ 　　cm；挑角 $\alpha=$ 　　cm；

半径 $R=$ 　　cm；戽唇高度 $a=$ 　　cm；

溢流堰顶测针读数　　cm；戽底测针读数　　cm；

沙面顶部测针读数　　cm；冲沙料的中值粒径 $d_{50}=$ 　　mm

1. 实验记录

实验记录表格自行设计。

2. 成果分析

(1) 根据冲刷结果，求最大冲坑深度、最大冲坑位置、最高堆积高度及位置。

(2) 用式（31.1）计算消力戽的临界水深 h_{2k} 与实测值进行比较。

(3) 根据最大冲坑深度和位置，判断溢流坝的安全性。

(4) 描述消力戽的水流流态和消能机理。

31.6　实验中应注意的问题

(1) 在放水时，上游的上水阀门一定要慢慢开启，下游水位要保持一定的高度。当上游水位调好后，再将下游水位调节到需要的水位，这时才可以取掉盖在沙面上的盖板。

（2）实验时，上下游水位要保持稳定，在测量其他参数时，不可人为地扰动水流和冲刷料。

思　考　题

（1）影响消力戽消能的主要因素是什么？

（2）如果实验中下游水深降低或升高，对消力戽的水流流态有何影响。

（3）消力戽消能与底流、挑流有何不同。

第32章　起动流速实验

32.1　实验目的和要求

（1）掌握实验室中观测泥沙起动的方法。

（2）测量泥沙个别起动时的断面平均流速。

（3）掌握用旋桨式流速仪测量垂线流速的方法。

32.2　实验原理

设想在具有一定泥沙组成的床面上，逐渐增加水流的强度，直到使床面泥沙（简称床沙）由静止转入运动，这种现象称为泥沙的起动，相应的临界条件称为泥沙的起动条件。常见的表达泥沙起动条件的形式有两种，即起动流速或起动拖曳力。

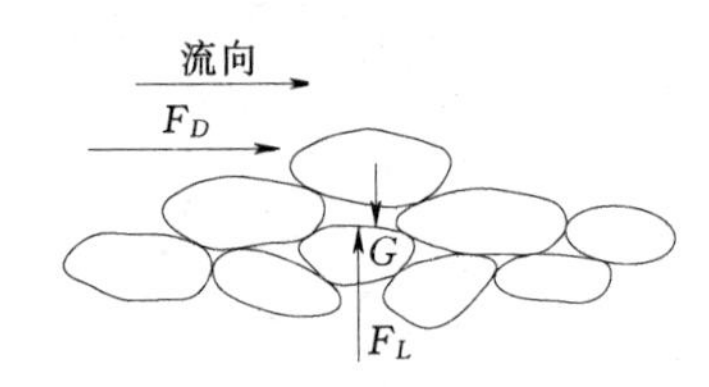

图32.1　河床泥沙受力分析

位于群体中的床沙在水流作用下，受到两类作用力，一类为促使泥沙起动的力，如水流的推力 F_D 和上举力 F_L；另一类为抗拒泥沙起动的力，如泥沙的重力 G 及存在于细颗粒之间的黏结力 N。如图32.1所示。

当水流强度达到一定程度以后，河床上的泥沙颗粒开始脱离静止而起动。由于泥沙形状及沙粒在群体中的位置都是随机变量，即使是粒径相同的均匀沙粒，床面不同部位的泥沙的瞬时起动底流速或起动拖曳力将为随机变量。所以，可以将泥沙起动看成是一种随机现象。

在通常水力、泥沙条件下，床面可能处于三种状态。第一种是流速或拖曳力甚小，粒径较粗，床面泥沙全部处于静止状态；第二种是流速或拖曳力甚大，粒径较细，床面表层泥沙全部处于运动状态；第三种是介于上述两种极端情况之间的状态。

泥沙起动是一种非常复杂的水沙运动过程。泥沙起动的随机性提出了一个起动条件判别的标准问题。这就是在单位面积的床面上有多少颗泥沙在起动，或起动床沙占床面泥沙多大的百分数才叫床沙处于起动临界状态？或者说，从泥沙的运动形态看，泥沙颗粒是沿底滑动、滚动或跳动，还是突然离底扬起？从数量上说，是个别泥沙颗粒动，还是少量颗粒动，或是很多颗粒成批运动呢？这些问题迄今并未完全解决。

克雷默（H. Kramer）将接近临界条件的三种运动强度定义为弱动、中动和普动。弱动是指床面上这里或哪里有屈指可数的细颗粒泥沙处于运动状态；中动是指床面各处都有泥沙在运动，其数量已不可数；普动是指床面各种大小的沙粒均已投入运动，并持续地普及床面各处。

目前，实验室对于泥沙起动的判别，广泛采用的是一种定性标准，即将部分床面上有很少量的泥沙在运动规定为泥沙的起动标准。这种标准大体上相当于克雷默的弱动。

起动流速的计算公式很多，这里只介绍两个公式。

（1）无黏性均匀沙起动的沙莫夫公式

$$V_0=\eta\sqrt{\frac{\gamma_s-\gamma}{\gamma}gd}\left(\frac{h}{d}\right)^m \tag{32.1}$$

式中：V_0为泥沙起动时的平均流速，称为起动流速；η为综合系数；m为经验指数；γ_s为泥沙的重度，一般取为2650kg/m^3；γ为水的重度，一般取为1000kg/m^3；g为重力加速度，m/s^2；d为泥沙的粒径，m；h为水槽水深，m。

沙莫夫根据实验资料求得$\eta=1.14$，$m=1/6$，从而得

$$V_0=1.14\sqrt{\frac{\gamma_s-\gamma}{\gamma}gd}\left(\frac{h}{d}\right)^{1/6}=4.6d^{1/3}h^{1/6} \tag{32.2}$$

沙莫夫公式适用于$d>0.15\sim0.2$mm的非黏性散粒体泥沙。

（2）散粒体及黏性泥沙的统一起动流速公式

这类公式主要有张瑞瑾公式、唐存本公式、窦国仁公式和沙玉清公式，张瑞瑾公式为

$$V_0=\left(\frac{h}{d}\right)^{0.14}\sqrt{17.6\frac{\gamma_s-\gamma}{\gamma}d+0.000000605\frac{10+h}{d^{0.72}}} \tag{32.3}$$

32.3　实验设备和仪器

实验设备和仪器如图32.2所示。它是由清水池、水泵、上水管、阀门、前池、稳水栅、测针、桁架、尾门、长10m，宽0.4m的活动水槽、实验沙、稳水池、升降机、活动铰组成。测量仪器为量水堰、旋桨式流速仪、钢板尺。

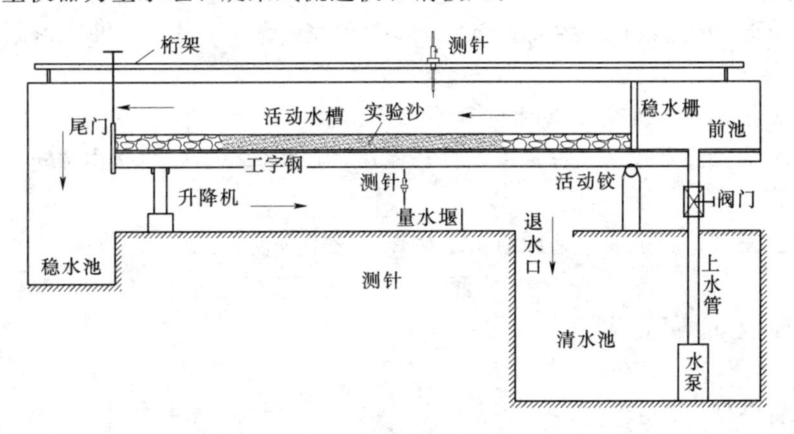

图32.2　起动流速实验的自循环系统

32.4 实验方法和步骤

(1) 在水槽中部平整地铺设实验沙，厚度为 5～7cm 作为实验段，在实验段的上、下游铺设一定长度的卵石，使其与实验段的沙层齐平。

(2) 逐渐而缓慢地打开进水阀门，同时逐渐而缓慢地打开尾门，使活动实验水槽中有一定的水深，并使泥沙保持不动。

(3) 观察泥沙起动。通过尾门的缓慢开启，观察实验段泥沙的起动情况，当实验段有个别泥沙运动时即为起动状态，这时停止尾门运动。

(4) 测量流量。如果用 90°三角量水堰测量流量，读出三角量水堰堰前水面测针读数，由测针零点换算成堰上水头，由式 (32.4) 计算流量：

$$Q=1.343H^{2.47} \tag{32.4}$$

如果用矩形量水堰测量流量，读出矩形量水堰堰上水面测针读数，由测针零点换算成堰上水头，流量公式为

$$Q=\frac{2}{3}(b+0.003375)\times(0.5925+0.01495H/P)\sqrt{2g}(H+0.0012)^{1.5} \tag{32.5}$$

式 (32.4) 和式 (32.5) 中：H 为量水堰的堰上水深，m；b 为矩形量水堰的宽度，m；P 为矩形量水堰的高度，m；Q 为流量，m^3/s。

(5) 用活动测针观测泥沙起动时的实验段的水深 h_0。

(6) 练习用旋桨式流速仪测量垂线平均流速的方法，按三点法测垂线平均流速，垂线平均流速 V_m 用式 (32.6) 计算：

$$V_m=\frac{1}{3}(V_{0.2}+V_{0.6}+V_{0.8}) \tag{32.6}$$

式中：$V_{0.2}$、$V_{0.6}$、$V_{0.8}$分别为水面下 0.2、0.6 和 0.8 倍水深处的流速。

流速仪计算流速的公式为

$$V=kn/T+C \tag{32.7}$$

式中：n 为流速仪的转数；T 为测量时间；k 为系数；C 为常数，k 和 C 由制造仪器的厂家出厂时给定。

目前的旋桨式流速仪在设定时间 T 后，不需要人工读取转数 n，而是由仪器自动记录，并将记录结果代入式 (32.7) 自动计算流速，在测量结束，直接由流速仪上的计算器上显示出流速。

(7) 实验完后将水泵关闭，同时将下游尾门逐渐关闭。

32.5 实验记录和处理

实验设备名称：　　　　　　　　　　　仪器编号：

同组学生姓名：

已知数据：实验水槽宽度 $B=$ 　　cm；矩形量水堰宽度 $b=$ 　　cm；

矩形量水堰高度 $P=$　　cm；实验沙中值粒径 $d_{50}=$　　mm

实验记录见表 32.1。

表 32.1　　泥沙个别起动时的观测记录

流量测量				水槽水深 h_0 /cm	旋桨式流速仪测垂线流速			流速计算	
量水堰水面测针读数/m	量水堰零点测针读数/m	量水堰上水深/m	流量/(m³/s)		$0.2h_0$ 处流速测量/(cm/s)	$0.6h_0$ 处流速测量/(cm/s)	$0.8h_0$ 处流速测量/(cm/s)	垂线平均流速/(cm/s)	水槽平均流速/(cm/s)

实验日期：　　　　学生签名：　　　　指导教师签名：

32.6　成果分析

（1）计算断面平均流速：

$$V_{平均}=Q/(Bh_0) \tag{32.8}$$

（2）用沙莫夫公式或张瑞瑾公式计算起动流速 V_0。

（3）验证沙莫夫公式中的系数 k：

$$k=\frac{V_{平均}}{d^{1/3}h_0^{1/6}} \tag{32.9}$$

32.7　实验中应注意的问题

（1）实验前要将实验沙刮平。

（2）在开泵放水前，先将尾门抬高到一定位置。

（3）实验时闸门要逐渐开启，不可一下子开得太大，以防冲走实验沙。

思　考　题

（1）影响泥沙起动的主要因素有哪些？

（2）实验求得的系数与沙莫夫公式中的系数有何差异？为什么？

（3）垂线平均流速和断面平均流速有何区别？能不能用垂线平均流速代替断面平均流速？

（4）如何用旋桨式流速仪测量断面平均流速和流量？

第33章　沙波运动实验

33.1　实验目的和要求

（1）观察泥沙个别起动，大量起动至沙波形成的整个物理过程。

（2）测量波长和波高。

（3）通过实验加深对泥沙运动规律的认识。

33.2　实验原理

当泥沙以推移运动形式达到一定量后，随着推移质在河床表面的群体运动的强度不同，床面具有不同的形态图，这种泥沙在床面上的群体运动称为沙波运动。

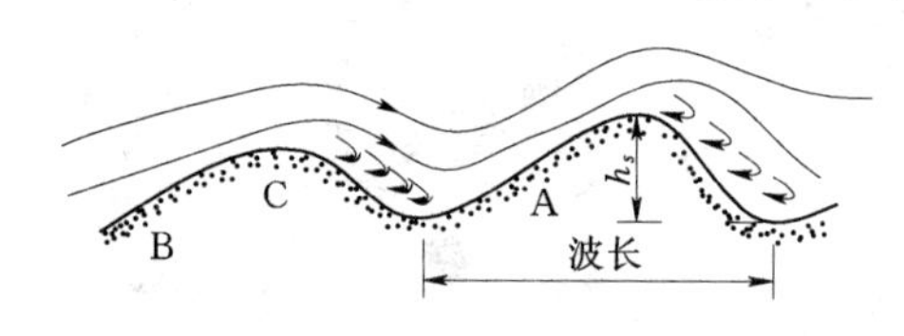

图33.1　沙波运动示意图

实际观察得出的沙波纵剖面即床面形态如图33.1所示。观察表明，沙波的迎水面较平缓，背水面较陡峻。水流自B点沿沙波迎水面至波峰C点，即发生分离，并在A点再和河床相遇，水流在迎水面处于加速区，在背水面处于减速区。在这样的水流条件下，沙波迎水面发生冲刷。泥沙沿迎水面向前运动，经波峰后落入背水面的分离区中，分离区中为横轴环流，粗沙将落淤，因而背水面不断淤高。沙波迎水面冲刷、背水面淤积的结果使整个沙波向下游缓慢推进。

沙波的产生、发展、消亡和水流强度密切相关。对于平整的床面，当水流强度达到使床面泥沙起动的程度，部分沙粒即处于运动状态，由于起动现象的随机性，少量沙粒逐渐聚集在床面的某些部分而形成小丘，小丘缓慢移动加长，在床面上形成一系列如三角形状的沙纹，不论是大江大河还是小沟小渠，沙纹的长度一般不超过30～40cm，高度不超过3～4cm，沙纹的迎水面平缓，背水面坡度约为泥沙的水下休止角，比迎水面陡得多。

随着水流强度的增大，波长、波高不断增大，沙纹发展成沙垄。沙垄发展到一定高度后，若水流强度继续增大，则波峰后水流分离区的漩涡强度也继续增大，越过波峰的泥沙将越过背水面在下一个沙垄的迎水面上，且愈来愈多的泥沙将进入悬移状态，这将导致沙垄的波高减小，波长加大，沙垄逐渐消亡，终至使河床再一次恢复平整。水流强度再继续增大，则床面将出现不平整，称为沙浪，床面出现急滩、深潭相间的类似山区河流的床面形态。

33.3　实验设备和仪器

实验设备与起动流速的实验设备完全相同，如图 32.2 所示。

33.4　实验方法和步骤

（1）在水槽中部平整地铺设实验沙，厚度为 5～7cm 作为实验段，在实验段的上、下游铺设一定长度的卵石，使其与实验段的沙层齐平。

（2）逐渐而缓慢地打开进水闸门，同时逐渐而缓慢地打开尾门，使活动实验水槽中有一定的水深，并使泥沙保持不动。

（3）观察泥沙起动。通过尾门的缓慢开启，观察实验段泥沙的起动情况，当实验段有个别泥沙运动时即为起动状态，这时停止尾门运动。

（4）测量流量。如果用 90°三角量水堰测量流量，读出三角量水堰堰前水面测针读数，由测针零点换算成堰上水头，由式（33.1）计算流量：

$$Q=1.343H^{2.47} \tag{33.1}$$

如果用矩形量水堰测量流量，读出矩形量水堰堰前水面测针读数，由测针零点换算成堰上水头，流量公式为

$$Q=\frac{2}{3}(b+0.003375)\times(0.5925+0.01495H/P)\sqrt{2g}(H+0.0012)^{1.5} \tag{33.2}$$

式（33.1）和式（33.2）中：H 为量水堰的堰上水深，m；b 为矩形量水堰的宽度，m；P 为矩形量水堰的高度，m；Q 为流量，m^3/s。

（5）用活动测针观测实验段泥沙起动时的水深 h_0。

（6）逐渐增大流量或改变水槽的水深，观察泥沙由个别起动到大量起动以及沙波形成和运动的整个物理过程，并测量出泥沙中动和普动时实验水槽的水深 h 和流量。

（7）实验完后将下游尾门逐渐关闭，同时将水泵关闭。

33.5　实验记录和泥沙运动状态描述

实验设备名称：　　　　　　　　　　　　　仪器编号：

同组学生姓名：

已知数据：实验水槽宽度 $B=$　　　cm；矩形量水堰宽度 $b=$　　　cm；

　　　　　矩形量水堰高度 $P=$　　　cm；矩形量水堰零点测针读数：　　　cm；

　　　　　实验沙中值粒径 $d_{50}=$　　　mm

实验记录见表 33.1。

表 33.1　沙波运动参数测量及运动形态描述

流量 /(cm^3/s)	水槽水深 /cm	断面平均流速 /(cm/s)	泥沙运动形态描述	沙波高度 h_s /cm	沙波长度 λ /cm

实验日期：　　　　学生签名：　　　　指导教师签名：

33.6　成果分析

（1）观察泥沙的起动、中动和普动。测量各不同时段的实验水槽的水深和量水堰上的水深，计算流量，求出各时段实验水槽的平均流速。

（2）对沙波运动中各种不同水流强度时沙面运动的物理现象进行描述。

（3）测量沙波的高度和长度，对测量结果进行分析。

33.7　实验中应注意的问题

（1）在测量水深时注意测针尖不要深入到沙层里面。

（2）在观察各种临界水流条件时，闸门要逐渐开启。

思　考　题

（1）为什么沙波迎水面较平缓，背水面较陡峻？

（2）沙波的发展过程是由什么决定的？

第34章 弯道环流实验

34.1 实验目的和要求

（1）了解弯道环流的水流特性，增强对弯道环流的感性认识。

（2）了解水流在弯道环流中的流向。

（3）测量弯道中的流速，增加对三维流动流速分布的认识。

34.2 实验原理

当水流通过弯道时，液体质点除受重力作用外，同时还受到离心惯性力的作用，在这两种力的共同作用下，水流除具有纵向流速外，还存在径向和竖向流速。由于几个流向的流速交织在一起，在横断面内产生一种次生的水流称为副流。所谓副流就是从属于主流的水流，它不能独立存在。弯道水流的纵向流动和副流叠加在一起就构成了螺旋流。做螺旋流的水流质点是沿着一条螺旋流状的路线前进，流速分布极不规则，动能修正系数和动量修正系数都远远小于1。图34.1表示河流做螺旋流时的水流平面图和剖面图。从图34.1中可以看出，弯道表层水流的方向指向凹岸，后潜入河底朝凸岸流去，而底层水流方向则指向凸岸，后翻至水面流向凹岸。由于这个原因，在河流弯道上形成明显的凹岸冲刷凸岸淤积的现象。

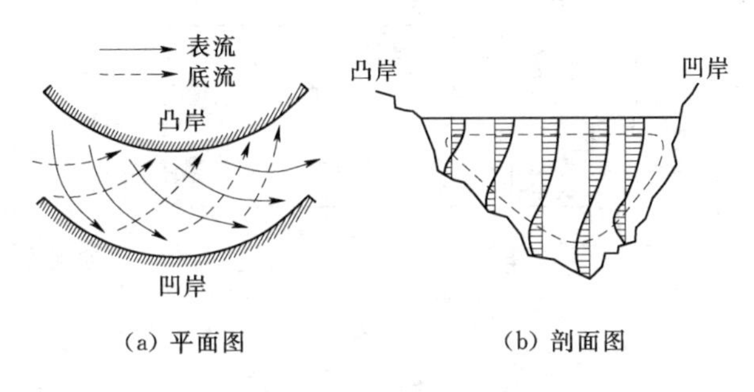

(a) 平面图　　(b) 剖面图

图34.1　弯道水流的流向

修克莱（Shukry）在宽30cm的巨型钢质弯道水槽中，测量了弯道的水位等值线和纵向流速等值线图，经过测量总结出了弯道水流的几个特点。

（1）整个弯道水面是扭曲的，凹岸的水位线是一条上凸的曲线，而凸岸的水位线是一条下凹的曲线。

（2）在横断面上，由于受离心惯性力的影响，凹岸水位高，凸岸水位低，存在着明显的横比降。而且各过水断面横比降的大小不相等。

（3）弯道纵向流速分布沿横向及沿流程都不断发生改变，断面最大纵向流速在进入弯道之前就离开了它的正常位置，偏向弯道的凸岸，出弯道以后还继续向弯道外侧发展，要经过相当长的距离以后方能恢复正常位置。

(4) 由于弯道水流横比降的形成，水流沿垂线有横向流速分布。

研究弯道环流缓流的水流特性主要包括：弯道横向自由水面形状，纵向和横向流速分布及变化规律，弯道的能量损失等。

34.3 实验设备和仪器

实验设备由水库、水泵、上水管、进水阀门、电磁流量计、稳水池、稳水栅、进水直道、弯道、出水直道、尾门、退水沟（通向水库）组成。弯道水槽为矩形，用混凝土制作。弯道水槽宽0.4m，槽深0.6m，槽中心线曲率半径为0.8m，中心角为180°，在槽底设置网格线，每隔5°设一断面，沿径向网格间隔为5cm。出口尾门处设置闸门自动升降系统，用以控制弯道水槽的水深。实验设备如图34.2所示。测量仪器为旋桨式流速仪、系红毛线的有机玻璃横架、竖架、底部系红毛线的钢片、测针和钢尺。

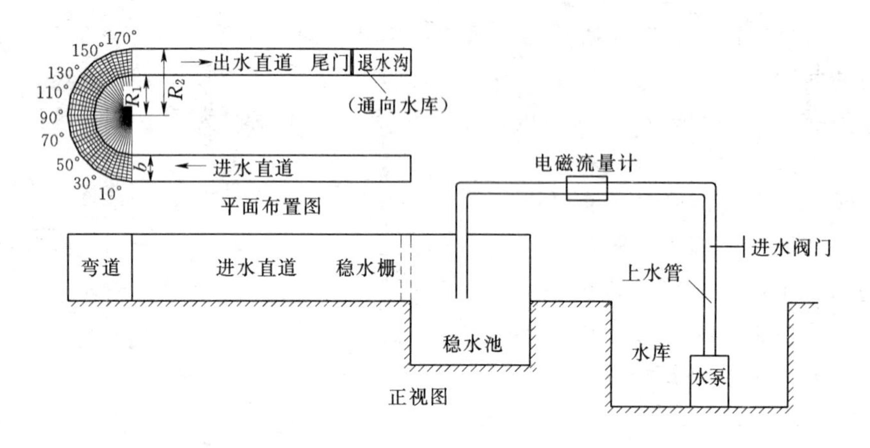

图34.2 弯道环流实验装置

34.4 实验方法和步骤

34.4.1 实验项目

(1) 弯道底部和表面流向测量。

(2) 凹岸和凸岸水深测量。

(3) 横断面上垂线流速测量。

(4) 流量测量。

(5) 流向沿水深的变化观察。

34.4.2 实验方法和步骤

(1) 打开水泵和进水阀门，使弯道中有水流通过，并保持弯道中水深为15cm左右，待水流稳定后，用电磁流量计或量水堰测量流量。

（2）弯道底部流向的观测。

1）在弯道进口、弯道内70°、90°、110°和175°横断面的底部各放四排系红毛线的钢片，当水流流动时，红毛线随水流飘动，其飘动的方向即为流向。用测针或钢尺测量底部流向。

2）由上游投放沥青球，以观察底部水流的运行轨迹。

（3）表面流向的观测。

1）在弯道的横断面上，用系好红毛线的有机玻璃棒沿断面放置，使线恰好与水面接触，以观测各断面表面流向的变化，测量断面与底部测量断面相同。

2）把纸屑由弯道进口前撒放水中，观察表面水流运动的轨迹。

（4）流向沿水深的变化观察。用系好红毛线的有机玻璃棒垂直插入水中，选取几个不同的断面，以观察流向沿水深的变化。

（5）凹岸和凸岸水深的观测。用活动测针测读5°、70°、90°、110°和180°断面上凹岸和凸岸的水深，计算水面横比降。

（6）测量70°、90°、110°横断面上的垂线流速分布。在每个断面上找三条垂线，每条垂线的测量范围为水底到水面，测点间隔1cm或2cm（如果时间不够，可以只测量一个断面即可）。

（7）实验结束后将仪器恢复原状。

34.5 实验记录和处理

实验设备名称：　　　　　　　　　　　　仪器编号：

同组学生姓名：

已知数据：实验水槽宽度 $B=$　　cm；半径 $R=$　　cm

实验数据记录见表34.1～表34.4。

表34.1　底部流向测量记录及计算

流量/(m^3/s)	断面	测点距凸岸的距离/cm				流量/(m^3/s)	断面	测点距凸岸的距离/cm			
		1号	2号	3号	4号			1号	2号	3号	4号
	0°	5	15	25	35		110°	5	15	25	35
	5°						115°				
	70°	5	15	25	35		175°	5	15	25	35
	75°						180°				
	90°	5	15	25	35						
	95°										

表 34.2 **表面流向测量记录及计算**

流量 /(m³/s)	断面	测点距凸岸的距离/cm				流量 /(m³/s)	断面	测点距凸岸的距离/cm			
		1 号	2 号	3 号	4 号			1 号	2 号	3 号	4 号
	0°	5	15	25	35		110°	5	15	25	35
	5°						115°				
	70°	5	15	25	35		175°	5	15	25	35
	75°						180°				
	90°	5	15	25	35						
	95°										

表 34.3 **凹岸和凸岸断面水深测量及水面坡降的计算**

流量 /(m³/s)	断面	$h_{凹}$ /cm	$h_{凸}$ /cm	$h_{均}$ /cm	Δh /cm	B /cm	J	备注
	0°							
	70°							
	90°							
	110°							
	180°							

表 34.4 **断 面 流 速 测 量 记 录**

测点距槽底的距离 /cm	流 速 测 量								
	70°断面			90°断面			110°断面		
	距凹岸 10cm /(cm/s)	水槽中部 /(cm/s)	距凹岸 30cm /(cm/s)	距凹岸 10cm /(cm/s)	水槽中部 /(cm/s)	距凹岸 30cm /(cm/s)	距凹岸 10cm /(cm/s)	水槽中部 /(cm/s)	距凹岸 30cm /(cm/s)

实验日期： 学生签名： 指导教师签名：

34.6 成果分析

1. 底部流向测量

底部流向是在 0°、70°、90°、110°和 175°的断面上测量的。为了便于观测，在每个断面上选了 4 个测点，各测点距凸岸的距离分别为 5cm、15cm、25cm 和 35cm。测量时，只需测量所测点的下一个断面飘动的红毛线距凸岸的距离，将所测距离记录在表 34.1 中。例如，要测量 0°断面的流向，就将红毛线系在 0°断面的 1 号 、2 号 、3 号 、4 号测点上，红毛线随水流向下游飘动，测量时，测出下一个 5°断面飘动的红毛线距凸岸的距离记录在表 34.1 中，然后将 0°断面与 5°断面的测量值点绘在图 34.3 中，两点的连线即为底部水流的方向。其他测点的测量方法相同。

2. 表面流向测量

表面流向测量。先用系好红毛线的有机玻璃棒放在所量测的测点上，每根红毛线距凸岸的距离与底部的距离相同。测量时，将红毛线的固定端放在测点上，红毛线的自由端随水流飘动，只需测量测点的下一个断面飘动的红毛线距凸岸的距离即可，测量的方法与底部流向测量的方法相同。测量记录及计算见表 34.2。

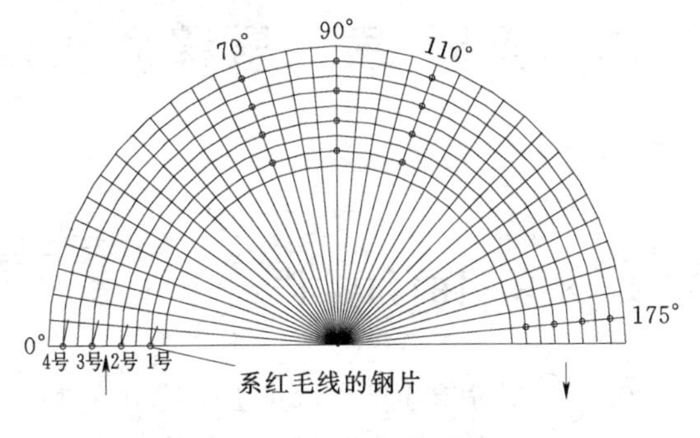

图 34.3　流向描述图

3. 断面水深测量及水面坡降的计算

测量 5°、70°、90°、110°和 180°断面上凹岸和凸岸的水深。测量时，将测针放在所测点的位置上，先用测针测量弯道水槽底部的读数，再测量水面的读数，两者之差即为所测点的水深。先测量凹岸的水深 $h_{凹}$，再测量凸岸的水深 $h_{凸}$，用钢尺测量两测点之间的水平距离 B，计算出水面差 Δh，计算出断面横比降 $J=\Delta h/B$。断面水深测量记录及水面比降的计算见表 34.3。

4. 断面流速测量

断面流速用旋桨式流速仪测量，要求测量三个断面，即 70°、90°和 110°的断面。每个断面测三条垂线，即水槽的中点，距凹岸 10cm 和 30cm 的地方。每条垂线从水槽底部开始测量直到水面附近，测点间隔 1cm 或 2cm。断面流速测量记录见表 34.4。将所测结果在方格纸上点绘水深与流速关系，分析流速随水深的变化规律。

5. 流量测量

流量用电磁流量计测量。如采用其他测量设施，如量水堰，可根据量水堰的测流原理计算流量。

34.7　实验中应注意的问题

（1）在测量流向时，红毛线随着水流的运动而左右摆动，在测量时应多测几次取其平均值。

（2）在测量水深时，测针尖在水面处其倒影刚好挨着水面就是水面位置。

（3）在测量流速时，注意流速仪要与断面垂直。

思　考　题

（1）通过实验，你能简单地描述一下弯道底部的流向和表面的流向吗？

（2）弯道环流的流速分布与一般顺直明渠的流速分布有何不同。

（3）简单地叙述一下在弯道中凹岸冲刷、凸岸淤积的原因。

第 35 章　悬移质含沙量沿垂线分布实验

35.1　实验目的和要求

（1）加深对悬移质含沙量沿垂线分布规律（上稀下浓）的认识。

（2）掌握实验室中测量悬移质含沙量沿垂线分布的方法。

35.2　实验原理

悬浮在水中随水流前进的泥沙叫悬移质。它在水流方向的前进速度与水流流速基本相同。江河输送的泥沙中悬移质占主要部分。就数量来说，冲积平原河流携带悬移质的数量往往为推移质数量的数十倍甚至数百倍；山区河流悬移质的数量略为减小，但也多达数十倍以上。

水流中悬移质的比重较大，一般为 2.65，如果只受重力作用，悬移质的远距离输送是不可能的，它会在重力作用下而下沉。泥沙之所以能够悬浮并实现其远距离输送，是因为它除受重力作用外还受到水流紊动扩散的作用。紊动扩散作用实质上是把悬移质从高含沙区输送到低含沙区，使浓的变稀，稀的变浓，企图把水流中各层的含沙量均匀化，因而叫做“紊动扩散作用”。一般的河渠水流均为紊流。紊流中由于流速的脉动，使各层水流之间产生强烈的掺混现象。也就是说，悬移质一方面受重力作用下沉，另一方面又受紊动的掺混作用而产生上浮的效果，两者相结合，遂使悬移质得以在水流中浮游前进。

悬移质的整个运动过程，取决于紊动扩散作用与重力作用的相对关系。当重力作用超过紊动扩散作用时，则下沉的泥沙多于悬浮的泥沙，整个过程表现为淤积；反之，当紊动扩散作用超过重力作用时，则悬浮的泥沙多于下沉的，整个过程表现为冲刷；如果重力作用与紊动扩散作用处于相对平衡状态时，则悬移质上浮、下沉的倾向大致相同，因而出现不冲不淤的相对平衡状态。

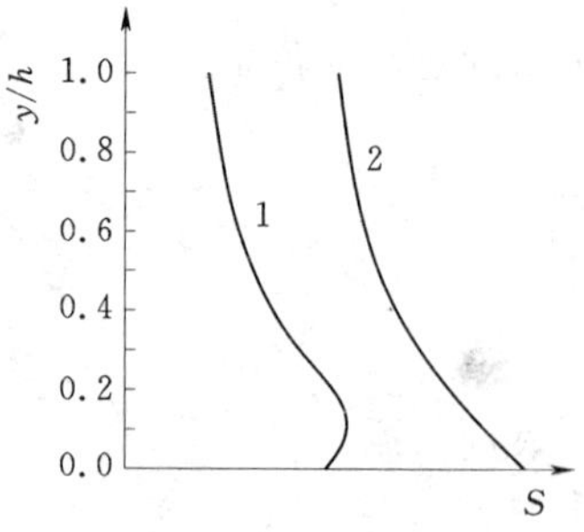

图 35.1　悬移质含沙量沿垂线分布

悬移质含沙量沿垂线分布是研究悬移质运动的重要问题。长期以来，人们一直认为悬移质含沙量沿垂线分布的规律为上稀下浓，水流紊动扩散作用是把悬移质带向上层，从而使得泥沙能够悬浮在水中，随水流一起运动。但近几年在水槽、管道试验及天然河道的实测中，含沙量沿垂线分布自水面向河底先由小到大，再由大到小，在距河底不远处达最大值的变化规律也时有所见，如图 35.1 所示。悬移质运动中的一个最基本的概念是含沙量，它是一立方米的浑水中所含的沙重，常用的单位是 kg/m^3，工程中常用符号 S 代表含沙量。关于含沙量沿垂线的分布规律，劳斯、张瑞瑾、丁松等人都进行过研究，劳斯的公式为

$$\frac{S}{S_a}=\left(\frac{h/y-1}{h/a-1}\right)^{\frac{\omega}{kV_*}} \tag{35.1}$$

式中：h 为水深；y 为距槽底的距离；S_a 为 y 等于某一定值 a 处的含沙量；ω 为泥沙的沉降速度；k 为卡门常数，取为 0.4；V_* 为摩阻流速。

式（35.1）就是二元恒定均匀流在平衡输沙情况下的时均含沙量沿垂线分布的公式。式中指数 $\omega/(kV_*)$ 有很重要的意义，称为“悬浮指标”。它实质上代表重力作用与紊动扩散作用的相互关系。这里重力作用由 ω 表示，紊动扩散作用由 kV_* 表示。悬浮指标越大，即表明重力作用（相对于紊动作用）越强，因而含沙量沿垂线分布就越不均匀；反之，如颗粒越细，悬浮指标愈小，就说明重力作用愈弱，紊动作用愈强，因而含沙量沿垂线分布就愈均匀。这一内在规律性，在图 35.2 中表现得很清楚。由图可见，当 $\omega/(kV_*)=0.06$ 时，含沙量的垂线分布已相当均匀；当颗粒大到一定程度，即当 $\omega/(kV_*)>1.5$ 以后，颗粒悬浮高度基本上达不到水面；$\omega/(kV_*)>5.0$ 以后，以悬浮形式运动的泥沙量甚微，因此，$\omega/(kV_*)=5.0$ 可以作为泥沙是否进入悬浮状态的临界值。

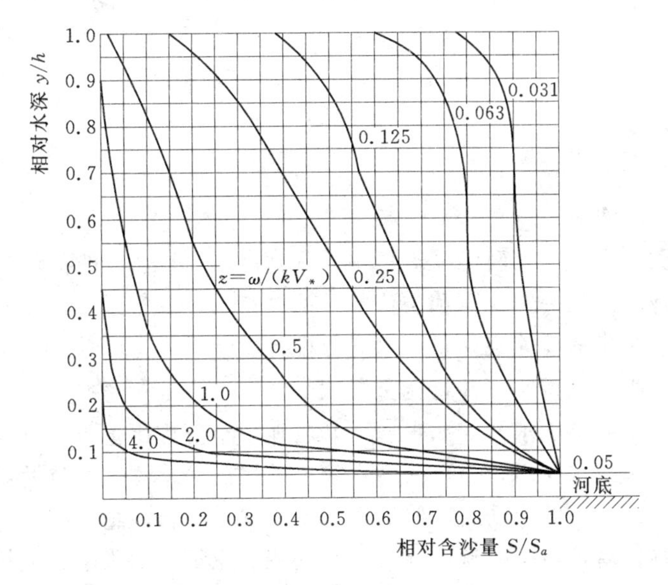

图 35.2 相对水深与相对含沙量的关系

沉降速度可用式（35.2）计算，即

$$\omega=\sqrt{\left(13.95\frac{\nu}{d}\right)^2+1.09\frac{\gamma_s-\gamma}{\gamma}gd}-13.95\frac{\nu}{d} \tag{35.2}$$

式中：ν 为水流的运动黏滞系数；d 为泥沙的中值粒径；γ_s、γ 分别为泥沙和水的重度。摩阻流速用式（35.3）计算：

$$V_*=\sqrt{gRJ} \tag{35.3}$$

式中：R 为水力半径；J 为水面比降。

35.3　实验设备和仪器

实验设备和仪器如图 35.3 所示。它是由水库兼沉沙池、水泵、上水管、阀门、搅拌机、前池、稳水栅、测针、桁架、尾门、长 10m 宽 0.4m 的活动玻璃水槽、稳水池、升降机、活动铰组成。测量仪器为电磁流量计或量水堰、钢板尺、虹吸管取样器、比重瓶、天平和温度计组成。

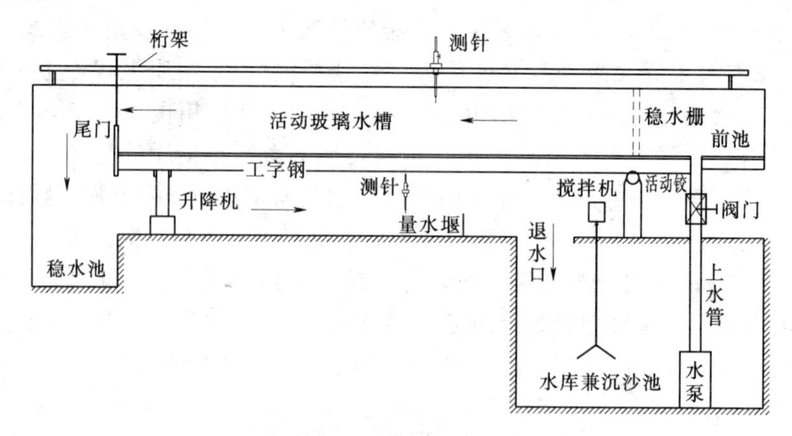

图 35.3　浑水自循环系统

35.4　实验方法和步骤

(1) 记录有关参数，如实验活动玻璃水槽的宽度 b、水槽的底坡 i。

(2) 在沉沙池中放入一定比重和中值粒径的粉煤灰，并记录其比重和中值粒径。

(3) 打开沉沙池中的搅拌机，将浑水充分搅拌。

(4) 准备好天平、比重瓶，并将比重瓶编号。

(5) 在比重瓶中装入清水，连比重瓶一起放在天平上称出重量，计入表格。

(6) 打开水泵和进水阀门，放下活动水槽上的尾门，使浑水通过活动水槽和量水堰进入沉沙池，经过一定时间的流动后，使活动水槽中浑水的含沙量分布均匀。

(7) 待水流稳定后，用电磁流量计或量水堰测量流量。如用电磁流量计可以直接读出流量；如用量水堰可以根据量水堰的测流原理计算流量。

(8) 由流量和已知实验水槽的底坡计算出活动玻璃水槽的正常水深 h_0，h_0 用式 (35.4) 计算：

设 $D=nQ/(\sqrt{i}b^{8/3})$，则

$$\frac{h_0}{b}=\begin{cases}1.10375\times 3.8974^{D}\times D^{0.61316}, & 0<D\leqslant 0.054655\\ 8.2434D^3-4.8962D^2+2.8866D+0.0558, & 0.054655<D\leqslant 0.198425\\ 0.5785D^3-0.8942D^2+2.1666D+0.1009, & 0.198425<D\leqslant 0.48075\\ 0.0543D^3-0.1851D^2+1.8378D+0.1533, & 0.48075<D\leqslant 1.085767\end{cases}\tag{35.4}$$

式中：b 为水槽的宽度；n 为糙率，对于边墙为玻璃、底板为混凝土的水槽，取 $n=0.01$；Q 为流量；i 为水槽的底坡。

(9) 调节尾门，使活动玻璃水槽中实验段的水深达到正常水深。

(10) 用虹吸管取样器取出距水槽底部 $0.05h_0$、$0.2h_0$、$0.4h_0$、$0.6h_0$、$0.8h_0$ 和 h_0 共 6 个测点的浑水样本，分别装入比重瓶中，连比重瓶一起称出浑水的重量。

(11) 测出水槽中的水温，计算水流的运动黏滞系数 ν，即

$$\nu=\frac{0.01775}{1+0.0337t+0.000221t^2} \tag{35.5}$$

式中：t 为水温，以°计，式 (35.5) 计算的 ν 值其单位为 cm^2/s。

(12) 通过置换称重量的方法，计算出相应的沙量，即

$$S=K(S_{浑}-S_{清}) \tag{35.6}$$

式中：$S_{浑}$ 为浑水与比重瓶的重量；$S_{清}$ 为清水与比重瓶的重量；K 为系数，用式 (35.7) 计算：

$$K=\gamma_s/(\gamma_s-\gamma) \tag{35.7}$$

35.5 实验记录和处理

实验设备名称： 仪器编号：

同组学生姓名：

已知数据：$\gamma_s=$ kg/m^3；$\gamma=$ kg/m^3；$d_{50}=$ mm；

流量 $Q=$ m^3/s；水温 $t=$ °；$K=$ ；

正常水深 $h_0=$ cm；黏滞系数 $\nu=($ $)cm^2/s=($ $)m^2/s$

实验数据记录见表 35.1。

表 35.1 **含沙量沿垂线分布记录及计算表**

比重瓶号	测针读数 /cm	相对水深	$S_{浑}$ 浑水＋瓶重 /g	$S_{清}$ 清水＋瓶重 /g	$K(S_{浑}-S_{清})$ /g	含沙量 /(kg/m^3)	实测 S/S_a	计算 S/S_a

实验日期： 学生签名： 指导教师签名：

注 S_a 为 $a=0.05h_0$ 处的含沙量。表中计算一栏是指用劳斯公式计算的相对含沙量。

35.6 成果分析

(1) 由式 (35.2)、式 (35.3) 分别计算沉速 $\omega=($ $)$ m/s 和摩阻流速 $V_*=$

(　　)m/s

(2) 计算悬浮指标 $\omega/(kV_*)$

(3) 计算每立方米中所含的沙量，计算方法如下

$$含沙量=\frac{K(S_{浑}-S_{清})\times 10^{-3}}{100\times 10^{-6}}=10K(S_{浑}-S_{清}) \tag{35.8}$$

式 (35.8) 中的分子是将测量的沙量克换算成千克，分母是将 100mL 的取样瓶的体积换算成 m^3。

(4) 计算垂线平均含沙量。

35.7　实验中应注意的问题

(1) 取样时尽量不要将水洒在取样瓶上。

(2) 在擦取样瓶时，一定要将瓶外擦干净，否则取样误差很大。

(3) 取样瓶一旦固定，在测量时不可将瓶盖互换，否则会造成取样错误。

思　考　题

(1) 通过试验，你对泥沙在水流中悬浮的物理实质有何认识？含沙量沿垂线分布为什么是上稀下浓？

(2) 实验成果与劳斯公式计算结果有何差异？为什么？

(3) 劳斯公式有什么缺陷？

第36章 水流脉动压强实验

36.1 实验目的和要求

(1) 观察紊流中各点压强的脉动现象，了解研究紊流运动的实际意义。

(2) 了解脉动压强的实验原理和量测方法。

36.2 实验原理

36.2.1 水流的紊动现象

水利水电工程中所遇到的水流运动，一般均属于紊流。紊流的基本特征是在运动过程中流体质点具有不断的互相混掺的现象。从雷诺实验中看到，紊流状态的水流质点运动极不规则，涡体互相混掺，速度和压强的大小和方向在时间和空间上均具有随机性质的脉动值，这种现象称为紊流的脉动。脉动现象是个复杂的现象，脉动的幅度有大有小，变化频繁而无明显的规律性，为一种随机性质的波动。脉动现象在高速水流中表现的更为突出，高速水流的脉动，是高水头泄水建筑物设计中必须考虑的主要问题之一。

作用在水工建筑物上的紊流脉动压强与水工建筑物的振动、空蚀、消能防冲等问题密切相关。脉动压强可引起水工建筑物的振动，增加了水工建筑物的瞬时荷载，脉动压强的最大负压值增加了空蚀发生的可能性。许多实际工程观测表明，一些轻型的泄水建筑物，如拱坝溢流、厂房顶溢流、闸孔出流等，在过水时都有不同程度的振动。引起这些轻型结构振动的振源是水流的脉动压强。所以可以认为水流脉动是引起建筑物振动和导致其破坏的主要原因之一。由此可见，研究水流脉动压强对水工建筑物的影响，在工程上有着极其重要的意义。

36.2.2 实验原理

在不可压缩流体中，N-S方程及连续方程为

$$\frac{\partial u_i}{\partial t}+u_j\frac{\partial u_i}{\partial x_j}+\frac{1}{\rho}\frac{\partial p}{\partial x_i}-\nu\nabla^2 u_i=0,i=1,2,3 \tag{36.1}$$

$$\frac{\partial u_i}{\partial x_i}=0 \tag{36.2}$$

式中：∇^2为拉普拉斯算子；u_i为i方向的流速分量：$i=1$，2，3分别代表x，y，z三个方向的流速分量。对式（36.1）进行$\frac{\partial}{\partial x_i}$运算有

$$\frac{\partial^2 u_i}{\partial x_i\partial t}+u_j\frac{\partial^2 u_i}{\partial x_i\partial x_j}+\frac{\partial u_j}{\partial x_i}\frac{\partial u_i}{\partial x_j}+\frac{1}{\rho}\frac{\partial^2 p}{\partial x_i^2}-\nu\nabla^2\frac{\partial u_i}{\partial x_i}=0 \tag{36.3}$$

考虑到连续方程式（36.2），式（36.3）简化为

$$\frac{\partial^2 p}{\partial x_i^2}=-\rho\frac{\partial u_j}{\partial x_i}\frac{\partial u_i}{\partial x_j} \tag{36.4}$$

式（36.4）表明流体的压力传播速度满足泊松方程。由于脉动现象十分复杂，目前广泛采用的方法是时间平均法，即把紊流运动看作由两个流动叠加而成，一个是时间平均流动，一个是脉动流动。把式（36.4）各个物理量的瞬时值看成是脉动值与时均值之和，即 $p=\overline{p}+p'$，$u_i=\overline{u}_i+u_i'$，$u_j=\overline{u}_j+u_j'$，代入式（36.4）得

$$\frac{\partial^2 p}{\partial x_i^2}=\nabla^2 p=\nabla^2\overline{p}+\nabla^2 p'=-\rho\frac{\partial^2}{\partial x_i\partial x_j}(\overline{u}_i\,\overline{u}_j+\overline{u}_i u_j'+\overline{u}_j u_i'+u_i'u_j') \tag{36.5}$$

式中：$\overline{u}_i$、$\overline{u}_j$、$\overline{p}$代表时均值，u_i'、u_j'、p'代表脉动值。文献［11］给出了紊流脉动压强的基本方程

$$\nabla^2 p'=-\rho\left[2\frac{\partial\overline{u}_i}{\partial x_j}\frac{\partial u_j'}{\partial x_i}+\frac{\partial^2}{\partial x_i\partial x_j}(u_i'u_j'-\overline{u'_iu'_j})\right] \tag{36.6}$$

由式（36.6）可以看出，紊流的压强脉动来源于流速脉动。

脉动压强的波形图如图 36.1 所示，由图 36.1 中可以看出，波形图的变化是不规则的，其周期和振幅都是随机变量。脉动压强测量的目的就是确定脉动压强的频率和振幅，以确定脉动压强强度。

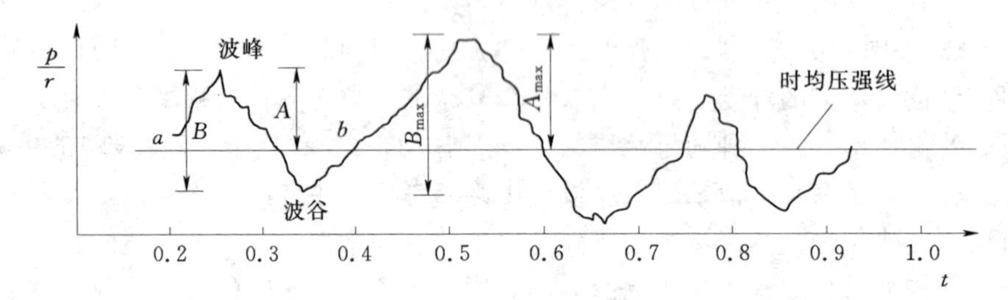

图 36.1　脉动压强波形图

36.3　脉动压强的分析方法

脉动压强的分析有两种方法，即统计分析法和频谱分析法。

在进行分析以前，首先介绍几个名词：

（1）一个波。即一个波峰与后面相邻的一个波谷合在一起叫做一个波。如图 36.1 中的 a、b 之间叫一个波。

（2）波的频率。如图 36.1 中的 ab 段所经历的时间 T 叫做这个波的周期，每秒钟脉动的次数，即 $1/T$ 叫做这个波的频率，常用 f 来表示，即 $f=1/T$。

（3）波的振幅。波峰或波谷到时均压强线的高度叫做振幅，如图 36.1 中 ab 波的振幅为 A，各波中最大的一个振幅叫做最大振幅 A_{max}。

（4）摆幅。从波峰到波谷的高度称为摆幅 B。

36.3.1　脉动压强的统计分析方法

（1）根据采集的波形图，对波形图进行整理。在波形图上取波段，也叫选样本。波段

一般应取 100 个波以上，历时约 15～20s，统计时不是所有的波都要考虑，有些波太小可以舍去，一般以 $2A_{max}$的 $1/n$ 作为取舍的标准，$n=3\sim5$，即双倍振幅小于 $2A_{max}/n$ 的波可以舍去。

（2）求出时均压强。通过每个波的摆幅 B 的计算来求出平均波高，划出时均压强线。即按波高的等级分别统计数量，得总波数 N，总波高除以 N 即得平均波高。

（3）读出每个波的周期 T，求出每个波的频率 $f=1/T$，并求出最小频率 f_{min}和最大频率 f_{max}。

（4）从 f_{min}到 f_{max}之间，将各个波的频率按大小次序排列。

（5）划分频率区间，统计各区间频率出现的次数 N_i。划分频率区间一般每秒 2～3 次为一个区间，有 m 个，并统计各区间频率出现的次数 N_i，求出各区间频率所出现的百分数，即 $(N_i/\sum_{i=1}^{m}N_i)\times100\%$。

（6）以频率 f 为横坐标，以各区间频率出现的次数的百分数为纵坐标，绘制频率的概率分布图，如图 36.2 所示。

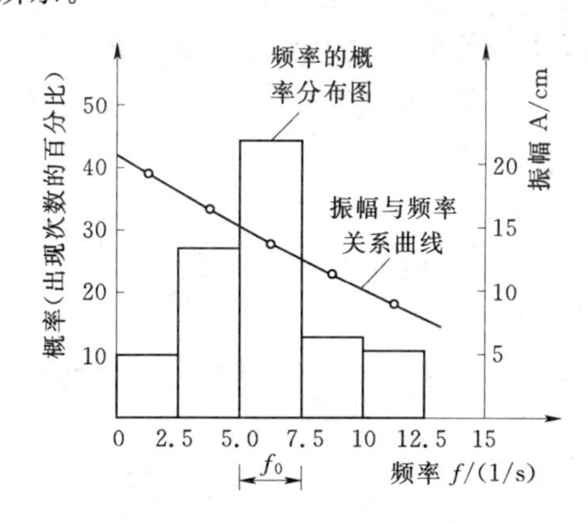

图 36.2　频率的概率分布图

（7）求主频率 f_0。从图上找出出现次数最多的频率，即主频率。如图 36.2 中的 f_0。主频率表示脉动压强以这个频率作用于建筑物的次数最多，所以主频率 f_0 是研究建筑物振动的主要参数之一。

（8）求主振幅 A_0，相应与主频率 f_0 的振幅称为主振幅。波形图上每个波都可以找出两个振幅，即波峰到时均线的振幅和波谷到时均线的振幅。在分析时应取较大的一个作为该波的振幅。每个频率区间各个波有各自的振幅，取其数字平均值作为该区间的振幅。也可以做出振幅 A 与频率 f 的关系曲线，如图 36.2 所示。

一般研究振动问题时，要用主振幅 A_0；在确定瞬时荷载时，要用最大振幅 A_{max}。

（9）由于取用单个的最大振幅，往往有较多的偶然性，在工程中多采用 5%的最大振幅来表示脉动压强的特征值，5%的最大振幅就是在整个样本中，选出相当总数的 5%个最大的振幅的算术平均值。在计算动水荷载或判断是否产生振动时，采用

$$p=\overline{p}+0.5(2A_{max})_{5\%} \tag{36.7}$$

在判断是否产生空蚀时，采用

$$p=\overline{p}-0.5(2A_{max})_{5\%} \tag{36.8}$$

（10）为了分析方便，也可以采用摆幅。因为每个波的振幅是取波峰或波谷至时均线的距离较大的一个，所以 $2A_{max}>B_{max}$，即 $A_{max}>0.5B_{max}$，或写作

$$A_{max}=kB_{max} \tag{36.9}$$

式中：k 应为大于 0.5 的系数，根据工程实践，一般取 $k=0.65\sim0.70$，即

$$A_{max}=(0.65\sim0.70)B_{max} \tag{36.10}$$

同理得

$$A=(0.65\sim0.70)B \tag{36.11}$$

$$A_0=(0.65\sim0.70)B_0 \tag{36.12}$$

36.3.2　脉动压强的频谱分析方法

频谱分析法认为，在组成脉动的过程中，各个频率不同的压强波中，相应于能量最大的频率，即频谱密度最大的频率，就是对于建筑物的振动起主导作用的频率，称为最优频率。当这个频率与建筑物在水中的自振频率相近时，出现共振，使建筑物产生强烈的振动，有时甚至导致建筑物的破坏。通过频谱分析，就能找出这个能量最大的最优频率。

随着计算机技术的普遍应用，对脉动压强的数据处理已普遍采用随机函数理论为依据的随机数据处理法。如果一个物理过程是以时间 t 为参数的随机过程，通常可以用均值、方差、相关函数、功率谱密度及概率密度函数等特征值来描述脉动压强的紊动特性。

脉动压强的频谱分析法的步骤如下。

1. 确定采样间隔和样本容量

采样间隔 Δt 可采用不失真的奈斯特定律来决定，即

$$\Delta t=1/(2f_e) \tag{36.13}$$

式中：f_e 为研究的脉动压强的最大频率。根据经验，一般要求脉动压强波形图所取历时 T 应为所研究的脉动压强可能最大周期的 8～10 倍。

采样的样本容量为

$$n=T/\Delta t \tag{36.14}$$

2. 求均值

$$\overline{p}=\frac{1}{n}\sum_{i=1}^{n}p_i \tag{36.15}$$

式中：p_i 为脉动压强波形（$p-t$）图中横坐标分成 n 个微小时段 Δt 时每个时段末的压强值。

3. 求脉动值

$$\left.\begin{array}{l} p_1'=p_1-\overline{p} \\ p_2'=p_2-\overline{p} \\ \vdots \\ p_i'=p_i-\overline{p} \end{array}\right\} \tag{36.16}$$

4. 计算方差

$$D_p=\frac{\sum_{i=1}^{n}(p_i-\overline{p})^2}{n}=\frac{1}{n}\sum_{i=1}^{n}p_i'^2 \tag{36.17}$$

5. 计算各阶自相关函数

$$\left.\begin{aligned} r(1)&=\frac{p_1'p_2'+p_2'p_3'+\cdots+p_{n-1}'p_n'}{(n-1)D_p}\\ r(2)&=\frac{p_1'p_3'+p_2'p_4'+\cdots+p_{n-2}'p_n'}{(n-2)D_p}\\ &\vdots \end{aligned}\right\}\tag{36.18}$$

其中，$\tau=1$，2，…，m，一般根据经验，$m=0$，1，n时，$r(\tau)$ 已趋于零。

6. 计算功率谱密度

$$S(f)=1+2\sum_{\tau=1}^{m}r(\tau)\cos\frac{2\pi}{f}\tau\tag{36.19}$$

式中：f为水流的频率。由上式计算的是粗略谱，在实际计算中，为了减小采样误差，一般采用平滑谱，用三点滑动平均的平滑谱计算公式为

$$\left.\begin{aligned} S_0&=[S(0)+S(1)]/2\\ S_k&=[S(K-1)+2S(K)+S(K+1)]/4\\ S_m&=[S(m-1)+S(m)]/2 \end{aligned}\right\}\tag{36.20}$$

7. 绘出功率谱密度函数的分布曲线

功率谱密度函数的分布曲线即$S(f)$-f和$S(T)$-T关系，如图36.3所示。由图中可求得谱密度最大的频率f_k为峰值频率。峰值频率就是所研究的脉动压强的代表频率。亦可绘出频谱密度$S(T)$-T的关系曲线，由该图可求得谱密度最大时所相应的周期T，从而起主导作用的最优频率为

$$f=1/T\tag{36.21}$$

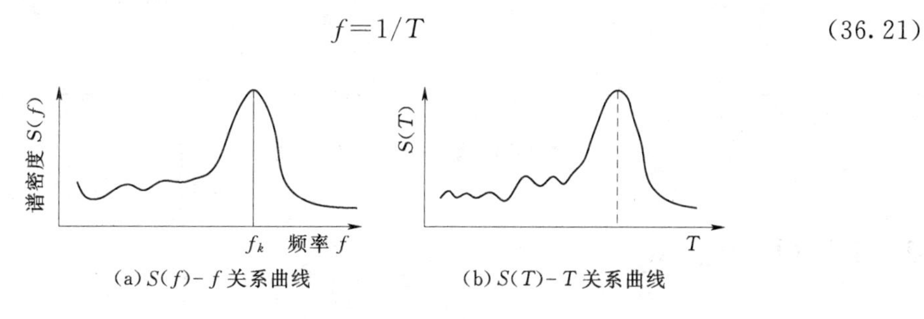

(a) $S(f)$-f关系曲线　　(b) $S(T)$-T关系曲线

图36.3　功率谱密度函数的分布曲线

8. 计算均方差

$$\sigma=\sqrt{D_p}\tag{36.22}$$

均方差表示随机变量在数学期望附近分散和偏离程度的一个特征值，可作为脉动压强振幅的统计特征值，又可作为脉动压强的强度。长江水利水电科学研究院建议：

平均脉动压强振幅为　$\overline{A}=\sigma$

计算动水荷载时的最大振幅为　$A_{max}=1.96\sigma$

计算空化水流时最大振幅为　$A_{max}=2.58\sigma$

36.4　实验设备和仪器

脉动压强的测量目前多采用非电量的电测法，即将水流的脉动压强通过压强传感器转换为电流的变化，再通过滤波、放大和 A/D 转换，即得脉动压强数据。然后通过计算机对数据进行处理和分析，得出频谱、振幅和脉动压强强度。

脉动压强量测的设备和仪器如图 36.4 所示。实验设备为自循环实验水槽，包括供水箱、水泵、开关、压力管道、上水阀门、消能罩、稳水道 1、稳水道 2、水槽、实用堰、下游水位调节闸门、稳水栅、回水系统组成。实验仪器为量水堰或电磁流量计、水流脉动压强传感器、DJ－800 型多功能监测仪、测压管和钢尺等。测量部位为水跃区的水流脉动压强，即在水跃区安装三只脉动压强传感器，安装时要注意使承压面与壁面内侧齐平，在安装传感器的部位安装测压管，以观测各点的时均压强。

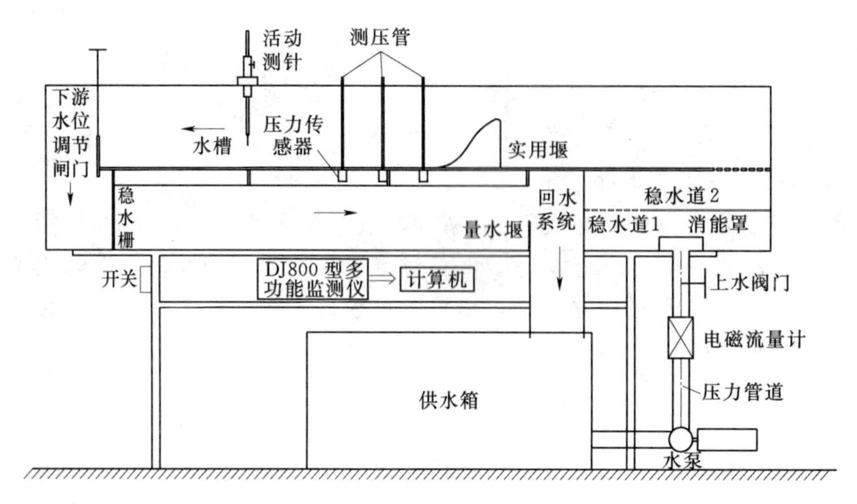

图 36.4　脉动压强测量的设备和仪器

36.5　实验方法和步骤

（1）将脉动压强传感器安装在实验水槽所测点的位置，并按照图 36.4 的方法将传感器与 DJ800 型多功能监测仪、计算机和打印机相连接。

（2）打开 DJ800 型多功能监测仪、计算机和打印机的电源，将仪器预热 15min。

（3）调用 DJ800 型运行程序，确定采样时间和采样间隔。

（4）对传感器进行零点标定。

（5）打开水泵，调节上水阀门，使流量达到某一需要值；再调节下游水位调节闸门，使水槽中发生临界水跃，由计算机监控水槽中水位的变化过程，由量水堰或电磁流量计测量流量。

（6）确定本次测量的文件名，由计算机进行数据采集，由测压管测量时均压强，并做好记录。

（7）换水位重复第（6）步，测量下一个水位的脉动压强。

（8）实验完后将仪器恢复原状。

36.6 数据处理和成果分析

实验设备名称：　　　　　　　　　　　　　　　仪器编号：

同组学生姓名：

已知数据：量水堰宽度 $b=$　　cm；量水堰堰顶测针读数　　cm；流量 $Q=$　　m^3/s；

流量计算公式：

1. 实验数据处理及计算成果

实验数据处理采用 DJ800 型数据处理软件，该软件经运行后可以给出脉动压强过程线，并以表格的形式给出压强的最大值、最小值、时均值、均方值。将测量结果打印并粘贴于表 36.1 内。

表 36.1　　脉动压强过程线及数据处理结果粘贴处

脉动压强过程线及数据处理结果		
实验日期：	学生签名：	指导教师签名：

2. 根据实测结果求下列参数

（1）时均压强、脉动压强最大值和最小值。

（2）脉动压强强度、峰值频率、优势频率和相关系数。

（3）判断所测量的建筑物是否会发生空蚀和振动。

36.7 实验中应注意的问题

（1）安装传感器时，应使承压面与槽壁面齐平，否则将会引起实验误差。

（2）在开泵放水前，一定要对传感器进行零点标定，否则就测不出来实际的时均压强。

思 考 题

（1）紊流的基本特征是什么？

（2）测量脉动压强在工程上有何重要意义？

（3）脉动压强是由什么引起的？

第37章　水流掺气浓度实验

37.1　实验目的和要求

（1）了解水流掺气对水工建筑物的影响。

（2）掌握掺气浓度的测量方法。

37.2　水流掺气现象及分类

高水头水工建筑物过流时，由于水头高，流速大，在一定条件下，常会有大量空气掺入水流中，形成乳白色的水汽混合物，这种水流称为掺气水流或水汽二相流。

高速水流的掺气现象，常常发生在高速陡槽、溢流坝、岸边溢洪道、明流泄洪洞和挑流水股（舌）、底孔进口以及闸门井等处。

根据掺气过程的不同，水流掺气可分为自掺气和强迫掺气两种。当水流通过溢流坝、陡槽、明流隧洞及射流孔口，且流速达到一定程度时，大量空气自水面掺入水流中，以气泡形式随水流带走，这种掺气称为自掺气；当高速水流受某种干扰，如固体边界有突然变化（如闸门槽、通气槽等），或水流表面有突变（如水跃、水舌落点——即水舌与河道自然水面交汇区等），均会从水面卷入大量的空气，这种掺气称为强迫掺气。

37.3　水流掺气对水工建筑物的影响

（1）水流掺气造成水体膨胀，使水深明显增加。若设计时估计不足，会造成水流漫溢边墙，影响泄水道的安全运行。由于水深明显增加，从而使泄水道边墙加高，提高了工程造价。

（2）在无压泄洪隧洞中，如果对表面自掺气的影响估计不足，洞顶净空面积预留太小时，还可能产生有压流与无压流的交替现象，水气流不断冲击壁面，威胁洞身（顶）的安全。

（3）增大水流的脉动压强，从而加大了建筑物的瞬时荷载，也增大了建筑物振动的可能性。特别是强迫掺气，如高水头隧洞的进口一旦形成贯穿式立轴漩涡并进（卷）入空气后，可在泄水道中形成较大的气囊，加大了水流的脉动和振动，可能会对建筑物造成一定的破坏。

（4）水流掺气后，水面上水花飞溅（形成棉絮状水气团），并伴随着巨大的水舌风或自然风沿着狭谷河道、山坡等向上攀升、蔓延，严重时会造成大面积的雾化降雨，形成地表径流，对边坡稳定、公路交通以及给工程管理工作带来不利影响，给各种建筑物及电器设备的布置带来困难。

（5）泄水建筑物中的水流掺气后可以增加消能效果，减轻水流对下游河床的冲刷。

（6）掺气水流可以减免空蚀的破坏作用。据试验，当掺气浓度达到 3%～7%就可以起到减免空蚀的作用，当掺气浓度达到 10%，则可以完全减免空蚀。

（7）水流掺气后，流速分布发生了很大的变化，气泡悬移区的平均流速大于不掺气水流的平均流速，使自掺气水流的鼻坎挑流的挑距增大。

（8）泄水建筑物水流掺气可增加下游河流复氧、氮等气体含量，在一定程度上会改善（变）水生态环境的质量。对水生物也有一定的影响。

37.4　水流掺气发生的机理

水流掺气的基本原因一般认为是水流的紊动，但对掺气发生的具体过程有不同的理解，到目前为止，有两种不同的理论，但比较公认的理论是紊流边界层理论。

37.4.1　表面波破碎理论

这种理论是苏联的 П. А. 伏依诺维奇（Доц. Войнович，П. А.）和 А. И 舒华兹（и Доц. шварц，А. И）提出的。他把水流表面的掺气看作是由于表面波浪的破碎引起的。当水流表面流速足够大时，水流与空气的运动速度不同，其交界面就会出现波浪现象。当水流与气体的速度差大于波浪的传播速度时，波浪就会继续发展，最后波浪破碎，卷入了空气，形成了掺气水流。

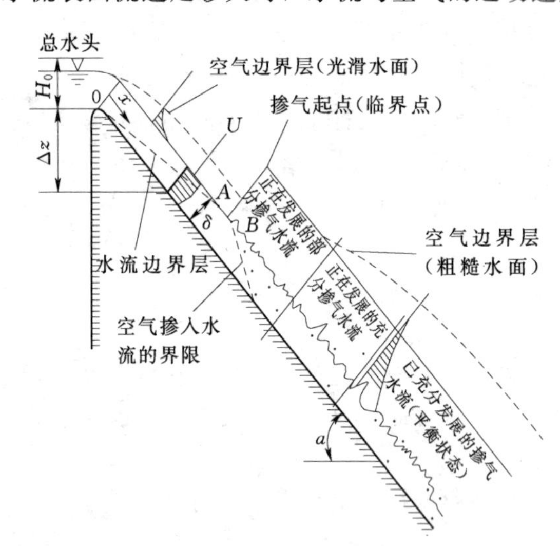

图 37.1　水流掺气的紊流边界层理论

37.4.2　紊流边界层理论

紊流边界层理论是 1939 年由美国人 E. Lane 首先提出来的。以后法国人 G. Halbronn、澳大利亚人 V. Michels 以及美国人 W. J. Bauer 等提出了掺气发生点的求解方法。

紊流边界层理论认为，紊流边界层发展到与水深相等时，紊流暴露在空气中，由于水流紊动引起水质点横向脉动流速的动能大于水表面张力所做的功时，则水质点离开水面进入空中，当其回落至水面时带入空气，从而使水流掺气。所以认为水流边界层发展到水面的地方是掺气的发生点，如图 37.1 所示。

但水流边界层发展到水面使紊流暴露在空气中，只是水流掺气的必要条件，而其充分条件是水流紊动要达到足够的强度，能使水面附近的涡体跃出水面，形成水滴，水柱及水面波各自跃至最高高度后，由于重力作用回落到水面，带入或卷进了空气。

37.5 水流掺气浓度

水流的掺气程度，可用掺气浓度 C 来衡量，掺气浓度为掺气水流中气体的体积占水气混合体的体积的比值。如以 W_a 表示掺气水流中气体的体积，W 表示掺气水流中水的体积，则掺气浓度为

$$C=\frac{W_a}{W+W_a} \tag{37.1}$$

有时也可用含水率 β 来表示水流掺气的程度，即

$$\beta=\frac{W}{W+W_a} \tag{37.2}$$

由式（37.1）和式（37.2）可得

$$C=1-\beta \tag{37.3}$$

对于二维掺气水流的断面平均掺气浓度为

$$\overline{C}=\frac{1}{h_a}\int_h^{h_a}C\mathrm{d}y \tag{37.4}$$

式中：h 为清水区水深，若掺气充分并达到底部时，$h=0$；h_a 为掺气水流的水深；$\overline{C}$为平均掺气浓度。

37.6 实验设备和仪器

实验设备为陡槽溢洪道。测量仪器为中国水利水电科学研究院水力学所（北京）2005 年研制的 CQ6－2005 型电阻式掺气浓度仪，该掺气浓度仪由掺气浓度传感器和显示系统组成，如图 37.2 所示。流量用量水堰测量。

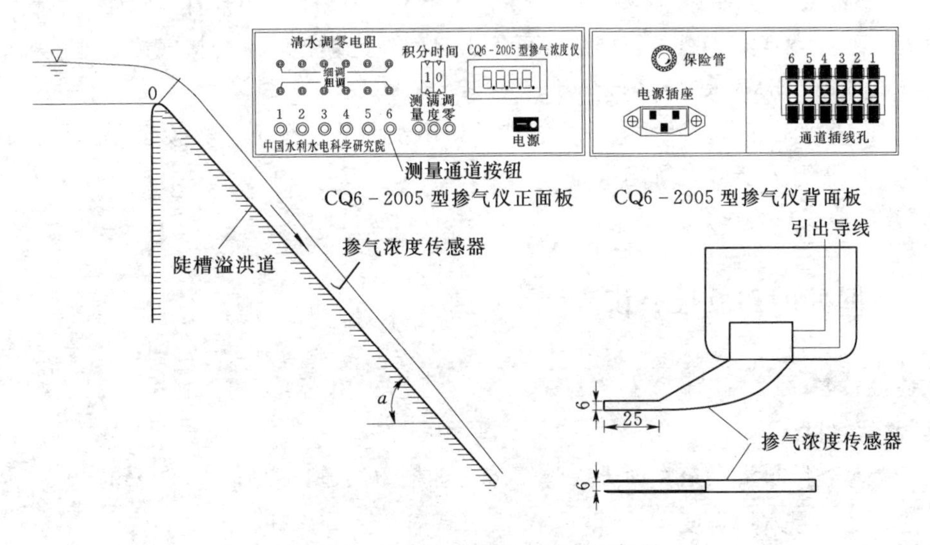

图 37.2 掺气浓度实验的设备和仪器

掺气浓度传感器是插入掺气水流中的敏感部件，其形状和大小对测量结果有直接影响，为减小对流场的干扰和不破坏流场的内部结构，其形状应设计成与来流适顺，电极附近不应有水流分离现象。采用棱角圆化的平行平板基本上符合这一要求。电极大小应和流场适应，两电极间所包含的体积应能容纳足够数量的气泡。一般室内陡槽掺气水流的气泡直径为 1.0～3.0mm，水深为 10～30cm，所以选用间距为 6mm、高 6mm、长 25mm 的一对薄金属板作为敏感电极。

37.7 实验方法和步骤

（1）将掺气浓度传感器的引线与背面板中的插线孔相连接。

（2）接通电源。

（3）将掺气浓度传感器置于空气中（非必要条件），按下仪器面板上的满度按钮。

（4）打开电源开关，将仪器预热 20min 以上，正常时面板显示窗显示满度值 100.0，且每秒跳闪一次。

（5）将掺气浓度传感器置于陡槽溢洪道上部的清水中，按下待测传感器所接入的通道按钮。

（6）按下仪器面板上的调零按钮，并按下对应的通道按钮，调节对应通道的清水电阻，调节时，先调粗调旋钮，再调细调旋钮，使显示窗示值为 0.0。

（7）用面板上的积分时间按钮选定积分时间，积分时间的选取范围为 1～99s。一般选为 30s。

（8）将传感器从陡槽溢洪道上部的清水区移向陡槽溢洪道下部的掺气区固定，测量底部水流掺气时，要使传感器极片离开陡槽底板 0.5cm。

（9）按下仪器面板上的测量按钮进行测量，30s 后显示此测点的掺气浓度平均值。

（10）将传感器沿垂线向上移动，每次向上移动 0.5～1.0cm，直至水面。测量表面水流掺气时，要注意观察传感器的极片不可露出水面，记录各测点的掺气浓度值（每移动测点后，应读取第 2 次显示值）。

（11）沿溢洪道选数个断面，在传感器不露出水面的情况下，将传感器移到所需断面的测点重复第（10）步骤进行测量。

（12）实验完后将仪器恢复原状。

37.8 数据处理和成果分析

实验设备名称： 仪器编号：

同组学生姓名：

已知数据：陡槽溢洪道宽度 $B=$ cm；陡槽溢洪道长度 $L_0=$ cm；

量水堰宽度 $b=$ cm；堰高 $P=$ cm；流量 $Q=$ cm^3/s；

流量计算公式：

1. 实验数据及计算成果

实验数据记录见表37.1。

表37.1　　实验数据及计算成果

序号	测点距槽底距离 h /cm	测点距陡槽进口的距离 L /cm	掺气浓度 C /%	含水率 β /%

实验日期：　　　　学生签名：　　　　指导教师签名：

2. 数据处理

(1) 点绘掺气浓度与水深的关系，说明掺气浓度沿水深的变化规律。

(2) 点绘掺气浓度与 L/L_0 的关系，L_0 为陡槽溢洪道的总长度；L 为所测点距陡槽溢洪道进口的长度。说明掺气浓度的沿程变化规律。

37.9　实验中应注意的问题

(1) 为了获得准确的测量数据，在每次正式测量前，均需进行一次满度标定。

(2) 清水电阻调零时，必须将传感器放置在与被测掺气水流具有相同的水质、水温以及相同水层厚度等其他相同边界条件的非掺气水流中，否则会造成测量误差或错误。

(3) 在测量中，若所示数据大于100.0，则表示尚需进行满度标定，这时只要按下满度按钮，就会自动对满度重新标定。若所示数据小于0.0，则表示原清水电阻的零点标定不够准确，或表示当前的水质、水温等发生了变化，这时必须重新调零。

(4) CQ6-2005型掺气浓度仪的电源为单相交流电，电压为200～240V，无须电源接地。在实验时，禁止机壳接地或与水体及供水管路连通。

(5) 操作时，不可随意频繁按动面板开关按钮或快速旋转清水电阻旋钮，否则，会增加部件磨损，影响稳定性和使用寿命。

(6) 传感器四周涂有环氧，用时要小心，不能使传感器碰磕而使传感器环氧脱落，这样传感器的电阻值就会发生变化而影响测量精度。

思　考　题

(1) 掺气浓度的测量对工程有什么重要意义?

(2) 自掺气与强迫掺气有什么不同?

(3) 自掺气水流的掺气浓度沿水深有何变化规律;沿陡槽长度有何变化规律?

(4) 掺气发生点如何确定?

第38章　实验误差分析

38.1　误差的基本概念

利用任何量具或仪器进行测量时，测量结果总不可能准确地等于被测量的真值，而只是它的近似值。被测量的测量值与真值之间的差称为误差。可见误差总是存在的。误差分析可以帮助我们对所测量的对象进行分析研究，估算所测结果的可靠程度。

测量的质量以测量精确度作为指标，而通常则是根据测量误差的大小来估计测量的精确度，测量结果的误差越小，测量就越精确。

误差分为绝对误差、相对误差和过失误差。

从测量值 x 减去真值 A_x 所余的量 Δx 称为绝对误差，记为

$$\Delta x = x - A_x \tag{38.1}$$

由于真值 A_x 一般无法求得，因而上式只有理论上的意义。常用高一级标准仪器的示值作为实际值 A 以代替真值 A_x。由于高一级标准仪器存在较小的误差，因而 A 不等于 A_x，但总比 x 更接近 A_x。x 与 A 之差称为仪器的示值误差，记为

$$\Delta x' = x - A \tag{38.2}$$

实际工程中，经常使用修正值，所谓修正值，是指 $\Delta x'$ 的相反数，记为

$$C = -\Delta x' = A - x \tag{38.3}$$

衡量某一测量值的准确程度，一般用相对误差来表示。相对误差是绝对误差 Δx 与被测量的实际值 A 的百分比值，即

$$\delta_A = \frac{\Delta x}{A} \times 100\% \tag{38.4}$$

式中：δ_A 为相对误差。以仪器的示值 x 代替实际值 A 的相对误差称为示值相对误差 δ_x，记为

$$\delta_x = \frac{\Delta x'}{x} \times 100\% \tag{38.5}$$

一般来说，除了某些理论分析外，用示值相对误差 δ_x 较为适宜。

以仪器满度值 x_A 来表示的相对误差称为满度相对误差或简称满度误差，也叫引用误差，记为

$$\delta_A' = \frac{\Delta x}{x_A} \times 100\% \tag{38.6}$$

满度误差常在多档和有连续刻度的仪器仪表中使用，在仪表一个量程内可以认为 Δx 是一个常数，而不同的量程，则具有不同的绝对误差。为了减少测量中的示值误差，在选择量程时应使测量值尽可能地接近满度值。

38.2 误差的来源和分类

误差是测量仪器本身的误差以及测量辅助设备、测量方法、外界环境、操作技术以及人体器官等因素共同作用的结果。

仪器误差是由于仪器本身性能不完善所引起的误差。包括仪器校准误差、刻度误差、读数分辨率不高导致的误差、读数调节机构不完善导致的误差以及仪器的工作点不稳定、零点飘移、接触不良等导致的误差。

测量方法误差又称理论误差。是由于测量时使用的方法不完善，或所依据的理论不严密，对某些理论尚未掌握清楚，对某些经典的测量方法不适当的简化或修改，以及对被测量定义不明确等所产生的误差。

外界环境误差是指由于仪器受到外界温度、湿度、气压、机械振动等影响所产生的误差。

操作误差是由于人的感官和运动器官不完善所产生的误差。对于某些须借助耳、眼来判断结果的测量工作，均会引起人身误差。

误差按其性质及特点，可以分为系统误差、随机误差和粗大误差三类。

系统误差简称系差，是指在一定条件下误差的数值保持恒定或按某种已知的函数规律变化的误差。误差的数值在一定的条件下保持不变的误差，称为恒定系差，简称恒差；误差的数值在一定的条件下按某一函数规律变化的误差，称为变值误差，简称变差。系统误差表明一个测量结果偏离真值或实际值的程度，所以又称系统偏差。系统误差的大小用准确度来表征，系统误差越小，准确度越高，系统误差越大，准确度越低。

随机误差简称随差，又称偶然误差，这是一种具有随机变量一切特点，因而在一定条件下服从统计规律的误差。随机误差的产生取决于测量进行过程中一系列随机因素的影响。为了使测量结果仅反映随机误差的影响，测量过程中应尽可能保持各影响因素以及测量仪器的测量方法、人员不变，即保持“等精度测量”的条件。随机误差表现了测量结果的分散性。在误差理论中，随机误差的大小用精密度来表征。随机误差越大，精密度越低，反之，精密度越高。

如果一个测量结果的随机误差和系统误差均较小，则表明测量结果既精密又准确，简称精确。

粗大误差又称粗差或差错，它是指那些在一定条件下测量结果明显的偏离其实际值所对应的误差。这是由于测量错误、计算错误或由于疏忽大意造成的错误。从性质上来看，粗差可能具有系统误差的性质，也可能具有随机误差的性质。粗差明显地歪曲了测量结果，含有粗差的测量数据称为反常值或坏值，坏值应剔去不用。

38.3 随机误差的估计

38.3.1 随机误差的特点

当某些物理量重复进行多次测量，只要测量仪表的灵敏度足够高，就会从测量结果中发现随机误差的影响。表现为测量结果时大时小，杂乱无章。由于此处主要是要设法估算出随机误差对测量结果的影响，因此，需要借助概率论知识来研究随机误差的统计规律。

38.3.2 随机误差的正态分布

38.3.2.1 随机误差的统计直方图

设在等精度条件下对某一物理量测定 N 次（例如对某一测流槽前的水位测量），所测得的数据分别为 x_1，x_2，x_3，…，x_i，…，x_q，把全部 x 值按大小顺序分成 q 组，令每组内 x_i 出现的次数分别为 m_1，m_2，m_3，…，m_i，…，m_q，相应的频率为 p_1，p_2，p_3，…，p_i，…，p_N，上述结果可整理见表 38.1，这种表称为随机变量统计表。

表 38.1　　随机变量统计表

组别	m_i	p_i
$\Delta x_1=x_2-x_1$	m_1	m_1/N
$\Delta x_2=x_3-x_2$	m_2	m_2/N
⋮	⋮	⋮
$\Delta x_i=x_{i+1}-x_i$	m_i	m_i/N
⋮	⋮	⋮
$\Delta x_q=x_{q+1}-x_q$	m_q	m_q/N

以 x 为横坐标，以 $p/\Delta x$ 为纵坐标，就可以得到随机变量 x 的统计直方图如图 38.1 所示。若增加组数，即缩小 Δx，那么，图 38.1 所示的直方图就变成图 38.2 所示的形状。当区间宽度越来越窄（$\Delta x\rightarrow \mathrm{d}x$），且测量次数 N 足够多，而仪表的灵敏度又足够高，则图 38.1 所示的直方图顶点将趋于一条光滑的曲线，如图 38.3 所示。此时，纵坐标将以概率趋于其概率密度，即 $p/\Delta x\rightarrow p(x)$。

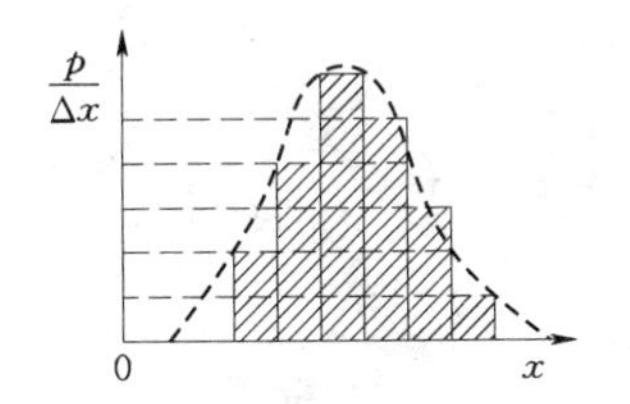

图 38.1　统计直方图（一）

图 38.2　统计直方图（二）

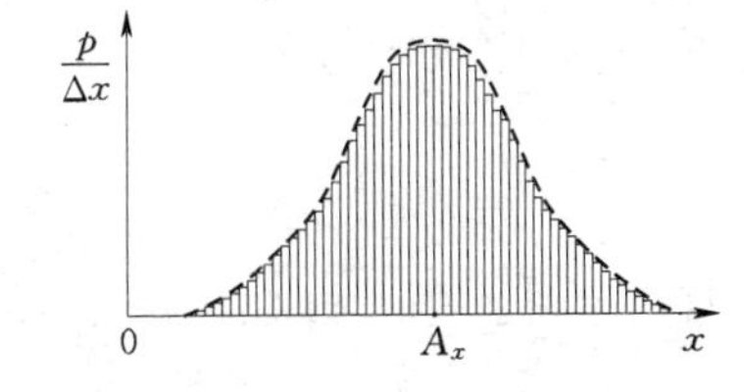

图 38.3　统计直方图（三）

图 38.1～图 38.3 的横坐标是 x，这些图代表的是随机变量 x（测量值）的分布曲线。由于假定无系统误差存在，因此，它同时也代表了随机误差 ξ 的分布曲线，这是因为按误差的定义有

$$\xi=x-A_x$$

于是，只要把图 38.3 中的纵坐标由 $x=0$ 的原点移到 $x=A_x$ 的中心就行了（图 38.3）。这个平移关系可以表示为

$$p(\xi)=p(x-A_x)=p(x) \tag{38.7}$$

坐标平移后，分布曲线的纵、横坐标就可以分别用 $p(\xi)$ 和 ξ 来表示。

上述随机误差的直方图，已为大量的实验所证明。尽管每次实验所得到的直方图在宽窄、大小、高低等方面各不相同，但大致的形状是类似的。因此，它是一种被大量实践证明了的具有普遍意义的统计规律。利用统计直方图，可以比较形象地看出误差的分布情况。在误差理论中，把这种规律总结为随机误差的四条著名的公理。

(1) 在一系列等精度测量中，绝对值小的误差出现的机会多，绝对值大的误差出现的机会少，即随机误差的分布是两头小，中间大。

(2) 当测量次数足够多时，符号相反，绝对值相等的误差出现的机会大致相等，即随机误差的分布具有对称性。

(3) 绝对值很大的误差出现的机会极少。因此，在有限次的测量中，误差的绝对值不会超过一定的范围，即随机误差的分布存在有界性。

(4) 当测量次数无限增多时，随机误差平均值的极限将趋于零，即随机误差具有抵偿性，可表示为

$$\lim_{N\to\infty}\left(\frac{1}{N}\sum_{i=1}^{N}\xi_i\right)=0 \tag{38.8}$$

38.3.2.2 随机误差的正态分布

通常将随机误差视为随机变量。利用上述四条公理，可以导出随机误差分布规律的数学模型，其概率密度函数服从正态分布。1795 年高斯（F. Gauss）提出了高斯误差方程。

设在等精度条件下，对被测物理量 x 进行 N 次测量，得 x_1，x_2，x_3，…，x_i，…，x_N 诸值，相应的真误差为 ξ_1，ξ_2，ξ_3，…，ξ_i，…，ξ_q。测量结果的算术平均值为

$$\overline{x}=\frac{1}{N}\sum_{i=1}^{N}x_i \tag{38.9}$$

测量结果的方差用式（38.10）表示：

$$\sigma^2=\frac{1}{N}\sum_{i=1}^{N}(x-\overline{x})^2=\frac{1}{N}\sum_{i=1}^{N}\xi_i^2=0 \tag{38.10}$$

方差 σ^2 的平方根 σ 称为均方误差或均方差，即

$$\sigma=\sqrt{\frac{1}{N}\sum_{i=1}^{N}\xi_i^2} \tag{38.11}$$

落在 ξ 和 $\xi+\mathrm{d}\xi$ 之间的随机误差的概率为

$$P(\xi)=f(\xi)\mathrm{d}\xi \tag{38.12}$$

式中，$f(\xi)$ 是随机误差分布规律的数学模型，由高斯首先提出，可由式（38.13）表示：

$$f(\xi)=\frac{1}{\sigma\sqrt{2\pi}}\mathrm{e}^{-\xi^2/2\sigma^2} \tag{38.13}$$

或者

$$f(\xi)=\frac{h}{\sqrt{\pi}}\mathrm{e}^{-h^2\xi^2} \tag{38.14}$$

式中：$h=1/(\sqrt{2}\sigma)$ 为精密度或精密指数。

高斯误差方程的函数图像如图 38.4 所示。由图中可以看出，当 σ 越小或 h 越大时，曲线越尖锐，表明随机误差的离散性越小，即小误差出现的机会越多，而大误差出现的机会越少，这就意味着测量的精度越高。反之，σ 越大或 h 越小时，曲线就变得平坦，测量的精度就越低。因而 σ 或 h 可用来判断测量精密度的高低。精密度高，其标准误差就小，

精密度低，其标准误差就大。

对于服从正态分布的误差，误差介于 σ 的概率为

$$P\{|\xi|<\sigma\}=\int_{-\sigma}^{\sigma}f(\xi)\mathrm{d}\xi=0.6827 \tag{38.15}$$

误差介于 $[-2\sigma, +2\sigma]$ 及 $[-3\sigma, +3\sigma]$ 之间的概率分别为 0.9543 和 0.9973。由此可知，误差超出 3σ 的概率为 1－0.9973＝0.27%，即随机误差的绝对值大于 3 倍标准误差的可能性已小于 3‰，这是一个很小的概率。小概率事件在一次实验中可看成是不可能事件，这就是通常采用 3σ 作为极限误差的根源。

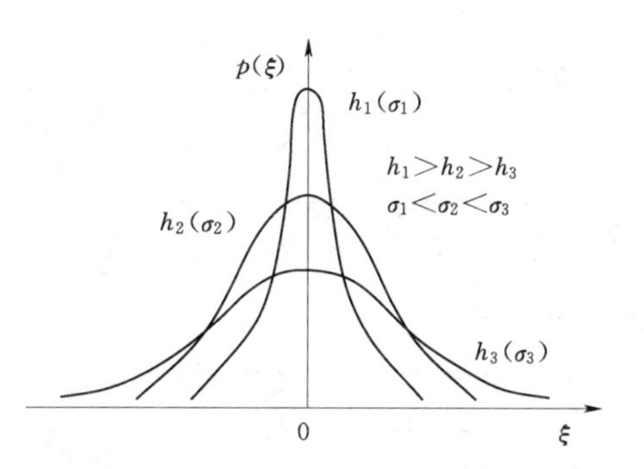

图 38.4 σ 或 h 与 ξ 离散性关系

38.3.3 随机误差的表示方法

1. 标准误差 S_Y

标准误差 S_Y 是各个真误差平方和的平均值的平方根。标准误差 S_Y 可根据贝塞尔法、最大残差法、最大误差法进行计算。

(1) 贝塞尔法。在式 (38.11) 中，使用真误差的均方根来表示的标准误差，由于真实值是未知的，真误差是无法知道的，因此，需要通过换算，用残差来表示标准误差。

用残差 v_i 表示式 (38.10) 中的真误差 ξ_i，经换算得

$$S_Y^2=\frac{1}{N-1}\sum_{i=1}^{N}v_i^2 \tag{38.16}$$

即

$$S_Y=\sqrt{\frac{1}{N-1}\sum_{i=1}^{N}v_i^2} \tag{38.17}$$

式 (38.17) 称为贝塞尔公式。当 N 足够大时，此式才是正确的。对于有限次测量，它仅是一个近似公式。

(2) 最大残差法。在等精度条件下，对某一物理量 x 进行 N 次测量，得 x_1，x_2，x_3，…，x_i，…，x_N，计算各残差：

$$v_i=x_i-\frac{1}{N}\sum_{i=1}^{N}x_i \tag{38.18}$$

若 x_i 服从正态分布，可以求得无限多个最大残差的平均值，于是任一次测量的标准误差可以写成

$$S_Y=K'_N\max|v_i| \tag{38.19}$$

式中的系数 K'_N 可由表 38.2 查算。

表 38.2　　最大残差法系数表

N	2	3	4	5	6	7	8	9	10	15	20	25	30
K'_N	1.77	1.02	0.83	0.74	0.68	0.64	0.61	0.59	0.57	0.51	0.48	0.46	0.44

【**例 38.1**】 对某物理量测量 9 次，测量值见表 38.3，试用贝塞尔法和最大残差法计算标准误差。

表 38.3 [例 38.1]计算表

i	x_i	$v_i=x_i-\overline{x}$	v_i^2
1	938.3	−1.1	1.21
2	944.6	5.2	27.04
3	933.7	−5.7	32.49
4	941.1	1.7	2.89
5	943.0	3.6	12.96
6	939.6	0.2	0.04
7	936.2	−3.2	10.24
8	937.8	−1.6	2.56
9	940.3	0.9	0.81
Σ	8454.6	0	90.24
$\overline{x}$	939.4		

部分计算结果已列入表 38.3 中，由表中可得$\overline{x}=939.4$，按贝塞尔法得

$$S_Y=\sqrt{\frac{1}{N-1}\sum_{i=1}^{N}v_i^2}=\sqrt{\frac{90.24}{9-1}}=3.4$$

按最大残差法，由表中得出最大 $\max|v_i|=5.7$，由表 38.2 查得 $K'_N=0.59$，由式(38.19)得

$$S_Y=K'_N\max|v_i|=0.59\times5.7=3.4$$

两种方法得到的计算结果相同，而按最大残差法计算更为简便。

(3) 最大误差法。在不少情况下，可以知道被测物理量的真实值，如取高一级标准的检测结果作为真值，这样，就可以算出真误差 ξ_i，取出绝对值最大的一个真误差 $\max|\xi_i|$，利用它可以得出标准误差的计算式为

$$S_Y=K''_N\max|\xi_i| \tag{38.20}$$

式中的系数 K''_N 由表 38.4 查算。

采用最大误差法计算标准误差比贝塞尔法和最大残差法更简便而又不易出错。

表 38.4 最大误差法系数表

N	K''_N	N	K''_N	N	K''_N	N	K''_N	N	K''_N
1	1.25	7	0.58	13	0.50	19	0.47	25	0.44
2	0.88	8	0.56	14	0.50	20	0.46	26	0.44
3	0.75	9	0.55	15	0.49	21	0.46	27	0.44
4	0.68	10	0.53	16	0.48	22	0.45	28	0.44
5	0.64	11	0.52	17	0.48	23	0.45	29	0.43
6	0.61	12	0.51	18	0.47	24	0.45	30	0.43

(4) 极差法。一组测量值中的最高值与最低值的差 L_N 称为极差或误差范围。极差只取决于两端极值而与测量次数无关。用极差法表示标准误差的计算式为

$$S_Y = L_N / d_N \tag{38.21}$$

式中：d_N 为极差法系数。由于标准误差总是小于极差，所以 d_N 必大于 1.0，并且随着测量次数的增多而增大，见表 38.5。

表 38.5　　极差法系数表

N	d_N	N	d_N	N	d_N	N	d_N	N	d_N	N	d_N	N	d_N
2	1.13	5	2.33	8	2.85	11	3.17	14	3.41	17	3.59	20	3.74
3	1.69	6	2.53	9	2.97	12	3.26	15	3.47	18	3.64	25	3.93
4	2.06	7	2.7	10	3.08	13	3.34	16	3.53	19	3.69	30	4.09

2. 平均误差 δ

平均误差是各个误差绝对值的算术平均值，即

$$\delta = \frac{1}{N}\sum_{i=1}^{N} |\xi_i| \tag{38.22}$$

用残差 v_i 表示式（38.22）中的真误差 ξ_i，则有佩斯特公式：

$$\delta = \frac{\sum |v_i|}{\sqrt{N(N-1)}} \tag{38.23}$$

平均误差 δ 与标准误差 S_Y 存在下面的函数关系：

$$\delta = \sqrt{\frac{2}{\pi}} S_Y = 0.7979 S_Y \approx \frac{4}{5} S_Y \tag{38.24}$$

3. 或然误差 ρ

在一定的测量条件下，在一系列的随机误差中，可以找出这样一个误差的值，即比它大的误差出现的概率和比它小的误差出现的概率相同，这个误差的值就称为或然误差（概率误差）ρ，即

$$P\{|\xi| < \rho\} = P\{|\xi| > \rho\} = 1/2 \tag{38.25}$$

或然误差 ρ 与标准误差 S_Y 存在下列函数关系：

$$\rho = 0.4769\sqrt{2} S_Y = 0.6745 S_Y \approx 2/3 S_Y \tag{38.26}$$

正态分布的标准误差 S_Y、平均误差 δ 和或然误差 ρ 的相互关系见表 38.6。

表 38.6　　S_Y、δ、ρ 之间的关系

	S_Y	δ	ρ
S_Y	1.0000	1.2553	1.4826
δ	0.7979	1.0000	1.1829
ρ	0.6745	0.8454	1.0000

4. 极限误差或最大误差

在测量工作中，常常要知道某一给定误差介于某一范围内出现的概率，从而判断误差是随机误差或是粗大误差；或者判断用不同方法测量同一物理量时，所测结果彼此符合的程度。这样，有必要给随机误差规定一个极限值。而绝对值超过这个极限的误差出现的可能性很小，称为小概率事件，在实际工作中可以认为它是不可能事件。这个随机误差的极

限 Δ 称为极限误差或最大误差。其概率称为置信概率。表 38.7 中列出了一些典型事件的置信概率。

表 38.7　　一些典型事件的置信概率

置信因素 $K=\Delta/S_Y$	0.67	0.80	1.00	1.15	1.96	2.00	2.58	3.00	4.00
置信概率	0.50	0.58	0.68	0.75	0.95	0.954	0.99	0.997	0.9999

5. 算术平均值的标准误差

算术平均值$\overline{x}$的真实值 A_x 的绝对误差称为算术平均值的标准误差 S，即 $S=\overline{x}-A_x$。S 与测量值的标准误差具有如下函数关系：

$$S=\frac{S_Y}{\sqrt{N}}=\sqrt{\frac{\sum v_i^2}{N(N-1)}} \tag{38.27}$$

由式（38.27）可以看出，多次测量的算术平均值的标准误差 S 比任何单独一次测量的标准误差 S_Y 小 $\sqrt{N}$ 倍，这就是多次测量可以提高测量精度的根据。S 与 N 的关系见表 38.8。

表 38.8　　平均值标准误差与测量次数的关系

N	1	2	3	4	5	6	7	8	9
S/S_Y	1.00	0.71	0.58	0.50	0.45	0.41	0.38	0.35	0.33
N	10	11	12	13	14	15	20	25	50
S/S_Y	0.32	0.30	0.29	0.28	0.27	0.27	0.22	0.20	0.14

由表 38.8 中可以看出，在 $N=8\sim10$ 之前，S 减小得很快，而当 $N=10\sim15$ 以后，S 减小的速率明显变小。因此，过多的测量次数也没有必要。为了缩短测量所用的时间，一般大约测量 10 次左右，其结果已令人满意了。

38.3.4　测量结果的置信度及其表示方法

有限次（N 次）测量中的算术平均值$\overline{x}$是一个随机变化量，它与真实值 A_x 之间存在一个随机误差 $\xi_A=\overline{x}-A_x$。此误差的绝对值小于给定的小量 ε 的概率为

$$P_A=P\{|\overline{x}-A_x|<\varepsilon\} \tag{38.28}$$

式（38.28）也可表示为

$$P_A=P\{(\overline{x}-\varepsilon)<A_x<(\overline{x}+\varepsilon)\} \tag{38.29}$$

或

$$P_A=P\{(A_x-\varepsilon)<\overline{x}<(A_x+\varepsilon)\} \tag{38.30}$$

式（38.29）表示被测量的真实值 A_x 在指定区间（$\overline{x}-\varepsilon$，$\overline{x}+\varepsilon$）内的概率有多大。式（38.30）表示平均值$\overline{x}$的随机起伏范围不超过指定区间（$A_x-\varepsilon$，$A_x+\varepsilon$）的概率有多大。上式指定区间（$\overline{x}-\varepsilon$，$\overline{x}+\varepsilon$）或（$A_x-\varepsilon$，$A_x+\varepsilon$）称为置信区间或置信限。置信区间或置信限表明测量结果的离散程度，可作为测量结果精密度的标志。

算术平均值$\overline{x}$落于某一置信区间的概率 P_A 称为置信概率，常用符号 P_a 表示，令

$$\alpha=1-P_a \tag{38.31}$$

式中：α 为置信水平或信度水平。

置信概率 P_a 或置信水平 α 表明测量结果的可靠性，即值得信赖的程度。信度水平是一个较小的百分数，在明渠水流测量中一般取为5%。

38.4 系统误差及其消除

在一定的观测条件下，数值的正负号固定不变，或按某一固定的规律变化的误差，称为系统误差。系统误差的存在影响测量的准确度，因此，研究系统误差对提高测量精度具有极其重要的意义。目前，对系统误差的研究已成了现代误差理论的一个重要组成部分。系统误差的显著特点，就是在一定的条件下，其数值服从于某一确定的函数规律，由于这个规律的存在，在处理方法上与随机误差截然不同，主要是针对产生系统误差的原因进行具体分析。

系统误差和随机误差总是伴随着同时出现的。由于系统误差的存在，在不同程度上将对随机误差的分布产生影响。因此，我们便可以根据随机误差被影响的程度来推断测量中是否有不可忽视的系统误差，这就是用统计理论研究系统误差的方法。

系统误差是由于设备的不准确或测量条件所引起的。因此，不能靠增加测量次数使系统误差减小。由于重复测量（增加测次）不能消除系统误差，因而只能是用另一种确知是更精确的测量方法或设备来检测精准度较差的测量设备，以部分消除系统误差。

在任何一次测量中，系统误差与随机误差虽然都同时存在，但是常按其对测量结果影响的程度分三种情况作具体处理。

（1）系统误差远大于随机误差的影响，随机误差可以忽略不计，此时按纯系统误差来处理。

（2）系统误差小到可以忽略，或已经改正，此时基本上可以按纯粹随机误差来处理。

（3）系统误差与随机误差的影响差不多，两者均不能忽略，此时应分别按不同方法来处理。

38.5 粗差的判别及剔除

在进行等精度的多次测量中，有时会发现某一个或几个测量值特别怀疑，即相应的残差绝对值特别大。这样的结果，究竟是正常的随机误差还是由于测量中出现了粗差的缘故？这就需要测量人员作出尽可能正确的回答。对这样的测量数据如果处理不当，将会严重歪曲测量结果及其精密度。当出现可疑测量值时，应按照下列的基本原则进行处理。

（1）仔细分析产生可疑数据的原因。如果该数据确系粗差所致，则一般总能把这些原因找出来。例如测量过程中水位读错或记错等。这样，便有充分理由把该可疑的测量值作为坏值（其相应的误差为粗差）而剔除。

（2）如果在测量过程中发现可疑测量值而又不能肯定它是坏值时，可以在维持等精度条件下多增加一些测量次数，根据随机误差的对称性，很可能出现上述结果绝对值相近但符号相反的另一个测量值。此时它们对测量结果的影响便会彼此近于抵消。

（3）根据随机误差的单峰值特性，很大误差出现的机会很少。因此可人为地规定一个

准则，用以判断一个可疑误差究竟是正常的随机误差还是属于粗差。显然，这样的判别准则必然有一定的假设条件，因而也必然有一定的适用范围。应用最普遍的粗差的判别准则有拉依达准则、肖维勒准则和格拉布准则。其中拉依达准则是：假定一组等精度的测量结果中，某次测量值 x_d 的剩余误差 v_d 满足 $|v_d|>3S_Y$，则认为 v_d 为粗差，应该剔除。

38.6　间接测量误差的估计

38.6.1　间接测量误差的基本问题

在科学实验中，有些物理量是能够直接测量的，如长度、时间、压力等，而有些物理量是不能直接测量的，或者直接测量是不方便的，如黏度、速度、流量等。对于这些不能直接测量的物理量，一般是通过一些直接测量的数据，然后根据一定的函数关系计算出来未知的物理量，这种测量就叫间接测量。间接测量不可避免地将带来一定的测量误差，它与直接测量误差存在什么关系？直接测量的误差应该以怎样的规律传递给间接测量呢？函数误差理论就是讨论有关间接测量的误差规律。对于间接测量的误差问题，通常可分为三个方面的问题。

（1）正问题：从直接测量值的精度来估计间接测量值的精度。这是在已知函数关系和给定各个直接测量值误差的情况下，计算间接测量误差的问题，也就是误差传递问题。

（2）反问题：如果对间接测量的精度有了一定的要求，那么各个直接测量值应具有怎样的测量精度，才能保证间接测量一定精度的要求，这是在已知函数关系和给定间接测量误差的情况下，计算各个直接测量值所能允许的最大误差。这一类型的问题实际上是从精度角度考虑测量仪表的选择问题，以及测量各分系统的精度分配问题，也就是误差分配问题。这个问题比较复杂，而且较难解决。

（3）第三问题：寻求测量的最有利条件，也就是函数误差达到最小值的最有利条件。这一类问题实质是确定最有利的实验条件，这个问题在许多情况下是很难解决的。

以上三个问题就是间接测量误差的基本问题，也称为误差的传递问题。

38.6.2　误差传递原理

设有一组等精度直接测量，其值为 z_1，z_2，z_3，…，z_m，这些测量值都是直接用仪器或仪表测量的数值。如果间接测量 Y 为直接测量的线性函数，即

$$Y=a_0+a_1z_1+a_2z_2+a_3z_3+\cdots+a_mz_m \tag{38.32}$$

令 Δz_1，Δz_2，Δz_3，…，Δz_m 代表各个直接测量的绝对误差，由于各个直接测量是独立的线性无关量，于是得

$$\Delta Y=a_1\Delta z_1+a_2\Delta z_2+a_3\Delta z_3+\cdots+a_m\Delta z_m=\sum_{i=1}^{m}a_i\Delta z_i \tag{38.33}$$

极限绝对误差为

$$\Delta Y_{\max}=\sum_{i=1}^{m}|a_i\Delta z_i| \tag{38.34}$$

实际上，直接测量误差 Δz_1，Δz_2，Δz_3，…，Δz_m 是一些互不相关的随机量，根据概率论，要确定未知量 Y 的随机误差，就将各部分误差 $a_i\Delta z_i$ 平方相加再求其平方根，即

$$\Delta Y = \sqrt{\sum_{i=1}^{m} a_i^2 \Delta z_i^2} \tag{38.35}$$

则相对误差为

$$\frac{\Delta Y}{Y} = \sqrt{\sum_{i=1}^{m} a_i^2 \left(\frac{\Delta z_i}{Y}\right)^2} \tag{38.36}$$

如果直接测量用标准误差 S_Y 来估计测量的精密度，间接测量用标准误差 σ_Y 来估算测量结果的精度，那么，式（38.35）可以写成

$$\sigma_Y = \sqrt{\sum_{i=1}^{m} a_i^2 S_{Yi}^2} \tag{38.37}$$

式（38.35）、式（38.36）和式（38.37）反映了在间接测量值与直接测量值之间呈线性关系时，间接测量的精度与直接测量精度之间的关系。

但是在实际遇到的间接测量问题中，一般间接测量值与直接测量值之间呈非线性的函数关系，即

$$Y = f(z_1, z_2, \cdots, z_m) \tag{38.38}$$

这时，直接测量值的误差应该以怎样的规律传递给间接测量值呢？为了解决这个问题，通常的办法是将这个一般情况下为非线性的函数关系式（38.38）加以线性化。这样做实际上是可行的，因为一般说来，间接测量值 Y 随直接测量值 z_1，z_2，z_3，…，z_m 总是连续变化的，而且测量误差 Δz_1，Δz_2，Δz_3，…，Δz_m 是一些微量，因此，可以将这个非线性的函数关系 $Y=f(z_1, z_2, \cdots, z_m)$ 在 ΔY 的领域内展开成台劳级数，并一般地取其误差的一次项作为一次近似，而略去一切更高阶的误差项。于是，非线性关系式（38.38）可用下列线性关系式近似的代替，即

$$\begin{aligned} Y + \Delta Y &= f(z_1 + \Delta z_1, z_2 + \Delta z_2 + \cdots + z_m + \Delta z_m) \\ &= f(z_1, z_2, \cdots, z_m) + \frac{\partial f}{\partial z_1}\Delta z_1 + \frac{\partial f}{\partial z_2}\Delta z_2 + \cdots + \frac{\partial f}{\partial z_m}\Delta z_m \\ &= Y + \sum_{i=1}^{m} \frac{\partial f}{\partial z_i}\Delta z_i \end{aligned} \tag{38.39}$$

由式（38.39）得

$$\Delta Y = \frac{\partial f}{\partial z_1}\Delta z_1 + \frac{\partial f}{\partial z_2}\Delta z_2 + \cdots + \frac{\partial f}{\partial z_m}\Delta z_m = \sum_{i=1}^{m} \frac{\partial f}{\partial z_i}\Delta z_i \tag{38.40}$$

仿照线性关系的误差传递法则，可得非线性关系误差传递的主要公式为

$$\left.\begin{aligned} \Delta Y_{\max} &= \sum_{i=1}^{m} \left| \frac{\partial f}{\partial z_i}\Delta z_i \right| \\ \Delta Y &= \sqrt{\sum_{i=1}^{m} \left(\frac{\partial f}{\partial z_i}\Delta z_i\right)^2} \\ \frac{\Delta Y}{Y} &= \sqrt{\sum_{i=1}^{m} \left(\frac{\partial f}{\partial z_i}\right)^2 \left(\frac{\Delta z_i}{Y}\right)^2} \\ \sigma_Y &= \sqrt{\sum_{i=1}^{m} \left(\frac{\partial f}{\partial z_i} S_{Yi}\right)^2} \end{aligned}\right\} \tag{38.41}$$

式中：偏导数$\partial f/\partial z_i$ 称为直接测量误差的传递系数，它表征该直接测量误差对间接测量误差的影响程度。

【例 38.2】 用水银气压计测得大气压强 $p=760.0\pm0.1$mmHg，用水银温度计测得空气温度 $T=298.0\pm0.5$K。空气密度 $\rho=0.04737p/T$，求空气密度测量的相对误差。

解： 由误差传递公式（38.41），对空气密度公式求偏导数得

$$\Delta\rho=\sqrt{\left(\frac{\partial\rho}{\partial p}\Delta p\right)^2+\left(\frac{\partial\rho}{\partial T}\Delta T\right)^2}$$

$$\frac{\Delta\rho}{\rho}=\sqrt{\left(\frac{\Delta p}{p}\right)^2+\left(\frac{\Delta T}{T}\right)^2}=\sqrt{\left(\frac{0.1}{760}\right)^2+\left(\frac{0.5}{298}\right)^2}=0.17\%$$

【例 38.3】 圆柱体的直径 D 和高度 H 经多次测量，得平均值及标准差为

$$D=\overline{D}+S_{YD}=1.567\pm0.013\text{cm}$$

$$H=\overline{H}+S_{YH}=5.625\pm0.065\text{cm}$$

试求体积的标准差 σ_V。

解： 圆柱体的体积为

$$V=\frac{\pi D^2H}{4}=\frac{\pi}{4}\times(1.567)^2\times5.625=10.85(\text{cm}^3)$$

则

$$\frac{\partial V}{\partial D}=\frac{\pi}{2}DH=\frac{\pi}{2}\times1.567\times5.625=13.85$$

$$\frac{\partial V}{\partial H}=\frac{\pi}{4}D^2=\frac{\pi}{4}\times(1.567)^2=1.928$$

$$\sigma_V=\sqrt{\left(\frac{\partial V}{\partial D}S_{YD}\right)^2+\left(\frac{\partial V}{\partial H}S_{YH}\right)^2}=\sqrt{(13.85\times0.013)^2+(1.928\times0.065)^2}=\pm0.219(\text{cm}^3)$$

38.6.3　误差的分配方法

在进行一项测量工作之前，往往需要按任务和精度的要求选择测量方案，确定该方案中的误差来源并分配每项误差的允许大小，这就是误差分配。这样，在测量完成后，即可保证测量精度指标的实现。这是在已知函数关系和给定间接测量误差的情况下，如何计算各个直接测量所能允许的最大误差，即求解间接测量误差的第二类问题。

当测量中只有随机误差时，总误差由误差传递公式（38.41）给出，即

$$\sigma_Y=\sqrt{\sum_{i=1}^{m}\left(\frac{\partial f}{\partial z_i}\right)^2S_{Yi}^2}$$

当直接测量的量在两个以上时，这个问题在数学上的解是不定的。因此一般采用等效法来进行误差分配。该方法假定各个直接测量对于间接测量所引起的误差均相等，则上式变为

$$\sigma_Y=\sqrt{m\left(\frac{\partial f}{\partial z_i}\right)^2S_{Yi}^2}=\sqrt{m}\frac{\partial f}{\partial z_i}S_{Yi}\tag{38.42}$$

进行误差分配时要求各个直接测量所引起的误差之和不大于给定的综合极限误差 D_0，则式（38.42）可以写成

$$\sqrt{m}\,|\Delta_i\partial f/\partial z_i|\leqslant D_0\tag{38.43}$$

因而有

$$\Delta_i\leqslant D_0/(\sqrt{m}\,|\partial f/\partial z_i|)\tag{38.44}$$

式中：Δ_i 为直接测量所允许的最大误差。

【例 38.4】 测量电阻 R 两端的电压 U，可以算出通过电阻的电流 I，要求电流的极限误差为 0.04mA，若电阻为 5000Ω，电压约为 10V 左右，试决定电阻 R 和电压 U 所能允许的最大误差。

解： 由电路的欧姆定律得

$$I=U/R$$

由等效公式得电阻 R 和电压 U 所能允许的最大误差为

$$\Delta R \leqslant \frac{D_0}{\sqrt{2}\partial I/\partial R}=\frac{D_0 R^2}{\sqrt{2}U}=\frac{0.04\times 10^{-3}\times 5000^2}{\sqrt{2}\times 10}=70.711(\Omega)$$

$$\Delta V \leqslant \frac{D_0}{\sqrt{2}\partial I/\partial U}=\frac{D_0 R}{\sqrt{2}}=\frac{0.04\times 10^{-3}\times 5000}{\sqrt{2}}=0.141(\text{V})$$

第39章 水流参数测量

39.1 水位测量

在水力学实验和科研中，经常需要测量水位。随水流的运动状态不同，水面状况也不一样。有的平稳，有的波动，还有掺入空气的水面和土壤中浸润水面等。为了测定上述各种水面就必须针对其不同特点采用不同的测量方法。

39.1.1 恒定水位的测量

1. 测尺法

直接在水中立标尺测读水位的方法称为测尺法。由于表面张力的影响，此法精度较低，在实验室中很少用。

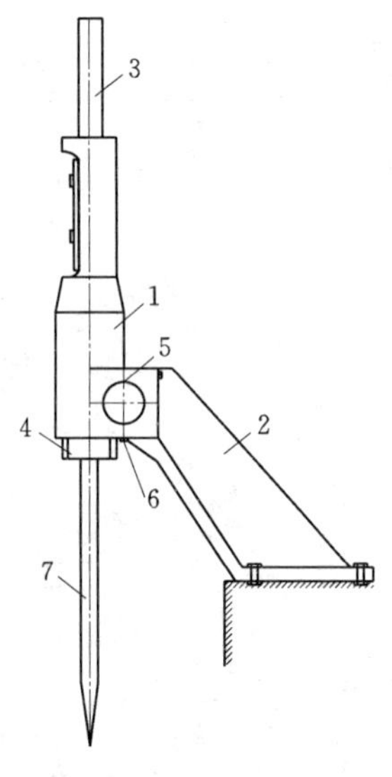

图 39.1 水位测针

1—套筒；2—支座；3—测杆；4—微动机构；5—微动轮；6—制动螺丝；7—测针尖

2. 测压管法

在液体容器壁上开一个小孔，将液体引到一个透明玻璃管内，按照连通管等压面原理，玻璃管内液位与容器内的液面同高，利用测压管旁边安装的标尺测读管内液位。

测压管内径一般在10mm左右为宜，以免由于毛细现象的影响使读数不准。

3. 水位测针

水位测针是实验室最常用的水位测量仪器。优点是构造简单，使用方便。水位测针由一个带有刻度的测杆、游标、微动机构、测针尖以及确保其垂直于基面的一些设备所组成。水位测针有针形、钩形两种，两者的区别在于针尖的形状。

针形水位测针的针尖做成针形，针尖从水面上方接触水面。钩形水位测针的针尖做成钩形，针尖从水面下方接近水面。

图39.1为一种国产测针结构图，它是由套筒、支座、印有读数的测杆、微动机构、微动轮、制动螺丝、螺帽和测针尖组成。使用时，将支座固定，测杆在套筒中可上下移动，转动微动轮可使测针上下微量移动，直到测针尖刚好接触水面，测杆旁套筒上装一个最小读数为0.1mm的游标，供读数使用。常将测针固定在测架上，直接测量水位，也可以像测压管连通器一样，用一个测井将水引出，测量测井内水位，这样做可以使水面平稳，测量精度高。若用测针测水面线时，可将测针装在活动测架上，沿水平导轨来回滑动，可测出任意断面的水位及水深。如采用三维坐标仪，则测量精度和速度都会有很大的提高。

测量时，用针尖接触水面，读出相应的刻度值，再根据基准面的高程换算出水位。针形水位测针应使测针尖自上而下逐渐接触水面，使针尖与其倒影正好重合即可。钩形水位测针则先将针尖浸入水中，然后慢慢向上移动，针尖触及水面时进行测读。

使用测针时应注意测针尖勿过于尖锐，过尖锐易碰弯或碰断，但也不宜过粗，以免表面吸附作用影响测量精度，一般针尖半径以 0.25mm 为宜；当水位有波动时应测量最高与最低水位多次，然后取其平均值作为平均水位；应经常检查测针尖有无松动，零点有无变动，以便及时校准。

39.1.2 非恒定水位测量

1. 跟踪式水位计

跟踪式水位计有多种形式，目前国内应用最多的是南京电子设备厂生产的 SWY－784 型跟踪式水位计。其原理和构造如图 39.2 所示。仪器传感器由两根不等长的不锈钢针头组成，测量时，仪器使传感器自动升降，直到长针插入水中短针刚好接触水面时仪器才停止运转。当水面上升或下降时，短针始终跟踪水面，保持刚接触状态。水面高程读数由显示器显示或由标尺读取。其测量原理是将传感器的长短探针间的水电阻作为电桥的一个臂，用短针刚好接触水面的电阻值将电桥调整平衡。当水面上升时，探针间的水电阻减小，电桥失去平衡，不平衡电压经放大推动伺服机构，将探针提升到水面，直到电桥平衡为止；相反，当水面下降时，探针间电阻加大，伺服机构使探针下降，直到短针接触水面为止。

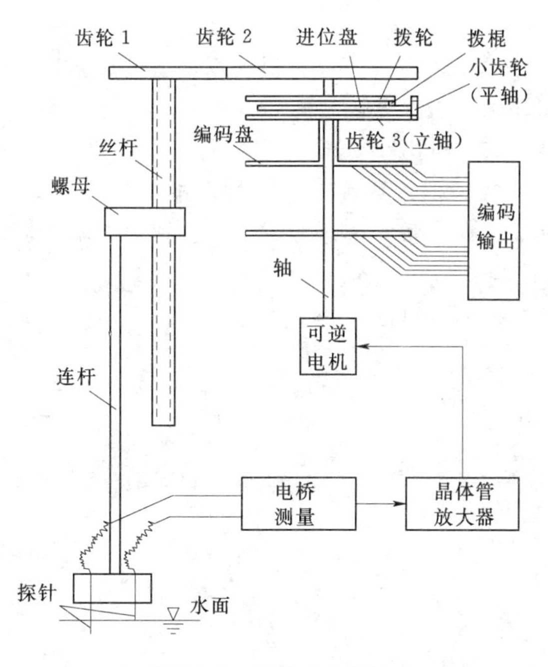

图 39.2 跟踪式水位计

跟踪式水位计测量水位的优点是自动跟踪水面，可远距离量测，多点水位可巡回检测。缺点是当水文、水质变化时，水的导电率改变，从而使探针间水电阻变化，造成测量误差。使用时须重新校准。

2. 浪高仪

用于测量波动水位或波浪。上述跟踪式水位计由于跟踪速度慢不适用于来回跟踪测量，这时就需要用浪高仪来测量。

浪高仪的测量原理是利用传感器插入水中不同深度形成不同的水电阻或电容，通过测量电阻或电容来计算水面波动或浪高。电阻或电容与水位的关系在使用前都必须经过标定。

3. 钽丝水位计

图 39.3 所示为钽丝水位计的传感器和量测系统框图。钽丝水位计是利用电容式转换原理制成的，其传感器由钽丝和金属杆组成［图 39.3（a）］。钽丝的直径为 0.4～1.0mm，钽丝表面经过阳极氧化处理后，形成一层很薄的（1.8×10^{-4}mm 左右）氧化钽膜，在一般条件下，它是不导电的。传感器下端的钽丝用氧化膜封口，用尼龙丝与支杆连接，上端引线密封在有机玻璃基座中，与地线一同引入两芯插座。当水位计放入水中后，钽丝与水体形成了电容的两极，氧化膜形成了两极的绝缘体，其电容 C 与水深 h 的关系可用式（39.1）计算：

$$C=Kh \tag{39.1}$$

式中：K 为传感器的系数，其值与氧化钽的介质常数、厚度及钽丝直径等因素有关。由实验可知，对于任一钽丝传感器而言，K 值均为常数。

钽丝水位计在使用时，通常都是把电容 C 的变化转化为电压（或电流）的变化，送入计数器或示波器，见图 39.3（b）。这样，拟测的水深 h 的大小，可根据计数器的读数或示波器的光电偏移量来确定，也可与计算机连用。通过数据处理程序求得水深随时间变化的时均值、最大与最小值以及某些随机参量。

钽丝水位计由于精度高（可达 0.5mm 左右），动态响应快，便于数据处理等优点，被广泛用于波动水位的测量。但水质、水温及拟测的流场边界等对传感器均有一定的影响，一般使用前应在相应流场中进行率定或采用屏蔽罩等措施来消除有关影响。

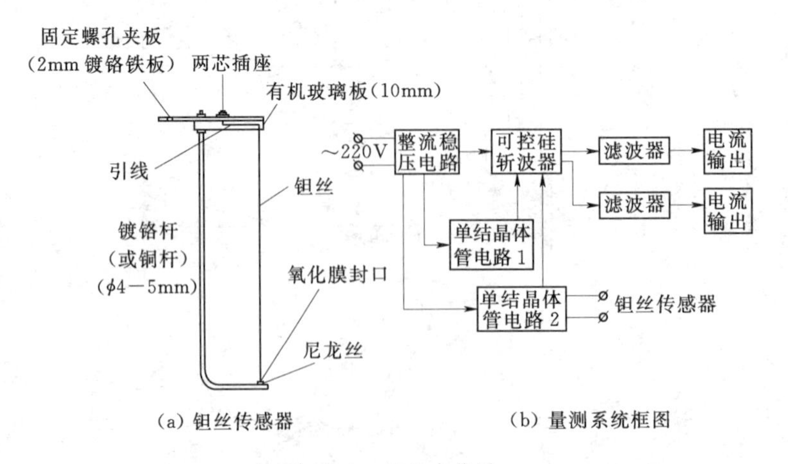

（a）钽丝传感器　　（b）量测系统框图

图 39.3　钽丝水位计

4. 水位传感器

水位传感器由敏感元件、传感元件和测量电路三部分组成。水位传感器有超声波水位传感器、液深传感器、压力传感器和浮子传感器。可以直接固定在所测断面的底部或静水井中测量水位。

超声波水位传感器是用测定超声波反射传播时间确定距离的原理制成。图 39.4 为非接触式超声波水位传感器工作原理图。传感器向水面发射超声波，到达水面反射后又传回传感器，从发射到接收之间有一时间差 Δt，可由式（39.2）计算传感器至水面的距离 H：

$$H=0.5C\Delta t \tag{39.2}$$

式中：C 为超声波的传播速度。知道 H 后即可利用传感器的安装位置距槽底的距离确定出水深 h。

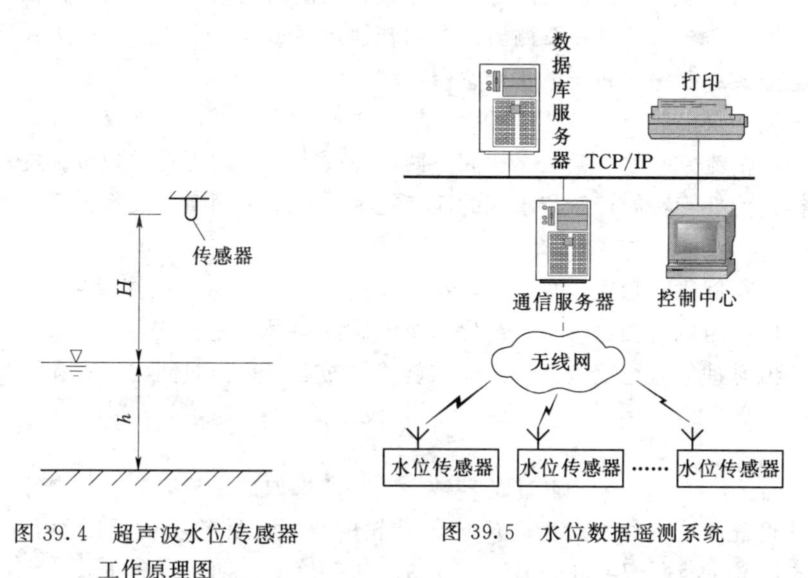

图 39.4 超声波水位传感器工作原理图

图 39.5 水位数据遥测系统

由于外部环境如温度、湿度、气压等因素的影响，使得超声波的传播速度有一些波动，从而影响测量精度。

5. 水位数据遥测系统

水位数据遥测系统由水位传感器、无线网络、通信服务器、数据库服务器和控制中心组成，如图 39.5 所示。其原理是将水位传感器测出的水位信号通过信号发射系统以无线的方式发送到控制中心的通信服务器，再转存到数据库服务器上，由控制中心中央计算机统一对数据进行处理。可实现数据的实时监测、历史数据查询、报表打印等功能。一般一个控制中心可控制较大区域数台传感器工作。

39.2 流速测量

量测流速的方法很多，现就几种常用的测速方法介绍如下。

1. 毕托管法

毕托管是实验室最常用的测量流体点流速的仪器，1732 年由亨利·毕托（Henri Pitot）首创这种仪器。经国200多年的不断改进，其类型已有多种。但其基本原理都是根据动能转换成压能，测出压能反过来推算出流速。流速计算公式及测量方法见第5章。

2. 皮托柱法

皮托柱测流速的原理与毕托管相同，常用来测量管道中流体的流速和流向。

3. 浮标法

将重量较轻的纸片、软木块、蜡块或铝粉等放在水流中，使其随水流飘浮，每经过一定时间间隔，连续测记浮标的位置或拍摄浮标的轨迹，即可算出浮子所经过的测点的水流流速。

4. 旋桨式和旋杯式流速仪

旋桨式流速仪由轴流式叶片构成转子，转动轴与水流方向一致，当受到水流冲击后叶片转动。仪器的转速与水流的流速之间存在较为固定的关系，这种关系在仪器出厂时已作了标定，给出了公式，所以只要测出仪器的转速，便可计算出流速。旋桨式流速仪的计数方式分为电阻式、电感式和光电式传感器三种。

旋杯式流速仪由数个锥形杯子对称于旋盘中心构成转子，当把仪器放入水中时，由于各个杯子迎向水流方向的位置各不相同，两侧所受水流压力不等，随旋杯旋转。与旋桨式流速仪一样，旋杯旋转的转速与水流的流速之间存在较为固定的关系，只要测出仪器的转速，即可换算出流速。

使用时，将旋桨叶轮置于水流中，水流使旋桨旋转，每转一周反射光反射一次光线，光敏接收管的电阻也就变化一次，产生一个电脉冲信号，流速愈高，旋桨转速就愈高，单位时间内的电脉冲信号也就愈多，流速与旋桨的转数、采样时间之间存在下列关系：

$$u=K\frac{N}{T}+C \tag{39.3}$$

式中：u 为流速，cm/s；N 为叶轮的转数；T 为所选取的采样时间；C 为叶轮的运动补偿系数；K 为叶轮率定曲线的斜率。K 值与叶轮的直径和叶轮上的反射面有关，对于普通叶轮，如果叶轮的直径 $d=11$mm，$K=4.3$，若叶轮上有两个反射面，$K=4.3/2=2.15$，有4个反射面，$K=4.3/4=1.075$；如果叶轮的直径 $d=15$mm，$K=5.7$，若叶轮上有两个反射面，$K=5.7/2=2.85$；有4个反射面，$K=5.7/4=1.425$。

旋桨式和旋杯式流速仪的种类很多，生产的旋桨式流速仪有LS25-1型、LS25-1A型、LS25-1B型、LS25-3A型、LS25-3B型、LS10型、LS10A型、LS12型、LS20型、ZLS-1型等；旋杯式流速仪有LS68型、LS78型和LS45型。

现在许多传统的流速仪得到了改进，采用数字显示的方法，如ZLS-3型直读式流速仪、ZSX-3型直读式流速仪、HXW-1型智能流速仪等。还有用计算机直接进行数据采集和处理的流速仪，如HD-4B型电脑流速仪、YZ-6型流速水位集散装置和实验室用的LGY-Ⅱ型智能流速仪等。

5. 激光流速仪

激光流速仪是以激光器发出的光为光源，以光学多普勒效应原理测量水流运动质点的流速。通常称为LDV（Laser Doppler Velocimeter）或LDA（Laser Doppler Anernometer）。当激光照射到随流体一起运动着的固体微粒时，激光就被运动着的微粒所散射，散射光的频率和入射光的频率之差正比于微粒的速度，这种效应就称为多普勒效应。只要测

出该频差，就可以算出微粒所代表的流体运动的速度，其公式为

$$u=\frac{\lambda f}{2\sin(\theta/2)} \tag{39.4}$$

式中：λ 为激光波长；f 为频率差；θ 为两束光的交角。

激光流速仪的主要组成部分为激光器、发射光系统和接收光系统，以及信号采集及数据处理系统。如图 39.6 所示。

激光流速仪的最大优点是非接触测量，不会扰动流场，空间和时间分辨率高，测量精度高、动态响应快、测速范围广。缺点是激光器要求的环境高，操作难度较大。

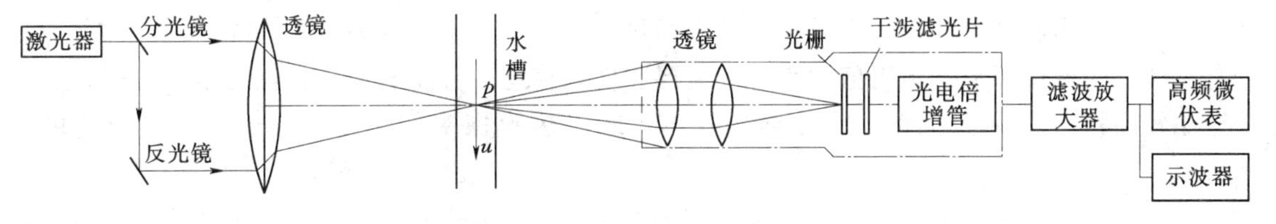

图 39.6 激光流速仪各部分组成图

6. 超声波流速仪

超声波是一种频率在 20kHz 以上，人耳感受不到的高频机械波。它在水中有一定的传播速度，具有定向传播、遇障碍物发射回来等特点。所以，以超声波为振动源，利用多普勒效应照样可以测量水流的速度。

测流速时，将超声波发射器装在管道上，在发射器的上下游各装一个接收器，两个接收器距发射器的距离均为 L_0。设超声波在流体中的传播速度为 c，水流的速度为 u，则两个接收器上接收到的超声波将有一个时差 Δt，Δt 与距离、水流的流速、超声波在水中的传播速度之间的关系为

$$\Delta t=\frac{2L_0 u}{c^2-u^2} \tag{39.5}$$

超声波流速仪的发射器既可以装在管道的内壁上，也可以装在管道的外壁上，故实际上对水流几乎没有干扰，不会引起水流压力损失。缺点是线路比较复杂。

超声波流速仪不仅可以测量管道的流速，而且可以测量明渠的流速。图 39.7 是测量明渠的超声波流速仪，它由超声波传感器、超声波发射器和计算机三部分组成。可以测量清水中的时均流场和瞬时流场，还能计算出雷诺应力。

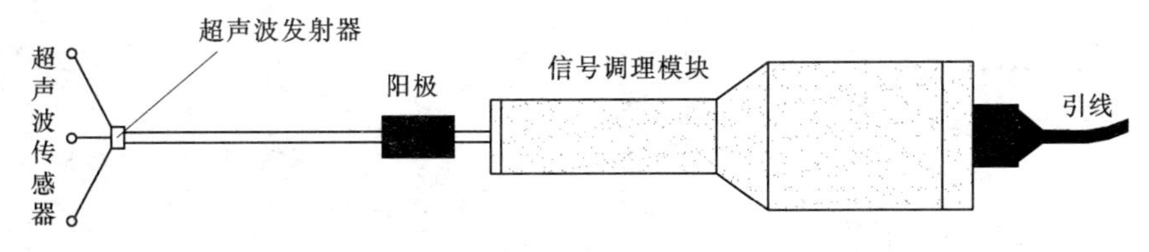

图 39.7 超声波流速仪

7. 热线（热膜）流速仪

热线（热膜）流速仪是流体力学实验中用来测量流体动力特性的仪器。它不仅可以测量流场中流速、温度的时均值，还可以测量它们的紊动随机特性。

热线（热膜）流速仪的工作原理是利用热电阻传感器的热量损失来测量流速的。热线或热膜通电加热，流体流动引起热损耗使之冷却，电阻发生变化，电阻变化的大小和流速成一定的比例关系，因此，只要测出电阻大小就可以算得流速。

热线一般由镀铂钨丝制成，直径约为0.004mm，长度为1.5mm左右，不适于在高流速的液体中使用。热膜流速仪的探头是一块热和电的绝缘体，形状有圆柱体、楔形体和圆锥体等。其衬底通常是石英或硼硅玻璃。

热膜探头具有以下特点。

（1）频率响应不如热线探头宽，最高频响为100kHz。

（2）工作温度较低，特别是在液体中测量时，只比环境温度高20℃左右。

（3）受振动影响下，阻值大小可由镀层厚度来控制，容易和放大器做到阻抗匹配，信噪比较高，同时由于衬底的热传导性较小，所以热膜探头的热传导损失小，抗干扰能力强。

（4）热膜探头既适用于气体，也适用于液体。在液体中及在高速流场中的使用价值比热线探头高得多。

（5）机械强度高，但工艺复杂，造价高。

虽然热线（热膜）流速仪工作原理比较简单，但在实际测量液体时却是较为复杂的，因此目前在国内尚未普遍使用。

39.3 压强测量

压强测量的方法分为机械式测量和电测法测量两种。

39.3.1 机械式压强量测方法

1. 测压管

测压管是一根直径为10mm左右的玻璃管。一端用软管和测点引出管相连，另一端与大气相通，如图39.8（a）所示。如果被测点A的压强大于大气压强，则玻璃管水面将上升h高度，利用所设置的标尺就可以读取h的数值，A点的相对压强为$p_A=\gamma h$。

如果被测点A的压强比较小，为了提高测量精度，把测压管装成倾斜位置，使测压管与水平面有一个倾斜角度α，如图39.8（b）所示。则A点的压强为$p_A=\gamma h=\gamma L\sin\alpha$。

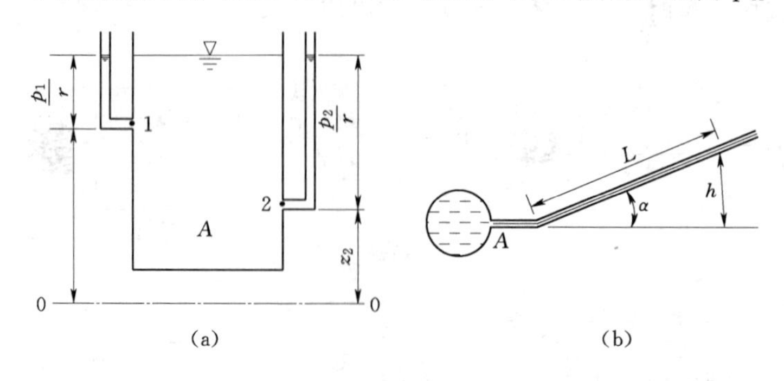

图39.8 测压管

2. U形测压管

当被测点的压强较大时，使用测压管测量时测压管高度过高，从而使测量不方便。这时可以改用较重的液体作为测压管使用的介质，其重度 $\gamma_m>1.0$，并将测压管做成U形，如图39.9（a）所示。为求被测点 A 的压强 p_A，先找出U形管中的等压面1—1，则根据平衡条件得左侧 $p_1=p_A+\gamma a$，右侧 $p_1=\gamma_m h_m+\gamma h$，则 $p_A+\gamma a=\gamma_m h_m+\gamma h$，可解出

$$\frac{p_A}{\gamma}=\frac{\gamma_m}{\gamma}h_m-(a-h) \tag{39.6}$$

测量出 a、h_m 和 h 的高度后，即可求出 A 点的压强。如果压强再大时，可采用复式压力计，如图39.9（b）所示。

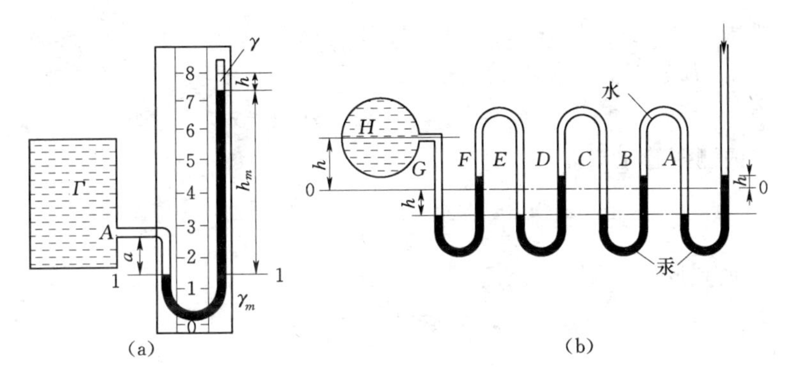

图39.9 U形测压管

3. 比压计

比压计也叫差压计或压差计，是测量两点（处）压差的仪器，它是将两根或两根以上的测压管并排放在一起，顶部相连通并加小阀门而成。根据情况可造成 $p_0>p_a$ 或 $p_0<p_a$ 的条件。用来测量两个测点间的压强差或测压管水头差。常用的有空气比压计、油液比压计、水银比压计等。比压计中所用的液体应具有以下条件：①不粘管壁，使管内液面清晰易读；②与所测的液体接触后不致混合；③对管壁及所接触的物体不腐蚀；④温度变化对重度影响不大；⑤化学性质稳定，不易蒸发。

下面介绍水力学实验中常用的空气比压计和水银比压计，如图39.10所示。

（1）空气比压计。图39.10（a）为接在管道 A、B 两点上的空气比压计。设作用在两根管表面上的压强为 p_0，忽略空气柱的重量，则由图可得

$$p_A=p_0+\gamma(h+a)$$

$$p_B=p_0+\gamma b$$

A、B 两点的压强差为

$$p_A-p_B=\gamma h-\gamma(b-a)=\gamma h-\gamma(z_A-z_B) \tag{39.7}$$

如果 A、B 两点同高，则 $z_A=z_B$，这时测压管水头差就是压强水头之差，即

$$h=\frac{p_A}{\gamma}-\frac{p_B}{\gamma} \tag{39.8}$$

（2）水银比压计。水银比压计用来测量较大的压强差或测压管水头差，如图39.10（b）所示。如果 A、B 两点处的液体重度为 γ，水银重度为 γ_m，水银柱高差为 h_m，取0—

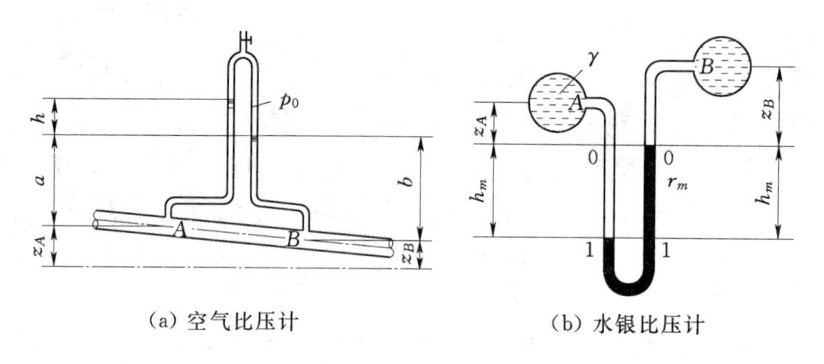

(a) 空气比压计　　(b) 水银比压计

图 39.10　空气比压计和水银比压计

0 为基准面，则等压面为 1—1，根据平衡条件有：左侧 $p_1=p_A+\gamma z_A+\gamma h_m$，右侧 $p_1=p_B+\gamma z_B+\gamma_m h_m$，A、B 两点的压强差为

$$p_A-p_B=(\gamma_m-\gamma)h_m-\gamma(z_A-z_B) \tag{39.9}$$

A、B 两点的测压管水头差为

$$\left(z_A+\frac{p_A}{\gamma}\right)-\left(z_B+\frac{p_B}{\gamma}\right)=\frac{\gamma_m-\gamma}{\gamma}h_m \tag{39.10}$$

如果 A、B 两点同高，则

$$p_A-p_B=(\gamma_m-\gamma)h_m \tag{39.11}$$

4. 压力表

在工业上，大多采用弹性压力表来测量中、高压强，弹性压力表主要是借助于在压力作用下弹性元件压缩和伸长时的形变来测量压强大小的。主要有弹簧式压力表、管环式压力表、隔膜式压力表、风箱式压力表等。压力表只能量测时均压强，且精度和灵敏度都不太高。

39.3.2　压强的电测法

压强的电测法是利用电子元件制成的传感器将非电量的压强的变化转变为电学量的变化，如电压、电流、电容、电感等，然后由测出的电学量换算出压强。在第 36 章介绍的脉动压强测量中，实际上就是一种非电量的电测法。

非电量的电测法的精度主要取决于传感器。传感器一般分为应变电阻式压力传感器、电容式压力传感器、硅压阻式脉动压力传感器和电感式脉动压力传感器。

1. 应变电阻式压力传感器

应变电阻式压力传感器是一种结构简单、使用方便的传感器。其工作原理是电阻应变片上的金属丝受力变形时本身的电阻发生变化，其变形大小与所受的作用力有一定的关系。只要事先标定出电阻值变化大小与被测非电量的关系曲线，就可根据测得的电阻变化值求出被测压强的大小。

应变电阻式压力传感器根据测量的要求及弹性元件的形式不同，可制成不同形式的应变式传感器，主要有悬臂梁式、圆环式和刚架式，悬臂梁式和圆环式如图 39.11 所示。

悬臂梁式传感器的弹性元件是由薄的铍青铜片制成悬臂梁形式，其特点是灵敏度高、安装方便，使用简单，但自振频率低，受力状况会因梁的变形而改变。这种传感器适用于时均动水压强较小和脉动频率较低的情况。

圆环式传感器主要由应变片、承压帽、传力杆、圆环、橡皮膜、支座和外壳出线管等组成。脉动压力经过薄膜作用于传力杆上，圆环因受到传力杆的压力而变形。圆环由弹性材料制成，他的特点是刚度较大，自振频率较高，工作稳定性好。传力杆的位置不会因圆杆变形而改变。这种传感器适用于较大的脉动压强的测量。

刚架式传感器的弹性刚架一般都采用 0.1～0.15mm 厚的磷铜片制成，它的性能稳定，容易加工和组装，适用于中等脉动压强的测量。

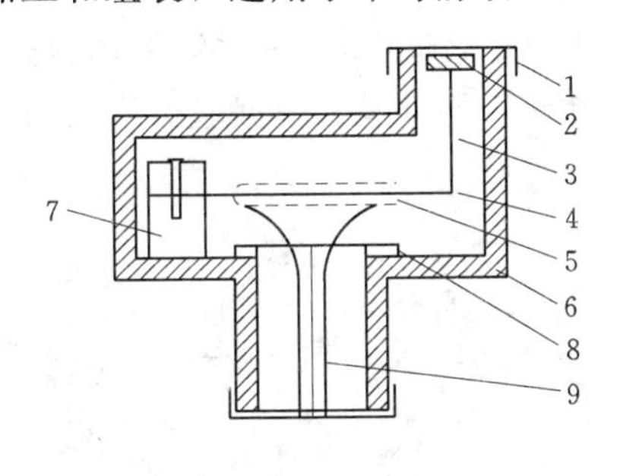

(a) 悬臂梁式脉动压力计

1—橡皮膜；2—承压帽；3—传力杆；4—悬臂梁；5—应变片；6—外壳；7—支座；8—接线柱；9—出线管

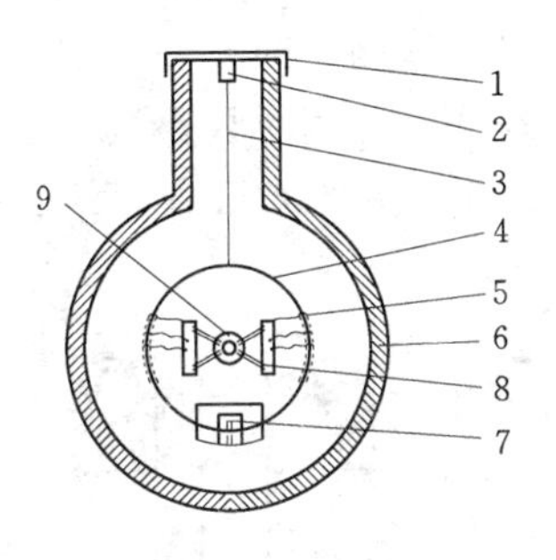

(b) 圆环式脉动压力计

1—橡皮膜；2—承压帽；3—传力杆；4—圆环；5—应变片；6—外壳；7—支座；8—接线架；9—出线管

图 39.11 应变电阻式压力传感器

2. 电容式压力传感器

电容式压力传感器利用在外力 p 的作用下，改变两个电容板之间的距离，使电容发生变化，通过测量电容变化的大小求得相应的压力大小。

电容式压力传感器由芯杆、弹性变形件、垫环、同轴电缆和壳体组成。它的芯杆为固定电极，弹性变形件为可动电极。当气体或液体自壳体的小孔进入时，弹性变形件就产生变形，并使其与芯杆间的间隙发生变化，由此而产生的电信号通过三轴电缆引入测量电桥。由于弹性变形件的非线性变形与因间隙改变而引起的平板电容量的非线性变化之间有相互补偿的作用，所以使得传感器的线性变化范围较大。当弹性变形件的厚度为 2mm 时，测量的压强可达 150×10^5Pa，灵敏度为 0.1×10^5Pa。

电容式压力传感器的优点是灵敏度高、动态响应快、动态范围大和结构简单。缺点是测量低频脉动时输出的功率很小，致使所配用的电路很复杂；在测量高频脉动时寄生电容又很大，导致抗干扰能力降低；同时由于传感器本身的电容量很小，相对导线引起的电容又较大，使工作电容与杂散电容的比例减小，因此在某些情况下降低了传感器的灵敏度，加大了传感器的非线性程度，限制了它的使用范围。

除了上述两种传感器外，还有硅压阻式压力传感器、电感式压力传感器和张丝式压力传感器等，这里不再一一介绍。

39.4 流量测量

39.4.1 明渠流量测量

明渠流量测量的方法主要有流速面积法、水工建筑物法、坡降-水力半径-面积法和稀释法。在实验室主要用水工建筑物法测量流量。水工建筑物法实质上就是用特设的量水堰、量水槽或闸门、跌水等建筑物测流。由于量水堰和量水槽测流精度较高，常用于实验室测量流量。

1. 量水堰

量水堰属于堰槽类流量测量仪器，也叫堰式流量计。水力学和水工模型试验常用它来测量流量。量水堰测流的原理是根据堰上水头与流量之间存在一定的关系，通过试验找出这种关系，在实际应用时只要测得堰上水头就可计算出流量。根据堰口形状的不同，量水堰可分为三角堰、矩形堰和宽顶堰，如图 39.12 所示。

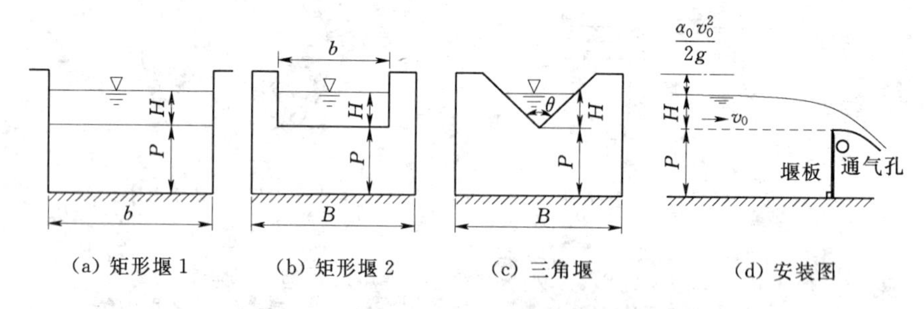

图 39.12 量水堰示意图

(1) 矩形量水堰。矩形量水堰的流量公式为

$$Q=m_0 b\sqrt{2g}H^{3/2} \tag{39.12}$$

式中：Q 为流量；b 为堰宽；H 为堰上水深；m_0 为流量系数，须通过试验率定。也可用经验公式计算。

1) 全宽堰。对于全宽堰，常用的经验公式如下：

巴森公式：

$$m_0=\left(0.405+\frac{0.0027}{H}\right)\left[1+0.55\left(\frac{H}{H+P}\right)^2\right] \tag{39.13}$$

式中：P 为堰高。式 (39.13) 的适应条件为 $b<2.0\text{m}$，$0.2\text{m}<P<1.13\text{m}$，$0.1\text{m}<H<1.24\text{m}$。

雷伯克公式：

$$m_0=\frac{2}{3}\left(0.605+\frac{0.001}{H}+0.08\frac{H}{P}\right) \tag{39.14}$$

式 (39.14) 的适应条件为 $b>0.3\text{m}$，$P>0.3\text{m}$，$0.025\text{m}<H<0.8\text{m}$，$H/P<1.0$。

也有直接用经验公式计算流量的，如

雷伯克公式：

$$Q=\left(1.782+0.24\frac{H}{P}\right)b(H+0.0011)^{3/2} \tag{39.15}$$

式 (39.15) 的适应条件为 $0.15\text{m}<P<1.22\text{m}$，$H<4P$。

国际标准公式：

$$Q=\frac{2}{3}\sqrt{2g}b\left(0.602+0.083\frac{H}{P}\right)(H+0.0012)^{3/2} \tag{39.16}$$

式（39.16）的适应条件为 $b>0.3\text{m}$，$P>0.1\text{m}$，$0.03\text{m}<H<0.75\text{m}$，$H/P<1.0$。

等宽矩形薄壁堰的最新研究成果是由英国水力试验站提出的，其公式为

$$Q=0.564\left(1+0.15\frac{H}{P}\right)b\sqrt{g}(H+0.001)^{3/2} \tag{39.17}$$

式（39.17）的适应条件为 $H>0.02\text{m}$，$P>0.15\text{m}$，$L_H/P=2.67$，$H/P\leqslant 2.2$。此式与以上的几个公式比较，其最大特点是给出了水尺的具体位置 $L_H=2.67P$。

2）有侧收缩的矩形薄壁堰。有侧收缩的矩形薄壁堰是指堰宽 b 与行近渠槽宽度 B 之比 $b/B<1.0$ 的堰。其流量公式为

$$Q=\frac{2}{3}b_eC_e\sqrt{2g}H_e^{3/2} \tag{39.18}$$

式中：b_e 为堰的有效宽度，$b_e=b+K_b$；K_b 为修正系数；$H_e=H+0.0012$；C_e 为流量系数。不同 b/B 的矩形量水堰的 b_e、C_e 的计算参见文献［19］。

有侧收缩的矩形薄壁堰也可用公式（39.12）计算。式中 m_0 用巴赞公式计算，即

$$m_0=\left(0.405+\frac{0.0027}{H}-0.03\frac{B-b}{B}\right)\left[1+0.55\left(\frac{b}{B}\right)^2\left(\frac{H}{H+P}\right)^2\right] \tag{39.19}$$

（2）三角形量水堰。三角形量水堰流量计算的基本公式为

$$Q=\frac{8}{15}C_e\tan\frac{\theta}{2}\sqrt{2g}H_e^{5/2} \tag{39.20}$$

式中：θ 为三角形量水堰的角度；H_e 为有效水深；对于 $\theta=10°\sim120°$，流量系数 C_e 和有效水深的计算可以参照国际标准［19］。对于直角三角堰，常用的经验公式有

汤普森公式：

$$Q=1.4H^{5/2} \tag{39.21}$$

式（39.21）适应的条件为 $H=0.05\sim0.25\text{m}$，$P\geqslant 2H$，$B\geqslant(3\sim4)H$。

H. W. 金公式：

$$Q=1.343H^{2.47} \tag{39.22}$$

式（39.22）适应的条件为 $H=0.06\sim0.65\text{m}$，$P\geqslant 2H$，$B>5H$。

沼知-黑川-渊泽公式：

$$Q=\left[1.354+\frac{0.004}{H}+\left(0.14+\frac{0.2}{\sqrt{P}}\right)\left(\frac{H}{B}-0.09\right)^2\right]H^{5/2} \tag{39.23}$$

式（39.23）的适应条件为 $P=0.1\sim0.75\text{m}$，$H=0.07\sim0.25\text{m}$，$B=0.44\sim1.18\text{m}$。

以上各式中的堰上水深 H 单位为米，流量的单位为 m^3/s。

对于 60°的三角堰，经验公式有

$$Q=8.85H^{2.4705} \tag{39.24}$$

式中：H 以厘米计，流量的单位为 cm^3/s。

（3）宽顶堰。宽顶堰分为直角型宽顶堰和流线型宽顶堰，两者的区别在于堰的进口形式不同。直角型宽顶堰的进口为直角，而流线型宽顶堰的进口为圆形或流线型。虽然只是堰的进口形式稍有差别，然而对堰的过流能力却有较大的影响。

1）直角型进口宽顶堰的流量计算公式

宽顶堰的流量公式为

$$Q=mb\sqrt{2g}H_0^{3/2} \tag{39.25}$$

式中：H_0 为堰上总水头；m 为流量系数。流量系数可用A.P.别列津斯基的经验公式计算。

当堰的长度 L 与堰上水深 H 的比值 $0.6<L/H<2.5$ 时，

$$m=0.4457(1-0.11252L/H) \tag{39.26}$$

当 $2.5<L/H<10$，堰高 P 与堰上水深 H 的比值 $0\leqslant P/H\leqslant 3.0$ 时，

$$m=0.32+0.01\frac{3-P/H}{0.46+0.75P/H} \tag{39.27}$$

当 $2.5<L/H<10$，$P/H>3.0$ 时，$m=0.32$。

国际标准推荐的流量公式为

$$Q=\left(\frac{2}{3}\right)^{3/2}C\sqrt{g}bH^{3/2} \tag{39.28}$$

式中：流量系数 C 的取值范围为

当 $0.1\leqslant H/L\leqslant 0.4$，$0.15\leqslant H/P\leqslant 0.6$ 时，$C=0.864$。

当 $0.4\leqslant H/L\leqslant 1.6$，$H/P<0.6$ 时，

$$C=0.191H/L+0.782 \tag{39.29}$$

当 $H/L<0.85$，$H/P>0.6$ 时，

$$C=(0.191H/L+0.782)F \tag{39.30}$$

式中：F 为校正系数，其值与 H/P 有关，可由表39.1查算。

表39.1　校正系数 F

H/P	0.6	0.7	0.8	0.9	1.0	1.25	1.5
F	1.011	1.023	1.038	1.054	1.064	1.092	1.123

2）流线型进口宽顶堰的流量计算公式

流量公式为式（39.25）。堰顶进口边缘为圆弧角，流量系数可用A.P.别列津斯基的经验公式计算。

当 $0.3<L/H<2.5$，$P/H>2\sim2.5$ 时，

$$m=0.31\times\frac{0.984+L/H}{0.5+L/H} \tag{39.31}$$

当 $2.5<L/H<10$，$0<P/H\leqslant 3.0$ 时，

$$m=0.36+0.01\frac{3-P/H}{1.2+1.5P/H} \tag{39.32}$$

当 $2.5<L/H<10$，$P/H>3.0$ 时，$m=0.36$。

流线型进口宽顶堰的流量可以用边界层理论计算，其计算公式为

$$Q=\left(\frac{2}{3}\right)^{3/2}\sqrt{g}(b-2\delta_1)(H_0-\delta_1)^{3/2} \tag{39.33}$$

式中：δ_1 为边界层的位移厚度，此值与雷诺数、堰的长度、粗糙程度和水流流态有关，具体计算见第14章的边界层实验或参考文献［20］计算，在实验室率定流量时可取

$$\delta_1=0.003L \tag{39.34}$$

式中：L 为宽顶堰的长度；H_0 为堰上总水头，$H_0=H+Q^2/(2gA_0^2)$，A_0 为堰前过水断面面积。计算时将 $H_0=H+Q^2/(2gA_0^2)$ 代入式（39.33）迭代求解流量 Q。

2. 量水槽

量水槽是由行近渠槽、进口收缩段、喉道段和出口扩散段组成。量水槽分为长喉道量水槽和短喉道量水槽。长喉道量水槽的收缩段较长，水流通过收缩段时的水面曲率较小，喉道中的水流几乎与槽底平行，水深近似为临界水深。这种量水槽的水位流量关系可以通过边界层理论分析求解。

长喉道量水槽的断面形状可以是矩形、梯形、三角形、U 形、抛物线形或各种复合断面形式，断面尺寸可根据需要设计。U 形长喉道量水槽体型见第 19 章的图 19.5。长喉道量水槽的流量公式为

$$Q=\left(\frac{2}{3}\right)^{3/2}\sqrt{g}C_eC_vC_sbH^{3/2} \tag{39.35}$$

式中：H 为槽前水深；b 为喉道宽度；C_e 为能量损失系数；C_v 为行近渠槽流速水头影响系数；C_s 为量水槽的形状系数。其中

$$C_e=\left(\frac{b-2\delta_1}{b}\right)\left(\frac{H-\delta_1}{H}\right)^{3/2} \tag{39.36}$$

$$C_v=\left(\frac{H_0-\delta_1}{H-\delta_1}\right)^{3/2} \tag{39.37}$$

$$C_s=\frac{\sqrt{A_{ke}^3}}{(2/3)^{1.5}\sqrt{b_{ke}}(b-2\delta_1)(H_0-\delta_1)^{3/2}} \tag{39.38}$$

式中：A_{ke}、b_{ke} 分别为临界水深断面的有效过水断面面积和水面宽度。

短喉道量水槽的水面曲率较大，喉道中的水流不再与槽底平行，水位流量关系只能靠试验率定。短喉道量水槽如图 39.13 所示。

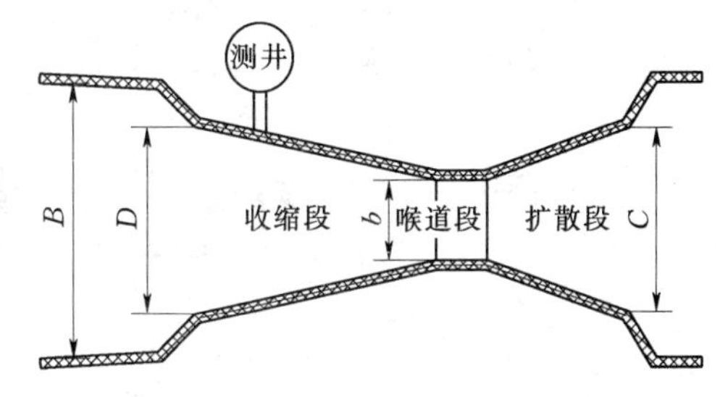

图 39.13　短喉道量水槽示意图

短喉道量水槽也是在喉道处形成控制断面，它是缓流到急流的过渡断面。但因喉道短，水面曲线明显弯曲，水压力不再按静水压力分布，因此不能像长喉道量水槽那样用理论方法计算水位流量关系。短喉道量水槽有巴歇尔量水槽和无喉段量水槽。其中巴歇尔量水槽有 22 种规格，22 个公式。公式形式为

$$Q=Kh_1^n \tag{39.39}$$

式中：h_1 为设在收缩段上游观测井中的水深；n 为指数；K 为系数。n 和 K 值随量水槽的标准设计不同而不同。

39.4.2　有压管道流量测量

有压管道流量测量的仪器很多，主要有差压式流量计、叶轮式流量计、电磁流量计、超声波流量计、容积式流量计、浮子流量计、漩涡流量计、质量流量计和插入式流量计。

1. 差压式流量计

差压式流量计是工业生产中用来测量气体、液体和蒸汽流量的最常用的一种流量仪

表。它具有结构简单、安装方便、工作可靠、成本低、又具有一定的准确度，因而被广泛地应用在工业领域中。

差压式流量计主要有经典的文丘里流量计、文丘里喷嘴流量计、孔板流量计、标准喷嘴流量计和长径喷嘴流量计。

差压式流量计的流量公式为

$$Q=\frac{C}{\sqrt{1-\beta^4}}\varepsilon\frac{\pi d^2}{4}\sqrt{2g\Delta h} \tag{39.40}$$

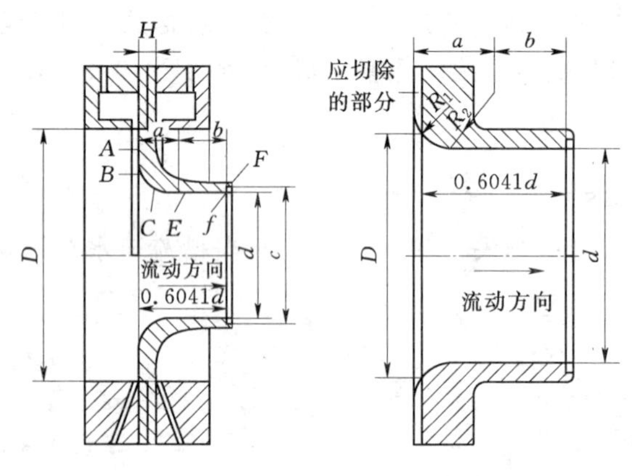

图 39.14　标准喷嘴流量计

式中：Δh 为两量测断面的测压管水头差；β 为节流比，$\beta=d/D$；d 为差压式流量计喉道的直径；D 为管道直径；C 为流量系数，定义为实际流量与理论流量的比值；ε 为流体的可膨胀系数，对于不可压缩流体 $\varepsilon=1.0$。

（1）标准喷嘴流量计。标准喷嘴由两个圆弧曲面构成的入口收缩部分和与之相接的圆柱形喉部组成。不同管道的标准喷嘴，其结构形状是几何相似的。标准喷嘴的轴向截面如图 39.14 所示。

标准喷嘴的流量系数用下式计算：

$$C=0.9900-0.2262\beta^{4.1}-(0.00175\beta^2-0.0033\beta^{4.15})(10^6/Re)^{1.15} \tag{39.41}$$

式中：$Re=4Q/(\pi\nu D)$ 为管道雷诺数。

（2）长径喷嘴。长径喷嘴有两种形式，如图 39.15 所示。一种为高比值喷嘴（$0.25\leqslant\beta\leqslant0.8$）；另一种为低比值喷嘴（$0.2\leqslant\beta\leqslant0.5$）。高比值喷嘴的收缩段是一个 1/4 椭圆旋转曲面，椭圆中心距管道轴线为 $D/2$，其长轴平行于管道轴线，长半轴为 $D/2$，短半轴为 $(D-d)/2$。喉部是直径为 d 的圆柱面，长度为 $0.6d$。低比值喷嘴与高比值喷嘴类似，只是入口型线不同，其椭圆中心在距管道轴线 $7d/6$ 处，长轴平行于轴线，长半轴为 d，短半轴为 $2d/3$。

两种形式的长径喷嘴的流量系数 C 相同，可用式（39.42）确定：

$$C=0.9965-0.00653\beta^{0.5}(10^6/Re)^{0.5} \tag{39.42}$$

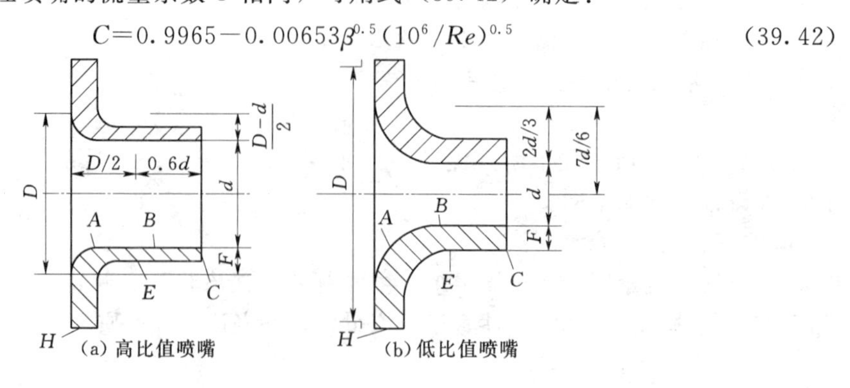

图 39.15　长径喷嘴

(3) 经典文丘里流量计。经典文丘里流量计的测流原理和计算公式见第 6 章的文丘里流量系数测量实验。标准文丘里管要求的管道雷诺数为 $2\times10^5\leqslant Re\leqslant2\times10^6$，在此雷诺数情况下，流量系数为一常数。对于机械加工收缩段的文丘里管，当 $50\text{mm}\leqslant D\leqslant250\text{mm}$，$0.4\leqslant\beta\leqslant0.75$ 时，流量系数为 0.995；粗焊铁板收缩段文丘里管，当 $200\text{mm}\leqslant D\leqslant1200\text{mm}$，$0.4\leqslant\beta\leqslant0.7$ 时，流量系数为 0.985；粗铸收缩段文丘里管，当 $100\text{mm}\leqslant D\leqslant800\text{mm}$，$0.3\leqslant\beta\leqslant0.75$ 时，流量系数为 0.984；当雷诺数 $Re\leqslant2\times10^5$ 时，流量系数不是定值，而是随雷诺数增加而逐渐增大。

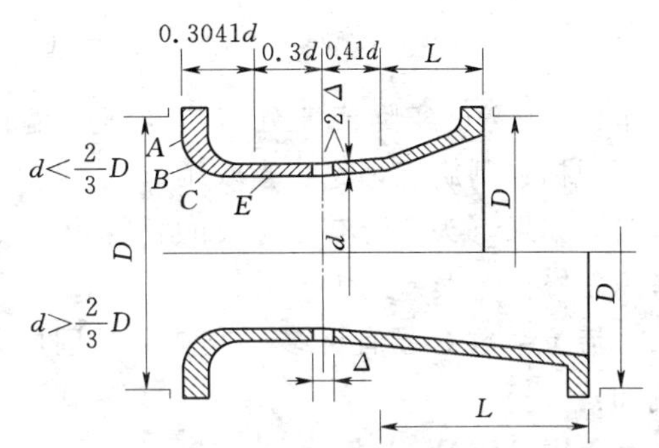

图 39.16 文丘里喷嘴流量计

(4) 文丘里喷嘴流量计。文丘里喷嘴流量计由收缩段、圆筒形喉部和扩散段构成，如图 39.16 所示。入口收缩段与标准喷嘴完全相同，喉部由长度为 $0.3d$ 和长度为 $(0.4\sim0.45)d$ 的圆柱段组成。其上开有负压取压孔。扩散段与喉部的连接不必圆滑过渡，扩散角（30°）和扩散段的长度对流量系数的影响不大。文丘里喷嘴的流量系数为

$$C=0.9858-0.196\beta^{4.5} \tag{39.43}$$

(5) 孔板流量计。孔板流量计的测流原理在第 7 章已作了介绍。事实上，第 7 章只介绍了一种标准孔板的形式。除了标准孔板以外，还有锥形入口孔板、1/4 圆孔板、偏心孔板、圆缺孔板等。

对于标准设计的孔板，其流出系数还与取压方式、节流比以及管道雷诺数有关，对于法兰取压法，如果孔板的直径 $d\geqslant12.5\text{mm}$，管径 $50\leqslant D\leqslant1000\text{mm}$，直径比 $0.2\leqslant\beta\leqslant0.75$，雷诺数 $Re_D\geqslant1260\beta^2D$，则流量系数为

$$C=0.5959+0.0312\beta^{2.1}-0.1840\beta^8+0.0029\beta^{2.5}\left(\frac{10^6}{Re_D}\right)^{0.75}+\frac{2.286}{D}\beta^4(1-\beta^4)^{-1}-\frac{0.8560}{D}\beta^3 \tag{39.44}$$

其他取压方式的标准孔板和非标准孔板的设计和流出系数的计算可参阅文献［3］［4］。

(6) 弯管流量计。弯管流量计是利用流体流过 90°弯头时在弯管内外侧产生的压力差 Δp 来测量流量的差压式流量计。弯管流量计由 90°弯管（弯头）和差压计组成，如图 39.17 所示。

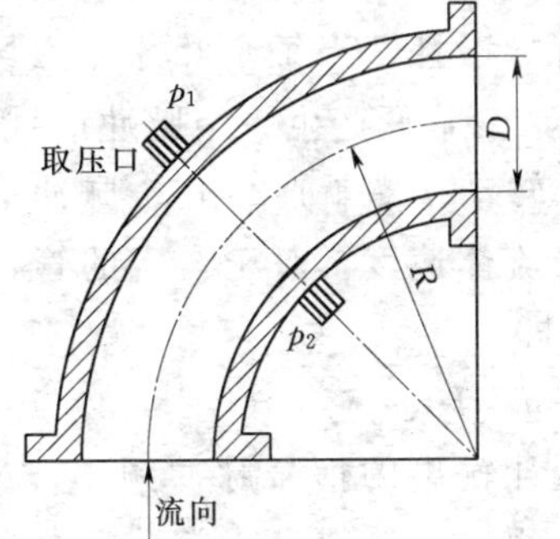

图 39.17 弯管流量计

当流体在弯管中流动时，流体在弯管中做曲线运动，流体由于受到角加速度的作用而产生离心力，使得弯道内侧流速大而压强变小，弯管外侧流速小而压强增大，从而使弯管的内外侧管壁之间形成压强水头差 Δh，该压强水头差的平方根与流量成正比关系，只要测出压差就可以计算出流量。

弯管流量计的流量公式为

$$Q=C\frac{\pi D^2}{4}\sqrt{2g\Delta h} \tag{39.45}$$

式中：D 为管道直径；Δh 为弯管测量断面的内外侧管壁的压差。C 是与管道的曲率半径 R 和管道直径 D 有关的流量系数，即

$$C=\alpha\sqrt{\frac{R}{2D}} \tag{39.46}$$

式中：α 为考虑实际流速分布与强制旋流的差别而采用的系数，其值取决于取压口的位置。根据强制旋流理论，当取压口位于 90°弯管进出口平面都是 45°的中央直线和最近位置时，如果弯头上游有足够长的直管段长度，则 α 数值的分布范围为 0.96～1.04，即不考虑 α 修正，误差约为±4%。

流量系数 C 已有许多研究成果，国内外的研究者给出了数十个经验或半经验公式，例如：

美国 ASME 公式：

$$C=\sqrt{\frac{R}{D}}\left(1-\frac{6.5}{\sqrt{Re_D}}\right) \tag{39.47}$$

式（39.47）的适应范围为 $Re_D>10^4$，$R/D>1.25$。

陆祖祥公式：

$$C=0.7247\sqrt{\frac{R}{D}}\left(1-\frac{6.5}{\sqrt{Re_D}}\right) \tag{39.48}$$

弯管流量计除 45°方向取压以外，还有 22.5°方向取压方式。另外还有正方形弯管流量计、环形管流量计和焊接弯管流量计等。

2. 叶轮流量计

叶轮流量计实际上是一种速度式流量仪表。这种流量计主要有涡轮流量计、分流旋翼流量计、水表和叶轮风速计等。

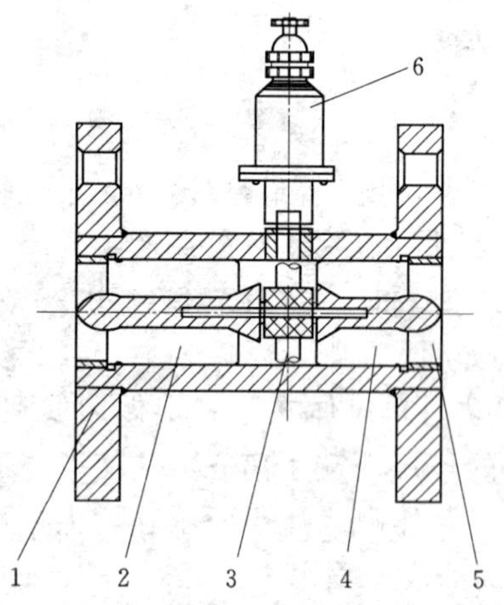

图 39.18 涡轮流量计

1—壳体组件；2—前导向架组件；3—叶轮组件；4—后导向架组件；5—压紧圈；6—带放大器的磁电感应转换器

涡轮流量计如图 39.18 所示。它由流量传感器、信号检测器、前置放大器组成。当被测流体通过涡轮流量传感器时，流体通过导流器冲击涡轮叶片，推动涡轮旋转；信号检测器用来产生磁场，转轮的叶片具有导磁性，当每个叶片在磁场下方通过时磁阻发生改变，便产生一个脉冲信号，涡轮上有几个叶片，转动一圈就产生几个脉冲信号，信号频率正比于流体速度。对于一定的管径来说也正比于流量，即

$$f=KQ \tag{39.49}$$

式中：f 为涡轮流量计输出的信号脉冲频率；K 为涡轮流量计的仪表系数，一般为一常数。由式（39.49）即可求得流量。

3. 电磁流量计

电磁流量计由电磁流量传感器和转换器两部分组成，如图 39.19 所示。传感器安装在管道上，其作用是将流进管道内的液体体积流量值线性的变换成感生电势信号，并通过传输线将此信号送到转换器。转换器安装在离传感器不远的地方，它将传感器送来的流量信号进行放大、并转换成与流量信号成正比的标准电信号输出，以进行显示、累积和调节控制。

电磁流量计的测流原理是法拉第的电磁感应原理。当液体进入管道时，以平均速度切割与水流垂直的交变磁场的磁力线，在另一垂直方向的电极上产生感应电势。如果知道了这个电势的大小，再通过电磁流量转换器将电势转换成电流信号，则感应电势和流速、体积流量之间的关系为

$$e=Bdv=\frac{4BQ}{\pi d^2} \tag{39.50}$$

式中：v 为通过管道截面上流体的平均速度；B 为电磁感应强度；d 为管道内径。

由式（39.50）可知，当管道截面一定时，流量与比值 e/B 成正比，而与流体的状态和物性参数无关。在磁场和管道直径一定的情况下，电磁感应强度 B 和管道内径 d 为一定值，因此，只要测得感应电势即可由式（39.50）计算出流速和流量。

电磁流量计结构简单，不干扰流场；可测量脏物介质、腐蚀性介质和悬浊性液固两相流的流量；不受被测介质的温度、黏度、密度以及电导率（在一定范围内）的影响；电磁流量计的量程范围很宽，其测量范围可达 100∶1 甚至 1000∶1；工业上用电磁流量计的范围极宽，从几毫米一直到几米。而且国内已有口径达 3m 的实验校验设备。电磁流量计的缺点是易受外界电磁干扰的影响；不能用来测量气体；不能测量导电率很低的液体介质；不能测量高温介质；也不能测量未经特殊处理的低温介质。

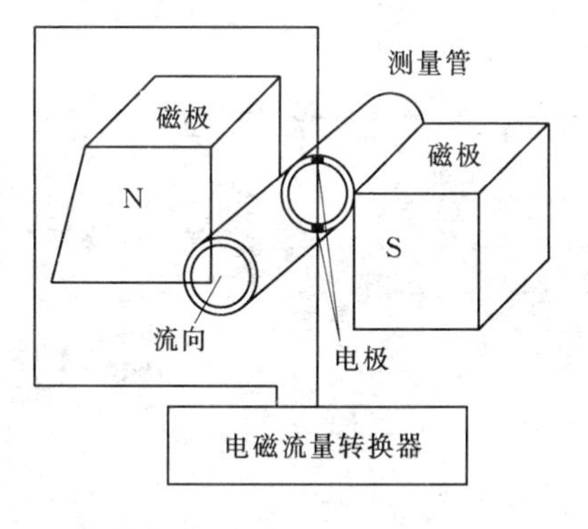

图 39.19 电磁流量计

4. 超声波流量计

超声波流量计的测流原理是通过发射换能器产生超声波，以一定的方式穿过流动的流体，通过接收换能器转换成电信号，并经信号处理反映出流体的流速以测定流量。超声波流量计为无阻式仪表，应用范围与电磁流量计类似。

超声波流量计所依据的测流原理有传播速度差法、多普勒法、波速偏移法、噪声法、漩涡法、相关法和流速-液面法。按不同的测流原理，超声波流量计可以具有多种不同的形式。上述各种方法用于流量测量各有利弊，可以根据不同的用途和精度选择。从精度上看，传播速度差法较好。

传播速度差法又分为时差法和频差法（多普勒效应），如图 39.20 所示。时差法是将流体流动时与静止时超声波在流体中传播的情况进行比较，由于流速不同会使超声波的传播速度发生变化。设静止流体中的声速为 c，流体的速度为 u，当声波的传播方向与流体的流动方向一致时，其传播速度为 $c+u$，当声波的传播方向与流体的流动方向相反时，

其传播速度为 $c-u$，如果距离为 L 的两处 T_1 和 T_2 放两组超声波发生器与接收器，则当在 T_1 顺方向、T_2 逆方向发射超声波时，分别到达 R_1 和 R_2 处的时间为

$$t_1=L/(c+u)$$

$$t_2=L/(c-u)$$

由以上两式消去 c 得平均流速与距离、时间的关系为

$$u=\frac{L}{2}\left(\frac{1}{t_1}-\frac{1}{t_2}\right) \tag{39.51}$$

一般情况下，液体中的声速达 1000m/s 以上，远远大于管道中的流速，即 $u^2\ll c^2$，所以又可以得到

$$u=\frac{c^2}{2L}\Delta t \tag{39.52}$$

由此可见，当声速一定时，只要测出 Δt，就可以求得流体的流速，进而计算出流量。

多普勒法是超声波向管中的流体发射声束，声波经流体中微粒或气泡散射后，产生频率差，传感器接收到的频率差信号与流速成正比，即

$$u=\frac{c}{2f_1\cos\theta}\Delta f \tag{39.53}$$

式中：f_1 为发射频率；Δf 为频率差；θ 为流体轴向与发射或接收声波之间的夹角。

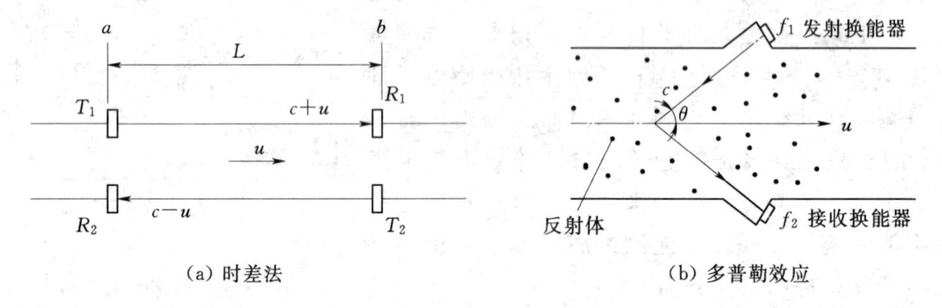

图 39.20 超声波流量计原理

超声波流量计的优点是线性范围宽；为非接触测量，对流场不干扰；对低流速也能较准确的测量；对被测介质几乎无要求，可以测液体、气体和双向介质，不受被测介质的温度、黏度、密度的影响；可以测量大管径、大流量及各类明渠、暗渠的流量。

5. 浮子流量计

浮子流量计又叫转子流量计或面积流量计。其结构主要有一个向上扩张的锥形管和一个置于锥形管中可以上下自由移动的浮子组成，如图 39.21 所示。流量计两端用法兰连接或用螺纹连接的方式垂直地安装在测量管路中，使流体自下而上地流过流量计，推动浮子。在稳定情况下，浮子悬浮的高度 h 与通过流量计的流量 Q 之间有一定的比例关系。所以，可以根据浮子的位置直接读出通过流量计的流量，或通过电远传的方式将流量信号远传给二次仪表显示或记录。

浮子流量计国内已有生产的系列产品，但所测流量范围较小，精度也不很高。

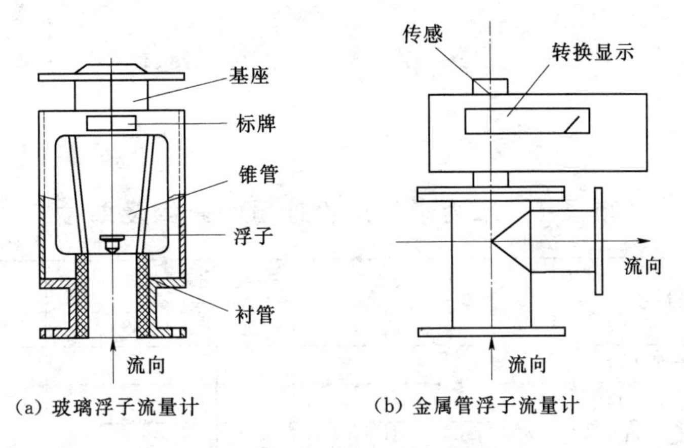

(a) 玻璃浮子流量计　(b) 金属管浮子流量计

图 39.21　浮子流量计示意图

除以上介绍的几种流量计以外，用于管道测流的流量计还有很多，如质量流量计、插入式流量计、漩涡流量计、容积式流量计、靶式流量计和层流流量计等。应用时可参阅有关专著。

附　　录

附录 1　水力学常用物理量的量纲及单位

物理量名称及符号		方程式	量纲		ST 单位制
			[L-M-T]	[L-F-T]	
1. 几何学量	长度 (L)		L	L	m（米）
	面积 (A)		L^2	L^2	m^2（平方米）
	体积 (V)		L^3	L^3	m^3（立方米）
	坡度 (J)				
2. 运动学量	时间 (t)		T	T	s（秒）
	速度 (v)	$v=dL/dt$	LT^{-1}	LT^{-1}	m/s　（米每秒）
	加速度 (a)	$a=dv/dt$	LT^{-2}	LT^{-2}	m/s^2　（米每二次方秒）
	角速度 (ω)	$\omega=d\theta/dt$	T^{-1}	T^{-1}	1/s　（每秒）
	角加速度 ($\dot{\omega}$)	$\dot{\omega}=d\omega/dt$	T^{-2}	T^{-2}	$1/s^2$　（每二次方秒）
	流量 (Q)	$Q=Av$	L^3T^{-1}	L^3T^{-1}	m^3/s　（立方米每秒）
3. 动力学量	质量 (m)		M	FT^2L^{-1}	kg　（千克）
	力 (F)	$F=ma$	MLT^{-2}	F	N　（牛顿）
	压强 (p)	$p=F/A$	$ML^{-1}T^{-2}$	FL^{-2}	Pa　（帕）
	切应力 (τ)	$\tau=F/A$	$ML^{-1}T^{-2}$	FL^{-2}	Pa（帕）
	动量、冲量 (K、I)	$K=mv$，$I=Ft$	MLT^{-1}	FT	kg·m/s　（千克米每秒）
	功、能 (W、E)	$W=FL$ $E=(1/2)mv^2$	ML^2T^{-2}	FL	J　（焦耳）
	功率 (N)	$N=W/t$	ML^2T^{-3}	FLT^{-1}	W　（瓦）
4. 流体的特征量	密度 (ρ)	$\rho=m/V$	ML^{-3}	$FL^{-4}T^{-2}$	kg/m^3　（千克每立方米）
	重度 (γ)	$\gamma=W/V$	$ML^{-2}T^{-2}$	FL^{-3}	N/m^3　（牛每立方米）
	动力黏滞系数 (μ)	$\mu=\tau/(du/dy)$	$ML^{-1}T^{-1}$	$FL^{-2}T$	Pa·s　（帕秒）
	运动黏滞系数 (ν)	$\nu=\mu/\rho$	L^2T^{-1}	L^2T^{-1}	m^2/s　（平方米每秒）
	表面张力系数 (σ)	$\sigma=F/L$	MT^{-2}	FL^{-1}	N/m　（牛每米）
	弹性系数 (E)	$E=-dp/(dV/V)$	$ML^{-1}T^{-2}$	FL^{-2}	Pa　（帕）

附录 2　常用管壁材料的弹性系数 E 值

管壁材料	E $/(\times 10^{10} N/m^2)$	K/E	备注
钢管	19.6	0.01	水的体积弹性系数 $K=19.6\times 10^8$ (N/m^2)
铸铁管	9.8	0.02	
混凝土管	1.96	0.1	
木管	0.98	0.2	

附录 3　不同温度下水的物理性质

温度 /℃	重度 γ /(kN/m³)	密度 ρ /(kg/m³)	动力黏滞系数 μ /[×10⁻³(N·s)/m²]	运动黏滞系数 ν /(×10⁻⁶m²/s)	体积弹性系数 K /(10⁹N/m²)	表面张力系数 σ /(N/m)
0	9.805	999.9	1.781	1.785	2.02	0.0756
5	9.807	1000.0	1.518	1.519	2.06	0.0749
10	9.804	999.7	1.307	1.306	2.10	0.0742
15	9.798	999.1	1.139	1.139	2.15	0.0735
20	9.789	998.2	1.002	1.003	2.18	0.0728
25	9.777	997.0	0.890	0.893	2.22	0.0720
30	9.764	995.7	0.798	0.800	2.25	0.0712
40	9.730	992.2	0.653	0.658	2.28	0.0696
50	9.689	988.0	0.547	0.553	2.29	0.0679
60	9.642	983.2	0.466	0.474	2.28	0.0662
70	9.589	977.8	0.404	0.413	2.25	0.0644
80	9.530	971.8	0.354	0.364	2.20	0.0626
90	9.466	965.3	0.315	0.326	2.14	0.0608
100	9.399	958.4	0.282	0.294	2.07	0.0589

附录 4　普通液体的物理性质（一个大气压力下）

液体名称	温度 /℃	密度 ρ /(kg/m³)	重度 γ /(N/m³)	表面张力系数 σ (20℃，与空气交界)/(N/m)
蒸馏水	4.0	1000	9806	0.0728
海水	15.0	1020～1030	10000～10100	
汽油	15.0	700～750	6860～7350	
石油	15.0	880～890	8630～8730	
润滑油	15.0	890～920	8730～9030	0.0350～0.0379
乙醇（酒精）	15.0	790～800	7750～7840	0.0223
苯	15.0	880	8630	0.0289
氯代醋酸乙酯	15.0	1154	11317	
原油	15.5	850～927	8336～9091	0.0233～0.0379
煤油	15.5	777～819	7619～8031	0.0233～0.0321
四氯乙炔	15.0	2970	29126	0.0267
橄榄油	15.0	918	9003	
松节油	16.0	873	8561	
汞（水银）	0.0	13595	133321	0.5137

附录5　不同温度下水的饱和蒸汽压强水头值（绝对压强）

温度/℃	p_v/γ/m	温度/℃	p_v/γ/m	温度/℃	p_v/γ/m	温度/℃	p_v/γ/m	温度/℃	p_v/γ/m
0	0.062	8	0.109	16	0.185	24	0.304	32	0.485
1	0.067	9	0.117	17	0.198	25	0.323	33	0.513
2	0.072	10	0.125	18	0.210	26	0.343	34	0.542
3	0.077	11	0.134	19	0.224	27	0.363	35	0.573
4	0.083	12	0.143	20	0.238	28	0.385	36	0.606
5	0.089	13	0.153	21	0.254	29	0.408	37	0.640
6	0.095	14	0.163	22	0.270	30	0.433	38	0.675
7	0.102	15	0.174	23	0.286	31	0.458	39	0.713
								40	0.752

附录6　水银的密度和重度

温度/℃	密度/(kg/m³)	重度/(kN/m³)	温度/℃	密度/(kg/m³)	重度/(kN/m³)
0	13595	133.321	40	13497	132.360
5	13583	133.204	45	13485	132.243
10	13571	133.086	50	13473	132.125
15	13558	132.958	60	13448	131.880
20	13546	132.841	70	13420	131.605
25	13534	132.723	80	13400	131.409
30	13522	132.606	90	13376	131.174
35	13509	132.478	100	13352	130.938

附录7　不同温度下空气的物理性质

温度/℃	密度/(g/cm³)	动力黏滞系数 $\mu\times10^{-7}$/(N·s/cm²)	运动黏滞系数 ν/(cm²/s)
−10	0.00134	1.658	0.123
0	0.00129	1.707	0.132
10	0.00125	1.766	0.141
20	0.00120	1.815	0.150
30	0.00116	1.854	0.160
40	0.00113	1.903	0.169
50	0.00110	1.952	0.177
60	0.00107	2.001	0.187
70	0.00104	2.040	0.197
80	0.00100	2.089	0.209
90	0.00097	2.139	0.219
100	0.00095	2.197	0.232

附录8　气体的物理性质

气体名称	密度 /(kg/m^3)	气体常数R /[$m^3/(s^2 \cdot K)$]	n=定容比热 /定压比热	运动黏滞系数ν /(cm^2/s)
空气	1.205	287	1.40	0.150
氦气	0.718	481	1.32	0.153
碳酸气	1.836	188	1.30	0.0845
甲烷	0.666	518	1.32	0.179
氮气	1.163	296	1.40	0.159
氧气	1.330	260	1.40	0.159
亚硫酸气	2.715	127	1.26	0.052

附录9　常见气体的黏性系数（经验公式）

$$\mu=\mu_0 \frac{273+C}{T+C}\left(\frac{T}{273}\right)^{3/2}$$

气体名称	$\mu_0 \times 10^6$ /(kg/ms)	$\nu_0 \times 10^6$ /(m^2/s)	M （分子量）	C
空气	17.09	13.20	28.96	111
氧	19.20	13.40	32.00	125
氮	16.60	13.30	28.02	104
氢	8.40	93.50	2.016	71
一氧化碳	16.80	13.50	28.01	100
二氧化碳	13.80	6.98	44.01	254
二氧化硫	11.60	3.97	64.06	306
水蒸气	8.93	11.12	18.01	961

注　μ_0为0℃时气体的黏滞系数；C为随气体而定的常数。

附录10　管壁的当量粗糙度Δ值

边壁种类	当量粗糙度Δ /mm	边壁种类	当量粗糙度Δ /mm
铜或玻璃的无缝管	0.0015～0.01	磨光的水泥管	0.33
涂有沥青的钢管	0.12～0.24	未抛光的木槽	0.35～0.70
白铁皮管	0.15	旧的生锈的金属管	0.60
一般状况的钢管	0.19	污秽的金属管	0.75～0.97
清洁的镀锌铁管	0.25	混凝土衬砌渠道	0.80～9.0
新的生铁管	0.25～0.40	土渠	4～11
木管或清洁的水泥面	0.25～1.25	卵石河床（d=70～80mm）	30～60

参 考 文 献

[1] 谢永曜，汝树勋，陈亚梅，等．工程流体力学水力学题解［M］．四川：四川科学技术出版社，1984.

[2] 北京工业学院，西北工业学院．水力学及水力机械［M］．北京：人民教育出版社，1962.

[3] 梁国伟，蔡武昌．流量测量技术及仪表［M］．北京：机械工业出版社，2002.

[4] 瞿秀贞，谢纪绩，王自和，等．差压型流量计［M］．北京：中国计量出版社，1995.

[5] 中华人民共和国水利部水工建筑物测流规范（SL 20—92）［M］．北京：水利电力出版社，1992.

[6] 张志昌，肖宏武，毛兆民．明渠测流的理论和方法［M］．西安：陕西人民出版社，2004.

[7] 〔苏联〕И. И. AгроскИН. 水力学（下册）［M］．清华大学水力学教研组，天津大学水力学教研室，译．上海：商务印书馆，1954.

[8] 徐正凡．水力学［M］．北京：高等教育出版社，1987.

[9] 张志昌，李国栋，李建中，等．用边界层理论计算平底闸孔出流的流量［J］．西安理工大学学报，1998（3）：299-304.

[10] 冬俊瑞，黄继汤．水力学实验［M］．北京：清华大学出版社，1991.

[11] 李建中，宁利中．高速水力学［M］．西安：西北工业大学出版社，1994.

[12] 吴持恭．水力学［M］．北京：高等教育出版社，1994.

[13] 刘润生，李家星，王培莉．水力学［M］．南京：河海大学出版社，1992.

[14] 潘家铮，傅华．水工隧洞和调压室（调压室部分）［M］．北京：水利电力出版社，1992.

[15] 张志昌，刘松舰，刘亚菲．阻抗式和简单式调压室甩荷时水位波动的显式计算方法［J］．应用力学学报，2004（1）：50-55.

[16] 李建中．水力学［M］．西安：陕西科学技术出版社，2002.

[17] 张志昌，李建中．陡坡和平壁面阻力系数的分析与计算［J］．陕西水力发电，1994（2）：22-27.

[18] 清华大学水力学教研组．水力学［M］．北京：高等教育出版社，1984.

[19] ISO 标准手册 16. 明渠水流测量［M］．北京：中国标准出版社，1986.

[20] 〔英〕P. 阿克尔斯，等．测流堰槽．北京市水利科学研究所，译．北京：北京市水利科技情报站，1984.

[21] 陈克诚．流体力学实验技术［M］．北京：机械工业出版社，1984.

[22] 〔苏联〕Д. C 维里克尔．水力学实验［M］．张也影，赵元健，译．北京：高等教育出版社，1957.

[23] 张志昌．U 形渠道测流［M］．西安：西北工业大学出版社，1997.

[24] 张志昌．水力学（上册）［M］．北京：中国水利水电出版社，2011.

[25] 张志昌．水力学（下册）［M］．北京：中国水利水电出版社，2011.

[26] 张志昌．水力学习题解析（上册）［M］．北京：中国水利水电出版社，2012.

[27] 张志昌．水力学习题解析（下册）［M］．北京：中国水利水电出版社，2012.

[28] 张志昌．水力学实验［M］．北京：机械工业出版社，2006.

[29] 张志昌，赵莹，傅铭焕．矩形平底明渠水跃长度公式的分析与应用［J］．西北农林科技大学学报，2014，42（11）：188-198.

[30] 张志昌，李若冰．基于动量方程的挖深式消力池深度的计算［J］．西北农林科技大学学报，2012，40（12）：214-218.

[31] 张志昌，李若冰，赵莹，等．消力坎式消力池淹没系数和坎高的计算 [J]. 长江科学院院报，2013，30 (11)：50-54.

[32] 张志昌，李若冰，赵莹，等．综合式消力池深度和坎高的计算 [J]. 西安理工大学学报，2013，29 (1)：81-85.